現代暗号理論

【岩波数学叢書】

現代暗号理論

高木　剛
Tsuyoshi Takagi

岩波書店

Iwanami Studies in Advanced Mathematics

Contemporary Cryptography

Tsuyoshi Takagi

Mathematics Subject Classification(2020):
Primary: 94A60
Secondary: 94A62

【編集委員】

第Ⅰ期(2005-2008)	第Ⅱ期(2009-2019)	第Ⅲ期(2019-2023)	第Ⅳ期(2023-)
儀我美一	岩田　覚	岩田　覚	鈴木大慈
深谷賢治	斎藤　毅	高木俊輔	高木俊輔
宮岡洋一	坪井　俊	利根川吉廣	利根川吉廣
室田一雄	舟木直久	古田幹雄	藤原耕二

まえがき

　現代暗号は，我々の生活のさまざまな場面で利用されており，情報社会の安全性を支えるコア技術として重要性を増している．例えば，暗号を用いることにより，安全なネットショッピングなどの電子商取引やディジタルデータの著作権保護技術などが実現可能となる．最も有名な暗号として，TLS などの暗号プロトコルで用いられる公開鍵暗号が知られている．特に，広く普及している公開鍵暗号として RSA 暗号があり，巨大な合成数の素因数分解が困難であることを安全性の根拠としている．また，鍵長が短い特徴をもつ公開鍵暗号として楕円曲線暗号が実用化されており，その安全性は楕円曲線における離散対数問題の困難性に支えられている．将来にわたり暗号を安全に利用するためには，解読能力の進歩も考慮しながらこれらの数学問題の困難性を正確に評価することが重要となる．

　本書では，公開鍵暗号の構成方法と安全性評価法に関して，RSA 暗号，楕円曲線暗号，耐量子計算機暗号を取り上げ詳しい議論を行う．RSA 暗号の構成では，整数演算に関して Euclid 互除法や Fermat 小定理，素数を多項式時間で生成する Miller-Rabin 法などを説明する．また，素因数分解を高速に行う基本的なアルゴリズムを紹介した後に，漸近的に最も高速な素因数分解アルゴリズムである数体篩法を概説して，RSA 暗号が安全に利用可能となる合成数の桁長（2030 年までは 2048 ビット）の評価法を述べる．楕円曲線暗号では，楕円曲線上の群演算および離散対数問題を解く高速アルゴリズムに関する説明を行う．楕円曲線の離散対数問題に対しては数体篩法などの準指数時間アルゴリズムが適用できないため，RSA 暗号と比較して鍵長を短く選択できること（例えば 256 ビットなど）が特徴となる．また，本書では公開鍵暗号の効率的な実装を目的とした Montgomery 乗算や Window 法などの高速アルゴリズム，暗号方式に対する実装攻撃に関しても代表的なサイドチャネル攻撃やフォ

ールト攻撃などを紹介する．楕円曲線を用いた双線形ペアリング写像により，IDベース暗号などの高機能暗号が構成できることも解説する．

一方で，量子計算機を用いたShorアルゴリズムにより素因数分解や離散対数問題は多項式時間で解読されることが知られており，大規模な量子計算機によりRSA暗号および楕円曲線暗号は危殆化する状況にある．そのため，量子計算機に耐性のある数学問題を利用した耐量子計算機暗号の研究が進められている．本書では，耐量子計算機暗号の代表的な方式として，格子暗号，多変数多項式暗号，同種写像暗号，符号暗号，ハッシュ関数署名の基本原理と安全性評価法に関して概説する．また，暗号の産業応用に強い影響力をもつ米国標準技術研究所NISTによる耐量子計算機暗号の標準規格化に関しても解説を行う．最後に，格子上の最短ベクトル問題(SVP)の困難性に基づく格子暗号を詳しく説明する．特に，格子暗号の構成に用いられる格子の基本的な性質やSVPの高速解法をサーベイした後に，LWE問題をベースとした格子暗号の構成方法および安全に利用可能なパラメータの導出方法を解説する．素因数分解は合成数の桁長を大きくした場合に計算がより困難となったが，LWE問題は4個のパラメータ(問題の次元，サンプル数，整数環の法，エラーの標準偏差)に依存しているため困難性を評価することはより複雑となる．

暗号理論に関する教科書はいくつかあるが，本書の特徴としては公開鍵暗号の鍵長に関する評価方法，基盤的な高速実装アルゴリズムや実装攻撃を解説している点が挙げられる．特に，数体篩法による準指数時間のアルゴリズムを述べて，RSA暗号と楕円曲線暗号の鍵長に関する評価方法の要点を説明した．さらには，耐量子計算機暗号の代表的な方式の原理と安全性を概説して，NISTによる標準化活動に関しても紹介した．最後に，格子暗号に関しては，最短ベクトル問題およびLWE問題に対する高速求解法を述べた後に，安全な暗号パラメータの導出方法まで紹介している．

本書は，2021年度と2023年度に東京大学大学院情報理工学系研究科において開講した「現代暗号理論」の講義ノートを基にしている．講義中に公開した原稿を詳細に確認して頂いた大橋亮，大槻紗季，岡田大樹，加藤拓，柴田昌臣(敬称略)にお礼を申し上げる．また，本書に対しては，暗号分野の研究者から多くの貴重な意見を頂いた．青木和麻呂，國廣昇，高島克幸，藤崎英一郎，

安田雅哉，Yuntao Wang（敬称略）には改めて感謝をしたい．さらに，査読者には，本書の細部に至るまで緻密なコメントを頂きまして感謝します．

2024 年 9 月

高 木　剛

目　次

まえがき

1 現代暗号基本技術 ……………………………………… 1

1.1 公開鍵暗号とディジタル署名 ………………………… 1

1.2 安全性モデル ………………………………………… 4

1.3 安全性証明可能方式 ………………………………… 6

1.4 その他の基本暗号技術 ……………………………… 14

   1.4.1 ハッシュ関数　14

   1.4.2 ワンタイム署名　16

   1.4.3 秘密分散　19

2 RSA 暗号 ……………………………………………… 23

2.1 整数の剰余環 ………………………………………… 23

2.2 RSA 暗号 ……………………………………………… 30

   2.2.1 RSA 暗号の安全性　31

   2.2.2 RSA 署名　36

   2.2.3 冪乗算　38

   2.2.4 Euclid 互除法　41

2.3 素数生成法 …………………………………………… 46

   2.3.1 Fermat 素数判定法　47

   2.3.2 Miller-Rabin 素数判定法　48

2.4 素因数分解法 ………………………………………… 52

   2.4.1 Pollard ρ 法　53

x　目　次

　　2.4.2　Pollard $p-1$ 法　56

　　2.4.3　ランダム2乗法　57

　　2.4.4　数体篩法　62

　　2.4.5　安全な桁長評価　68

2.5　高速実装アルゴリズム ················· 70

　　2.5.1　Montgomery 乗算　70

　　2.5.2　Sliding Window 法　73

　　2.5.3　中国剰余定理法（RSA-CRT）　76

2.6　RSA 暗号のさらなる安全性評価 ············· 78

　　2.6.1　$\gcd(m,n)>1$ の確率　78

　　2.6.2　再暗号化攻撃　79

　　2.6.3　低暗号化冪攻撃　80

　　2.6.4　低秘密鍵冪攻撃　82

　　2.6.5　RSA 暗号に対する実装攻撃　83

　　2.6.6　最下位ビットの安全性　86

2.7　分散署名と準同型暗号 ················· 88

　　2.7.1　分散署名　89

　　2.7.2　準同型暗号　90

3　離散対数問題ベース暗号 ················· 95

3.1　DH 鍵共有方式と ElGamal 暗号 ·········· 95

　　3.1.1　ElGamal 署名　99

　　3.1.2　高速冪乗算　101

　　3.1.3　乱数 k の安全性　103

　　3.1.4　否認不可署名　104

3.2　離散対数問題の困難性 ················· 107

　　3.2.1　Pohlig-Hellman 法　107

　　3.2.2　Baby-step-Giant-step（BSGS）法　108

　　3.2.3　Pollard ρ 法　110

　　3.2.4　指数計算法　111

目次　xi

　　3.2.5　数体篩法　113

3.3　楕円曲線暗号 ・・・・・・・・・・・・・・・・・・・・・・・・・・・・・・・・・・・・ 118

　　3.3.1　楕円曲線暗号の安全性　121
　　3.3.2　効率的な計算座標　123
　　3.3.3　符号付きバイナリ法　127
　　3.3.4　実装攻撃に対するランダム化　131

3.4　ID ベース暗号 ・・・・・・・・・・・・・・・・・・・・・・・・・・・・・・・・・・・ 132

　　3.4.1　ID ベース暗号の安全性と数学問題　134
　　3.4.2　双線形ペアリング写像の計算法　135
　　3.4.3　高機能暗号　138

4　耐量子計算機暗号 ・・・・・・・・・・・・・・・・・・・・・・・・・・・・・・・ 139

4.1　耐量子性を有する数学問題 ・・・・・・・・・・・・・・・・・・・・・ 139

4.2　NIST PQC 標準化プロジェクト ・・・・・・・・・・・・・・・ 142

4.3　格子暗号 ・・・ 143

4.4　多変数多項式暗号 ・・・・・・・・・・・・・・・・・・・・・・・・・・・・・・ 148

4.5　同種写像暗号 ・・・・・・・・・・・・・・・・・・・・・・・・・・・・・・・・・・・ 153

4.6　符号暗号 ・・・ 159

4.7　ハッシュ関数署名 ・・・・・・・・・・・・・・・・・・・・・・・・・・・・・・ 165

5　格子暗号 ・・ 171

5.1　格子の基本性質 ・・・・・・・・・・・・・・・・・・・・・・・・・・・・・・・・・ 171

　　5.1.1　格子基底と基底行列　172
　　5.1.2　Gram-Schmidt 直交化と格子の体積　173
　　5.1.3　最短／最近ベクトル問題　175

5.2　SVP ／ CVP の解法 ・・・・・・・・・・・・・・・・・・・・・・・・・・・・ 181

　　5.2.1　Gauss 基底縮約法　182
　　5.2.2　LLL 基底縮約アルゴリズム　186

xii　目　次

5.2.3　Babai 最近平面法　193

5.2.4　列挙法　199

5.2.5　BKZ アルゴリズム　205

5.2.6　篩法　210

5.2.7　SVP 解読チャレンジ　215

5.3　LWE 問題ベース格子暗号 ･･････････････････････ 219

5.3.1　LWE 問題　219

5.3.2　埋め込み法　222

5.3.3　鍵共有方式と安全性評価　226

5.3.4　安全なパラメータの導出　235

参考文献 ･･･ 239

索　引 ･･･ 253

1 現代暗号基本技術

　本章では，現代暗号の基本概念となる公開鍵暗号とディジタル署名に関して議論を進める．これらの暗号方式の動作原理を紹介した後に，公開鍵暗号とディジタル署名の安全性モデルとなる IND-CCA と EUF-CMA に関して説明を行う．また，落とし戸付き一方向性関数の存在を仮定した場合に，ランダム関数を用いて安全性証明が可能となる公開鍵暗号とディジタル署名の構成方法に関しても解説する．さらに，暗号理論における基本的な技術として，ハッシュ関数，ワンタイム署名，閾値秘密分散に関しても説明する．

1.1 公開鍵暗号とディジタル署名

　暗号技術は，データの盗聴を試みる攻撃を防ぐ暗号化，データが改竄されていないことを検証できるディジタル署名などの要素技術を基にして，著作権保護，電子投票，仮想通貨といった幅広い暗号応用を実現することができる．

　データの暗号化では，送信者と受信者が同じ鍵で暗号化および復号する共通鍵暗号（AES: Advanced Encryption Standard など）が広く使われているが，離れた送受信者の間で事前に鍵を共有する必要があった．公開鍵暗号は，受信者が暗号化と復号の鍵ペアを生成して，その暗号化の鍵を公開することにより不特定多数の送信者が利用可能となる暗号方式である．つまり，暗号化する鍵は公開鍵として共有されているため，ネットからダウンロードすることが可能となり，共通鍵暗号で問題となった鍵配送の問題を解決することができる．公開鍵暗号の概念は，ディフィー（Diffie）とヘルマン（Hellman）により，1976 年に出版された論文において提案された[52]．以下に，公開鍵暗号の基本的な

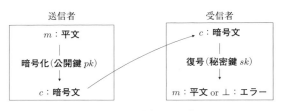

図 1.1 公開鍵暗号の概念図

方式を述べる(図 1.1).

定義 1.1 公開鍵暗号は，以下に定義する鍵生成 Gen，暗号化 Enc，復号 Dec の(確率的)多項式時間アルゴリズムの組である.

- 鍵生成 Gen：セキュリティパラメータ $k \in \mathbb{N}$ に対して，1 を k 個並べたビット列である 1^k を入力として，公開鍵 pk と秘密鍵 sk の組 (pk, sk) を出力する．さらに，暗号化と復号で利用する平文が含まれる空間 $\mathcal{M}$ や補助関数なども出力する．
- 暗号化 Enc：公開鍵 pk と平文 $m \in \mathcal{M}$ に対して，暗号文 c を出力する．
- 復号 Dec：公開鍵 pk，秘密鍵 sk，暗号文 c に対して，平文 m またはエラーを意味する記号 $\perp$ を出力する． □

普及している公開鍵暗号として，1978 年に提案された RSA(Rivest-Shamir-Adleman)暗号[139]および 1980 年代に発表された楕円曲線暗号[95, 118]があり，暗号通信プロトコル TLS(Transport Layer Security)などで広く利用されている．RSA 暗号に関しては 2 章で詳しく説明するが，素数の性質に基づく整数論を用いて構成され，その安全性は大きな合成数の素因数分解が困難であることに依拠している．また，楕円曲線暗号は 3 章で解説するが，有限体上の楕円曲線における離散対数問題の困難性に基づいているため，RSA 暗号と比較して短い鍵長を実現できる特徴をもつ．

また，ディジタル署名では，以下の定義 1.2 にある多項式時間アルゴリズムを用いて，署名生成者が署名生成と署名検証の鍵ペアを生成して，公開鍵暗号と同様に署名検証の鍵は公開する．署名者は文書 m に対して署名生成の鍵を用いて署名 s を生成し，検証者は文書 m と署名 s に対して公開されている署名検証用の鍵により文書が改竄されていないことおよび秘密鍵を所有するも

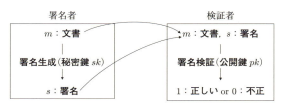

図 1.2　ディジタル署名の概念図

のが署名を生成していることを確認できる(図 1.2).

定義 1.2　ディジタル署名は,以下に定義する鍵生成 Gen,署名 Sig,検証 Ver の(確率的)多項式時間アルゴリズムの組である.

- 鍵生成 Gen:セキュリティパラメータ $k \in \mathbb{N}$ に対して,1 を k 個並べたビット列である 1^k を入力として,公開鍵 pk と秘密鍵 sk の組 (pk, sk) を出力する.さらに,署名生成と署名検証で利用する文書が含まれる空間 $\mathcal{M}$ や補助関数なども出力する.
- 署名生成 Sig:公開鍵 pk,秘密鍵 sk と文書 $m \in \mathcal{M}$ に対して,署名 s を出力する.
- 署名検証 Ver:公開鍵 pk,署名 s,文書 m に対して,署名 s が文書 m に対応する場合は署名は正しいとして 1 を出力し,そうでない場合は不正として 0 を出力する.　　□

ここで,通常の文書は鍵長より大きなサイズとなるため,1.4.1 章で述べる暗号学的ハッシュ関数により文書が含まれる空間の大きさに圧縮した文書に対して署名が付けられる.最も普及しているディジタル署名として RSA 署名や ECDSA(Elliptic Curve Digital Signature Algorithm),暗号学的ハッシュ関数としては SHA(Secure Hash Algorithm)-256 などがある.以降,暗号学的ハッシュ関数を,単にハッシュ関数と呼ぶ.ディジタル署名を構成する方法としては,2 章で RSA 暗号をベースにした方法,3 章で楕円曲線上の離散対数問題の困難性を基にした方法を説明する.

一方,4 章で述べるように,上記で述べた公開鍵暗号の安全性を支える素因数分解問題や離散対数問題は,Shor[159]により量子計算機による多項式時間のアルゴリズムが提案され,RSA 暗号・RSA 署名や楕円曲線暗号・ECDSA は

4 　 1 　 現代暗号基本技術

量子計算機により危殆化する状況にある．そのため，量子計算機に耐性のある
数学問題を利用した耐量子計算機暗号（Post-Quantum Cryptography: PQC）
が産官学を挙げて活発に研究されている．代表的な耐量子計算機暗号の方式
としては，最短ベクトル問題（Shortest Vector Problem: SVP）を基にした
格子暗号，誤り訂正符号を用いた符号暗号，多変数多項式求解（Multivariate
Quadratic: MQ）問題を基にした多変数多項式暗号，楕円曲線の同種写像問題
を基にした同種写像暗号，ハッシュ関数の衝突困難性を基にしたハッシュ関数
署名などが挙げられる．

1.2 　安全性モデル

公開鍵暗号の安全性は，想定される攻撃者のモデルによりいくつかの定義が
存在する．以下に，公開鍵暗号の安全性の定義を説明していく．

セキュリティパラメータ $k \in \mathbb{N}$ に対して，無視できる大きさ（negligible）と
なる関数を定義する．

定義 1.3 　関数 $\varepsilon(k): \mathbb{N} \to \mathbb{R}_{>0}$ が negligible とは，任意の整数 $\ell > 0$ に対し
てある整数 $k_0 > 0$ が存在し，$k > k_0$ を満たす全ての k において $\varepsilon(k) < 1/k^\ell$
となることをいう． 　□

暗号方式に対する攻撃者の成功確率が，セキュリティパラメータ k に対し
て negligible となる場合に，その暗号方式は安全という．

最も強い攻撃としては，公開鍵 pk の情報から秘密鍵 sk を求める鍵復元攻
撃となる．また，個別の暗号文 c に対して対応する平文 m を求める攻撃があ
り，これは暗号化関数の一方向性を破る攻撃といわれる．

定義 1.4 　セキュリティパラメータ k の公開鍵暗号 $(\mathsf{Gen}, \mathsf{Enc}, \mathsf{Dec})$ が一方
向性の安全性をもつとは，任意の（確率的）多項式時間アルゴリズム $\mathcal{A}$ に対し
て，次の確率 $\Pr$ が

$$\Pr\left[(pk, sk) \leftarrow \mathsf{Gen}\left(1^k\right),\ m \xleftarrow{\$} \mathcal{M},\ c \leftarrow \mathsf{Enc}(m, pk) : \mathcal{A}(pk, c) = m \right] < \varepsilon(k)$$

を満たすときにいう． 　□

ここで，記号 $\xleftarrow{\$}$ は，有限集合からの一様なランダムサンプリングとする．

次に，複数の平文が与えられたときに，それらに対応している暗号文を識別する攻撃も考えられる．この攻撃に対する安全性を選択平文攻撃に対する識別不可能性（Indistinguishability against Chosen Plaintext Attack: IND-CPA）と呼び，以下のように定義する．

定義 1.5 セキュリティパラメータ k の公開鍵暗号 $(\mathrm{Gen}, \mathrm{Enc}, \mathrm{Dec})$ が IND-CPA の安全性をもつとは，任意の多項式時間アルゴリズム $\mathcal{A} = (\mathcal{A}_1, \mathcal{A}_2)$ に対して，次が成り立つときにいう．

$$\left| \mathrm{Pr} \left[\begin{array}{l} (pk, sk) \leftarrow \mathrm{Gen}\left(1^k\right), \ (m_0, m_1) \leftarrow \mathcal{A}_1(pk), \ b \xleftarrow{\$} \{0, 1\}, \\ c \leftarrow \mathrm{Enc}(pk, m_b) : \mathcal{A}_2(pk, m_0, m_1, c) = b \end{array} \right] - \frac{1}{2} \right| < \varepsilon(k)$$

ここで，上式の左辺をアルゴリズム $\mathcal{A}$ の優位性という． □

識別不可能性の定義において，平文 m_0, m_1 とランダムな $b \in \{0, 1\}$ に対する暗号文 $c \leftarrow \mathrm{Enc}(pk, m_b)$ に対して，攻撃者 $\mathcal{A}$ は暗号文 c が平文 m_0 か m_1 のどちらの暗号文に対応するかを当てることを目標とする．この暗号文 c をチャレンジ暗号文と呼ぶ．ここで，攻撃者がランダムなビット b' を返答した場合にも $1/2$ の確率で b と正しくなるため，優位性において Pr と $1/2$ の差分が negligible となると定義している．

さらには，能動的な攻撃者は，自ら選択した暗号文を秘密鍵をもつ復号オラクル $\mathcal{O}_D$ に問い合わせることも可能である．攻撃者 $\mathcal{A}^{\mathcal{O}_D}$ はチャレンジ暗号文 c とは異なる暗号文 c' に対応する平文 $m' \leftarrow \mathcal{O}_D(c')$ を得ることができる．この攻撃を選択暗号文攻撃と呼ぶ．

公開鍵暗号の標準的な安全性モデルは，選択暗号文攻撃に対して識別不可能性（Indistinguishability against Chosen Ciphertext Attack: IND-CCA）を達成することとなる．

定義 1.6 セキュリティパラメータ k の公開鍵暗号 $(\mathrm{Gen}, \mathrm{Enc}, \mathrm{Dec})$ が IND-CCA の安全性をもつとは，任意の多項式時間アルゴリズム $\mathcal{A}^{\mathcal{O}_D} = (\mathcal{A}_1^{\mathcal{O}_D}, \mathcal{A}_2^{\mathcal{O}_D})$ に対して，次が成り立つときにいう．

$$\left| \mathrm{Pr} \left[\begin{array}{l} (pk, sk) \leftarrow \mathrm{Gen}\left(1^k\right), \ (m_0, m_1) \leftarrow \mathcal{A}_1^{\mathcal{O}_D}(pk), \ b \xleftarrow{\$} \{0, 1\}, \\ c \leftarrow \mathrm{Enc}(pk, m_b) : \mathcal{A}_2^{\mathcal{O}_D}(pk, m_0, m_1, c) = b \end{array} \right] - \frac{1}{2} \right| < \varepsilon(k)$$

6   1   現代暗号基本技術

ここで，上式の左辺をアルゴリズム $\mathcal{A}^{\mathcal{O}_D}$ の優位性という.　　　　　　□

　次に，ディジタル署名の安全性も，公開鍵暗号と同じようにいくつかの攻撃モデルが存在している．最も強い攻撃は，公開鍵 pk の情報から秘密鍵 sk を求める鍵復元攻撃となる．また，攻撃者は文書 m に対して対応する署名 s を偽造することがあり，署名関数の一方向性を破る攻撃となる.

定義 1.7　セキュリティパラメータ k のディジタル署名 $(\mathsf{Gen}, \mathsf{Sig}, \mathsf{Ver})$ が偽造不可能であるとは，任意の多項式時間アルゴリズム $\mathcal{A}$ に対して，次の確率 $\Pr$ が

$$\Pr\left[(pk, sk) \leftarrow \mathsf{Gen}(1^k),\ m \xleftarrow{\$} \mathcal{M} : \mathcal{A}(pk, m) = s \text{ s.t. } \mathsf{Ver}(pk, m, s) = 1\right]$$
$$< \varepsilon(k)$$

を満たすときにいう.　　　　　　　　　　　　　　　　　　　　　　□

　さらには，複数の文書と署名を用いて，新しい文書と署名の組を求める存在的偽造攻撃も考えられる．また，能動的な攻撃者は，自ら選択した文書 m を秘密鍵をもつ署名オラクル $\mathcal{O}_S$ に問い合わせることも可能である.

　ディジタル署名の標準的な安全性モデルは，以下の選択文書攻撃に対する存在的偽造不可能性（Existential Unforgeability against Chosen Message Attack: EUF-CMA）を達成することとなる.

定義 1.8　セキュリティパラメータ k のディジタル署名 $(\mathsf{Gen}, \mathsf{Sig}, \mathsf{Ver})$ が EUF-CMA であるとは，任意の多項式時間アルゴリズム $\mathcal{A}^{\mathcal{O}_S}$ に対して，次の確率 $\Pr$ が

$$\Pr\left[\ (pk, sk) \leftarrow \mathsf{Gen}(1^k),\ (m, s) \leftarrow \mathcal{A}^{\mathcal{O}_S}(pk) : \mathsf{Ver}(pk, m, s) = 1\ \right] < \varepsilon(k)$$

を満たすときにいう.　　　　　　　　　　　　　　　　　　　　　　□

　この定義において，攻撃者 $\mathcal{A}^{\mathcal{O}_S}(pk)$ が出力する文書と署名の組 (m, s) に対しては，m を事前に署名オラクル $\mathcal{O}_S$ に問い合わせていないとする.

1.3　安全性証明可能方式

前節で説明した安全性を満たす方式に関して，落とし戸付き一方向性関

数の存在を仮定して，ランダム関数を用いた構成方法を説明する[21]．公開鍵暗号 $(\mathtt{Gen}, \mathtt{Enc}, \mathtt{Dec})$ の鍵生成 $\mathtt{Gen}$ において，平文が含まれる空間を $\mathcal{M} = \{0,1\}^k$ とする．

多項式時間で計算可能な全単射関数 $F : \mathcal{M} \to \mathcal{M}$ が落とし戸付き一方向性関数であるとは，次の(1)一方向性を満たし，(2)落とし戸をもつときにいう．

(1) 秘密鍵 sk をもたない場合は，$y \xleftarrow{\$} \mathcal{M}$ に対して $F(x) = y$ となる $x \in \mathcal{M}$ を求めることが計算困難である．

(2) 秘密鍵 sk をもつ場合は，任意の $y \in \mathcal{M}$ に対して $F(x) = y$ を満たす逆像 $x \in \mathcal{M}$ を多項式時間で求めることができる．つまり，秘密鍵 sk をもつ場合は，逆関数 $F^{-1} : \mathcal{M} \to \mathcal{M}$ を多項式時間で計算可能である．

また，k ビットの空間 $\{0,1\}^k$ におけるランダム関数を $G : \{0,1\}^k \to \{0,1\}^k$ とする．ここで，G がランダム関数とは，多項式時間で計算可能な関数 G の値が終域 $\{0,1\}^k$ において一様ランダムに分布するときにいう．$x, y \in \{0,1\}^k$ に対して，x と y の各ビットの排他的論理和を $x \oplus y$ とする．落とし戸付き一方向性関数 F を用いて，公開鍵暗号 $(\mathtt{Gen'}, \mathtt{Enc'}, \mathtt{Dec'})$ を以下の　ように構成する．

- 鍵生成 $\mathtt{Gen'}$：セキュリティパラメータ $k \in \mathbb{N}$ に対して，1 を k 個並べたビット列である 1^k を入力として，公開鍵 pk，秘密鍵 sk，平文が含まれる空間 $\mathcal{M} = \{0,1\}^k$，落とし戸付き一方向性関数 F，ランダム関数 G を出力する．
- 暗号化 $\mathtt{Enc'}$：公開鍵 pk と平文 $m \in \{0,1\}^k$ に対して乱数 $r \xleftarrow{\$} \{0,1\}^k$ を生成し，暗号文を $\mathbf{c} = (c_1, c_2) = (F(r), m \oplus G(r))$ として出力する．
- 復号 $\mathtt{Dec'}$：公開鍵 pk と暗号文 $\mathbf{c} = (c_1, c_2)$ に対して，秘密鍵 sk を用いて逆関数 F^{-1} により $r = F^{-1}(c_1)$ を計算し，平文を $m = c_2 \oplus G(r)$ として出力する．

この方式では，平文 $m \in \{0,1\}^k$ を一方向性関数 F を用いて暗号化するのではなく，乱数 $r \xleftarrow{\$} \{0,1\}^k$ の方を関数 F により暗号化 $c_1 = F(r)$ している．また，暗号文 c_2 は，ランダム関数 G による $G(r) \in \{0,1\}^k$ と平文 $m \in \{0,1\}^k$ の排他的論理和 $c_2 = m \oplus G(r)$ を計算することにより，識別不可能性を実現している．公開鍵暗号 $(\mathtt{Gen'}, \mathtt{Enc'}, \mathtt{Dec'})$ は以下の安全性を満たす．

8   1   現代暗号基本技術

定理 1.9　関数 F が一方向性を有するとき，公開鍵暗号 $(\mathrm{Gen}', \mathrm{Enc}', \mathrm{Dec}')$ は識別不可能性（IND）を満たす． □

[証明の概略]　以下では，証明の概要を説明する．背理法を使って安全性を証明する．公開鍵暗号 $(\mathrm{Gen}', \mathrm{Enc}', \mathrm{Dec}')$ の識別不可能性（IND）に対する攻撃者 $\mathcal{A} = (\mathcal{A}_1, \mathcal{A}_2)$ とランダム関数 G を用いて，関数 F の一方向性を破る Inv を構成する．ランダム関数 G を用いるモデルでは，攻撃者 $\mathcal{A}$ はランダム関数 G の出力を G にアクセスする以外はわからず，Inv は攻撃者 $\mathcal{A}$ の関数 G へのアクセスを観測できるものとする．Inv は，与えられたランダムな $y \in \{0,1\}^k$ に対して，$r = F^{-1}(y) \in \{0,1\}^k$ を求めることを目標とする．ここで，関数 $F : \{0,1\}^k \to \{0,1\}^k$ の全単射性から，y に対して r は一意的に決まる．

Inv は，$\mathcal{A}$ からのランダム関数 G に関するクエリと回答のリスト L を管理する．ランダム関数 G に対するクエリ $r \in \{0,1\}^k$ が $F(r) = y$ を満たす場合は，Inv は $r = F^{-1}(y)$ を出力して停止する．そうでない場合は，ランダムな値 $t \in \{0,1\}^k$ を出力して，リスト L に $(r, G(r)) = (r, t)$ を保存する．ただし，リスト L の中にクエリ r が既に存在する場合は $G(r)$ を出力する．

次に，Inv は，攻撃者 $\mathcal{A}_1$ により平文 $m_0, m_1 \in \{0,1\}^k$ を生成して，ランダムなビット $b \in \{0,1\}$ とランダムな値 $s \in \{0,1\}^k$ に対して，チャレンジ暗号文として $\mathbf{c} = (y, m_b \oplus s)$ を出力する．ここで，この暗号文 $\mathbf{c}$ は真の暗号文と同じ分布となるため，Inv は攻撃者の出力 $b' \leftarrow \mathcal{A}_2(pk, m_0, m_1, \mathbf{c})$ をそのまま使うことができる．

次に，攻撃者 $\mathcal{A}$ が成功する場合の $b' = b$ となる確率を $\Pr[b' = b]$ として，公開鍵暗号 $(\mathrm{Gen}', \mathrm{Enc}', \mathrm{Dec}')$ の識別不可能性（IND）を破る優位性 $\lambda(k)$ を

$$\Pr[b' = b] = \frac{1}{2} + \lambda(k)$$

とする．チャレンジ暗号文 $\mathbf{c} = (y, m_b \oplus s)$ はランダムな値 $s \in \{0,1\}^k$ に対して生成しているため，正解の r がリスト L に含まれない場合は m_0 と m_1 を識別することはできず，$\Pr[b' = b \mid r \notin L] = 1/2$ を満たす．したがって，

$$\Pr[b' = b] = \Pr[b' = b \wedge r \in L] + \Pr[b' = b \wedge r \notin L]$$
$$= \Pr[b' = b \mid r \in L] \cdot \Pr[r \in L] + \Pr[b' = b \mid r \notin L] \cdot \Pr[r \notin L]$$

$$\leqq \Pr[r \in L] + \Pr[b' = b \mid r \notin L]$$
$$= \Pr[r \in L] + 1/2$$

となる．よって，識別不可能性が破られる，つまり，non-negligible な関数 $\lambda(k)$ により $Pr[b = b'] = 1/2 + \lambda(k)$ となるときには，上の不等式と合わせると $\lambda(k) \leqq \Pr[r \in L]$ となり，F の一方向性に矛盾する．したがって，公開鍵暗号 $(\mathrm{Gen}', \mathrm{Enc}', \mathrm{Dec}')$ の識別不可能性（IND）に対する攻撃者 $\mathcal{A}$ は存在しない． ■

次に，落とし戸付き一方向性関数を用いて，IND-CCA を実現する公開鍵暗号を説明する．

公開鍵暗号 $(\mathrm{Gen}, \mathrm{Enc}, \mathrm{Dec})$ は，平文が含まれる空間 $\mathcal{M} = \{0,1\}^k$ に対して，落とし戸付き一方向性を有する全単射関数 $F : \mathcal{M} \to \mathcal{M}$ により構成されているとする．このとき，ランダム関数 $G : \{0,1\}^k \to \{0,1\}^k$ および，ランダム関数 $H : \{0,1\}^{2k} \to \{0,1\}^k$ を用いて，公開鍵暗号 $(\mathrm{Gen}'', \mathrm{Enc}'', \mathrm{Dec}'')$ を以下のように構成する．

- 鍵生成 Gen''：セキュリティパラメータ $k \in \mathbb{N}$ に対して，1 を k 個並べたビット列である 1^k を入力として，公開鍵 pk，秘密鍵 sk，平文が含まれる空間 $\{0,1\}^k$，落とし戸付き一方向性関数 F，ランダム関数 G, H を出力する．

- 暗号化 Enc''：公開鍵 pk と平文 $m \in \{0,1\}^k$ に対して乱数 $r \in \{0,1\}^k$ を生成し，暗号文を $\mathbf{c} = (c_1, c_2, c_3) = (F(r), m \oplus G(r), H(r,m))$ として出力する．

- 復号 Dec''：公開鍵 pk と暗号文 $\mathbf{c} = (c_1, c_2, c_3)$ に対して，秘密鍵 sk を用いた逆関数 F^{-1} により $r = F^{-1}(c_1)$ を計算し，平文を $m = c_2 \oplus G(r)$ とする．$c_3 = H(r,m)$ が成立するとき m を平文として出力して，そうでない場合はエラーを意味する記号 $\perp$ を出力する．

暗号文 $\mathbf{c}$ の c_1, c_2 は識別不可能性（IND）を実現した方法と同じであり，c_3 により不正な暗号の復号結果を $c_3 = H(r,m)$ のチェックで弾くことにより選択暗号文攻撃を防いでいる．公開鍵暗号 $(\mathrm{Gen}'', \mathrm{Enc}'', \mathrm{Dec}'')$ は以下の安全性を満たす．

10   1   現代暗号基本技術

定理 1.10 関数 F が一方向性を有するとき，公開鍵暗号 $(\mathrm{Gen}'', \mathrm{Enc}'',$ $\mathrm{Dec}'')$ は IND-CCA を満たす. $\Box$

[**証明の概略**] 以下では，証明の概要を説明する．背理法を使って安全性を証明する．公開鍵暗号 $(\mathrm{Gen}'', \mathrm{Enc}'', \mathrm{Dec}'')$ に対する IND-CCA の攻撃者 $\mathcal{A}$ とランダム関数 G, H を用いて，関数 F の一方向性を破る Inv を構成する．ランダム関数 G, H を用いるモデルでは，攻撃者 $\mathcal{A}$ はランダム関数 G, H の出力を G, H にアクセスする以外はわからず，Inv は攻撃者 $\mathcal{A}$ の関数 G, H へのアクセスを観測できるものとする．Inv は，与えられたランダムな $y \in \{0,1\}^k$ に対して $r = F^{-1}(y)$ を求めることを目標とする.

Inv は，ランダム関数 G, H，復号オラクル $\mathcal{O}_D$ に関するクエリのリスト L, K, M を管理する．関数 G に対するクエリ $r \in \{0,1\}^k$ が $F(r) = y$ を満たす場合は，Inv は $r = F^{-1}(y)$ を出力して停止する．そうでない場合は，r がリスト L にあるときは $G(r)$ を出力して，r がリスト L にないときはランダムな値 $t \in \{0,1\}^k$ を出力して，リスト L に $(r, G(r)) = (r, t)$ を保存する．関数 H に対するクエリ $(r, m) \in \{0,1\}^{2k}$ が $F(r) = y$ を満たす場合は，Inv は $r = F^{-1}(y)$ を出力して停止する．そうでない場合は，(r, m) がリスト K にあるときは $H(r, m)$ を出力して，(r, m) がリスト K にないときはランダムな値 $u \in \{0,1\}^k$ を出力して，リスト K に $((r, m), H(r, m)) = ((r, m), u)$ を保存する.

また，復号オラクル $\mathcal{O}_D$ に対するクエリ $(x, w, z) \in \{0,1\}^{3k}$ が，$x = F(r)$ かつ $w = m \oplus G(r)$ を満たす r, m がリスト L かつリスト K に存在する場合は，m を平文として出力して，そうでない場合は $\perp$ を出力して，リスト M に $((x, w, z), m)$ を保存する.

次に，Inv は，攻撃者 $\mathcal{A}_1$ により平文 $m_0, m_1 \in \{0,1\}^k$ を生成して，ランダムなビット $b \in \{0,1\}$ とランダムな値 $s, z \in \{0,1\}^k$ に対してチャレンジ暗号文 $\mathbf{c} = (y, m_b \oplus s, z)$ を出力する．ここで，この暗号文 $\mathbf{c}$ は真の暗号文と同じ分布となる．最後に，Inv は，攻撃者 $\mathcal{A}_2$ により $b' \leftarrow \mathcal{A}_2(pk, m_0, m_1, \mathbf{c})$ を出力する.

攻撃者 $\mathcal{A}$ が成功する場合である $b' = b$ となる確率を $\Pr[b' = b]$ とする．公開鍵暗号 $(\mathrm{Gen}'', \mathrm{Enc}'', \mathrm{Dec}'')$ の IND-CCA を破る優位性 $\lambda(k)$ を

$$\Pr[b' = b] = \frac{1}{2} + \lambda(k)$$

とする. ここで, 事象 E_1 を, 復号オラクルに対する攻撃者 $\mathcal{A}$ のクエリ (x, w, z) において, $F(r) = x$ を満たす r がリスト L またはリスト K に存在するイベントとする. さらに, 攻撃者 $\mathcal{A}$ は, 復号オラクルに対して $z = H(F^{-1}(x), w \oplus G(F^{-1}(x)))$ を満たす(復号が正しい)クエリ (x, w, z) をするが, z が H の像としてリスト K に存在しないイベントを, 事象 E_2 とする.

このとき, オラクルに対するクエリの総数 q に対し, 事象 E_2 の発生する確率は $\Pr[\mathsf{E}_2] \leqq q/2^k$ を満たす. また, チャレンジ暗号文 $\mathbf{c} = (y, m_b \oplus s, z)$ はランダムな値 $s \in \{0, 1\}^k$ に対して生成されるため, 事象 E_1 または事象 E_2 が発生しない場合は m_0 と m_1 を識別することはできず, $\Pr[b' = b \mid \overline{\mathsf{E}_1} \wedge \overline{\mathsf{E}_2}] = 1/2$ を満たす. したがって,

$$\begin{aligned}
\Pr[b' = b] &= \Pr[b' = b \wedge \mathsf{E}_2] + \Pr[b' = b \wedge \overline{\mathsf{E}_2} \wedge \mathsf{E}_1] + \Pr[b' = b \wedge \overline{\mathsf{E}_2} \wedge \overline{\mathsf{E}_1}] \\
&= \Pr[b' = b \mid \mathsf{E}_2] \cdot \Pr[\mathsf{E}_2] + \Pr[b' = b \mid \overline{\mathsf{E}_2} \wedge \mathsf{E}_1] \cdot \Pr[\overline{\mathsf{E}_2} \wedge \mathsf{E}_1] \\
&\quad + \Pr[b' = b \mid \overline{\mathsf{E}_2} \wedge \overline{\mathsf{E}_1}] \cdot \Pr[\overline{\mathsf{E}_2} \wedge \overline{\mathsf{E}_1}] \\
&\leqq \Pr[\mathsf{E}_2] + \Pr[\mathsf{E}_1] + \Pr[b' = b \mid \overline{\mathsf{E}_1} \wedge \overline{\mathsf{E}_2}] \\
&\leqq q/2^k + \Pr[\mathsf{E}_1] + 1/2
\end{aligned}$$

を満たす. よって, $\Pr[\mathsf{E}_1] \geqq \lambda(k) - q/2^k$ を満たし, 攻撃者 $\mathcal{A}$ が $r = F^{-1}(y)$ を求める確率は $\lambda(k) - q/2^k$ 以上となる.

ここで, Inv は攻撃者 $\mathcal{A}$ として振舞うことを確率 $\Pr[\mathsf{E}_2] \leqq q/2^k$ で失敗するため, Inv が $r = F^{-1}(y)$ を求める確率は $(\lambda(k) - q/2^k) - q/2^k = \lambda(k) - q/2^{k-1}$ 以上となる. したがって, $\lambda(k)$ が negligible ではない場合, Inv は $r = F^{-1}(y)$ を negligible とならない確率で求めることができる. これは, F の一方向性に矛盾するため, 公開鍵暗号 $(\mathtt{Gen''}, \mathtt{Enc''}, \mathtt{Dec''})$ の IND-CCA に対する攻撃者 $\mathcal{A}$ は存在しない. ∎

最後に, 落とし戸付き一方向性関数を用いて, EUF-CMA を実現するディジタル署名を説明する.

ディジタル署名 $(\mathtt{Gen}, \mathtt{Sig}, \mathtt{Ver})$ は偽造不能とする. 鍵生成 $\mathtt{Gen}$ における文

12   1 現代暗号基本技術

書が含まれる空間を $\mathcal{M} = \{0,1\}^k$ とする．本節の冒頭で述べた落とし戸付き一方向性関数 $F : \mathcal{M} \to \mathcal{M}$ とランダム関数 $H : \{0,1\}^* \to \{0,1\}^k$ を用いて，ディジタル署名 (Gen', Sig', Ver') を以下のように構成する．

- 鍵生成 Gen'：セキュリティパラメータ $k \in \mathbb{N}$ に対して，1 を k 個並べたビット列である 1^k を入力として，公開鍵 pk，秘密鍵 sk，文書が含まれる空間 $\{0,1\}^*$，落とし戸付き一方向性全単射関数 F，ランダム関数 H を出力する．
- 署名生成 Sig'：文書 $m \in \{0,1\}^*$ に対して，関数 H を用いて $H(m) \in \{0,1\}^k$ を求めて，秘密鍵 sk を用いた逆関数 F^{-1} により $s = F^{-1}(H(m))$ を計算して，署名 s を出力する．
- 署名検証 Ver'：公開鍵 pk，署名 s，文書 m に対して，関数 F, H を用いて $F(s), H(m)$ を計算して，$F(s) = H(m)$ を満たす場合は 1 を出力し，そうでない場合は 0 を出力する．

文書が含まれる空間 $\{0,1\}^*$ は任意のビット長の平文 m が選べるとしている．関数 H は文書が含まれる空間 $\{0,1\}^*$ から $\{0,1\}^k$ へのランダムな写像とする．落とし戸付き一方向性関数 F は $\{0,1\}^k$ において全単射とする．ディジタル署名 (Gen', Sig', Ver') は以下の安全性を満たす．

定理 1.11　関数 F が一方向性を有するとき，ディジタル署名 (Gen', Sig', Ver') は EUF-CMA を満たす．　　　　　　　　　　　　　　　　　　□

[証明の概略]　以下では，証明の概要を説明する．EUF-CMA の攻撃者 $\mathcal{A}$ とランダム関数 H を用いて，関数 F の一方向性を破る Inv を構成する．ランダム関数 H を用いるモデルでは，攻撃者 $\mathcal{A}$ はランダム関数 H の出力を H にアクセスする以外はわからず，Inv は攻撃者 $\mathcal{A}$ の関数 H へのアクセスを観測できるものとする．Inv は，ランダムな値 $y \in \{0,1\}^k$ に対して，$F^{-1}(y)$ を求めることを目標とする．

攻撃者 $\mathcal{A}$ は，q_H 個の関数 H に対するクエリ $a_1, \ldots, a_{q_H}$ と q_S 個の署名オラクル $\mathcal{O}_S$ に対するクエリ $m_1, \ldots, m_{q_S}$ を行い，確率 $\lambda(k)$ で $F(s) = H(m)$ を満たす偽造署名の組 (m, s) を出力したとする．ここで，署名オラクル $\mathcal{O}_S$ に答える前に関数 H のクエリをしているとする（そうでない場合，Inv は署名オラクルに答える前に関数 H のクエリに回答する）．同様に，(m, s) を出力す

る前に関数 H のクエリをしているとする．全てを合計して $q_H + q_S + 1$ 回の
クエリとなる．

Inv は，集合 $\{1, 2, \ldots, q_H + q_S + 1\}$ からランダムな j を選び以下を行う．

- 関数 H に対するクエリ a_i が，以前にクエリされていた場合は同じ回答を出力する．そうでない場合，$i = j$ を満たすときは y を出力し，$i \neq j$ のときはランダムな値 $r_i \in \{0, 1\}^k$ に対して $y_i = F(r_i)$ を出力する．
- 署名オラクル $\mathcal{O}_S$ に対するクエリ m_ℓ において，対応する関数 H のクエリ $a_i = m_\ell$ を求めて，$i = j$ の場合は失敗で停止して，それ以外の場合は関数 H のクエリ a_i に対応する保存済の $r_i = F^{-1}(y_i)$ を出力する．
- 偽造署名の組 (m, s) に対しては，対応する関数 H のクエリ $a_i = m$ を求め，$i = j$ ならば s を出力して，それ以外は失敗として停止する．

Inv が失敗で停止しない場合は，攻撃者 $\mathcal{A}$ と同じ分布のランダム関数 H，署名オラクル $\mathcal{O}_S$，偽造署名の組 (m, s) となる．さらに，Inv が正確な j を当てた場合は，署名オラクル $\mathcal{O}_S$ にクエリをしていない $m = m_j$ に対して，偽造署名 $s = F^{-1}(H(m)) = F^{-1}(H(a_j))$ を出力する．ここで，$H(a_j) = y$ を満たすため，Inv は少なくとも確率 $\lambda(k)/(q_H + q_S + 1)$ で $s = F^{-1}(y)$ を出力する．

以上より，$\lambda(k)$ が negligible でない場合は，Inv は $F^{-1}(y)$ を negligible とならない確率で求めることができる．これは，F の一方向性に矛盾するため，ディジタル署名 $(\mathsf{Gen}', \mathsf{Sig}', \mathsf{Ver}')$ の EUF-CMA に対する攻撃者 $\mathcal{A}$ は存在しない．∎

上記で説明した安全性証明が可能な方式は，ランダム関数を用いて構成されるためランダムオラクル（RO: Random oracle）モデルでの安全証明といわれている．RO モデルの定義や性質に関しては，文献[120]に詳しい説明がある．また，落とし戸付き一方向性関数 F を，2 章や 3 章で述べる素因数分解問題や離散対数問題の困難性に基づく関数とした場合に，ランダム関数を用いることなく安全性を証明できる公開鍵暗号やディジタル署名の構成方法も知られている．

14   1 現代暗号基本技術

1.4 その他の基本暗号技術

暗号を構成するための要素技術として，ハッシュ関数，ワンタイム署名，秘密分散に関して説明する．

1.4.1 ハッシュ関数

ハッシュ関数はディジタル署名を構成するために不可欠な技術であり，前節で説明したディジタル署名 $(\mathrm{Gen}', \mathrm{Sig}', \mathrm{Ver}')$ を用いてハッシュ関数に必要とされる条件を考察する．

最初に，ハッシュ関数は，任意のビット長から固定した k ビットへの関数

$$h : \{0,1\}^* \to \{0,1\}^k$$

とする．一般に文書 $m \in \{0,1\}^*$ は大きなビット長をもつため，ハッシュ関数により固定した k ビットの値 $h(m)$ に圧縮できる．

ここで，落とし戸付き一方向性関数 F とランダム関数 H を用いたディジタル署名 $(\mathrm{Gen}', \mathrm{Sig}', \mathrm{Ver}')$ を実利用する際には，ランダム関数 H の代わりにハッシュ関数 h を用いて，文書 $m \in \{0,1\}^*$ に対して $s = F^{-1}(h(m)) \in \{0,1\}^k$ を署名とする．署名検証では，文書 m とその署名 s に対して $F(s) = h(m)$ が成り立つことを確かめる．以下に，ハッシュ関数を用いたディジタル署名に対する攻撃を考える．

最初に，$s \in \{0,1\}^k$ に対して $F(s) = y \in \{0,1\}^k$ として，$y = h(m)$ を満たす $m \in \{0,1\}^*$ を求めることができる場合，s に対して署名検証が正しいと判定される文書 m が生成できる．また，$h(m_1) = h(m_2)$ を満たす異なる文書の組 $m_1 \neq m_2 \in \{0,1\}^*$ を求めることができる場合，1 つの署名 $s \in \{0,1\}^k$ に対して

$$F(s) = h(m_1) = h(m_2), \quad m_1 \neq m_2 \in \{0,1\}^*$$

を満たす異なる文書の組が偽造できる可能性がある．したがって，ハッシュ関数として，次の (1) 一方向性と (2) 衝突困難性が求められる（図 1.3）．

(1) $y \overset{\$}{\leftarrow} \{0,1\}^k$ に対して，$h(m) = y$ を満たす $m \in \{0,1\}^*$ を求めることが計

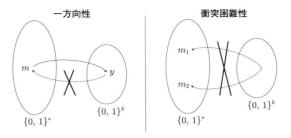

図 1.3 ハッシュ関数に対する安全性

算困難である．

(2) $h(m_1) = h(m_2)\,(m_1 \neq m_2)$ を満たす $m_1, m_2 \in \{0,1\}^*$ を求めることが計算困難である．

この条件を満たすハッシュ関数は，暗号学的に安全なハッシュ関数と呼ばれている．例として，SHA-256，Keccak (SHA-3) などが知られている．

衝突困難性は，次の誕生日パラドックスと呼ばれる問題とみることができる．

問題 1.12 同じ部屋にいる人達のうち，少なくとも 2 人が同じ誕生日となるには，その部屋に少なくとも何人いればよいか？ □

r 日の異なった誕生日があり，部屋の中には $\ell (\leqq r)$ 人いるとして，同じ誕生日となる人がいる確率を考察する．j 番目の人の誕生日を $x_j\,(j=1,2,\ldots,\ell)$ とする．各誕生日は $\{1,2,\ldots,r\}$ でランダムとする．組 $(x_1, x_2, \ldots, x_\ell) \in \{1,2,\ldots,r\}^\ell$ の誕生日がある．ℓ 人の中で少なくとも 2 人の誕生日が同じ日となる確率を p とする．$q = 1 - p$ は全員が異なる誕生日となる確率である．

以下，確率 q を求める．この事象は，$\{1,2,\ldots,r\}^\ell$ の中で全ての成分が異なるベクトル $(x_1, x_2, \ldots, x_\ell)$ の個数となる．このベクトルは，第 1 成分には r 個の整数が入り，第 2 成分には第 1 成分とは異なる $r-1$ 個の整数が入り，第 i 成分は $r-i+1$ 個 $(i=1,2,\ldots,\ell)$ の整数が入る．よって，確率 q は以下となる．

$$q = \frac{1}{r^\ell} \prod_{j=0}^{\ell-1} (r-j) = \prod_{j=1}^{\ell-1} \left(1 - \frac{j}{r}\right)$$

表 1.1　誕生日パラドックスにおける衝突

k	32	64	96	128
$\log_2(f(k))$	16.24	32.24	48.24	64.24

ここで，$x \in \mathbb{R}$ に対して $1 + x \leqq e^x$ となるため，

$$(1.1) \qquad q \leqq \prod_{j=1}^{\ell-1} e^{-\frac{j}{r}} = e^{-\frac{\ell(\ell-1)}{2r}}$$

を満たす．よって，$\ell \geqq \left(1 + \sqrt{1 + 8r \log 2}\right)/2$ であれば，$q \leqq 1/2$ となる．したがって，誕生日の個数を $r = 365$ とすると，同じ部屋に 23 人いれば少なくとも 2 人は確率 $1/2$ 以上で同じ誕生日となる．

ここで，ハッシュ関数の衝突困難性の評価をするために，$r = |\{0,1\}^k| = 2^k$ として，$f(k) = \left(1 + \sqrt{1 + (8\log 2)2^k}\right)/2$ とする．k に対して $\log_2(f(k))$ の値は表 1.1 のようになる．

以上より，$2^{k/2}$ 個より少し多いハッシュ値を計算すると，確率 $1/2$ 以上で衝突が発生することになる．この攻撃を防ぐためには，$2^{k/2}$ 個が現実的な時間内で計算困難となる k を選ぶ必要がある．スーパーコンピュータなどの計算能力を考慮して 2^{128} 個以上の計算は困難とされているため，現在のハッシュ関数では $k = 256$ 以上が利用されている．

1.4.2　ワンタイム署名

ワンタイム署名は，1 回のみ署名生成可能なディジタル署名であり，一方向性関数の逆像を求める困難性を安全性の根拠としている[100]．以下に，ワンタイム署名を説明する．

- 鍵生成（1Gen）：セキュリティパラメータ k に対して $H: \{0,1\}^k \to \{0,1\}^k$ を一方向性関数とする．$i \in \{1, 2, \ldots, n\}$ と $j \in \{0, 1\}$ からなる $2n$ 個の添字に対して，$2n$ 個のランダムな値 $y_{i,j} \in \{0,1\}^k$ を生成して，$z_{i,j} = H(y_{i,j})$ とする．ここで，$i \in \{1, 2, \ldots, n\}$，$j \in \{0, 1\}$ に対して，$\{z_{i,j}\}$ を公開鍵として，$\{y_{i,j}\}$ を秘密鍵とする．
- 署名生成（1Sig）：文書を $\mathbf{m} = (m_1, m_2, \ldots, m_n) \in \{0,1\}^n$ とする．m_i は文書 $\mathbf{m}$ の i 番目のビットとする（$i = 1, 2, \ldots, n$）．秘密鍵 $\{y_{i,j}\}$ を用いて，

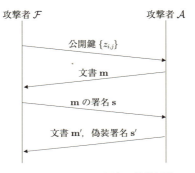

図 1.4 ワンタイム署名の帰着証明

$$\begin{cases} m_i = 0 \text{ ならば } s_i = y_{i,0} \\ m_i = 1 \text{ ならば } s_i = y_{i,1} \end{cases} \quad (i = 1, 2, \ldots, n)$$

とおく．文書 $\mathbf{m} = (m_1, m_2, \ldots, m_n)$ の署名を $\mathbf{s} = (s_1, s_2, \ldots, s_n)$ とする．

- 署名検証（1Ver）：文書 $\mathbf{m}$ と署名 $\mathbf{s}$ に対して，公開鍵 $z_{i,j}$ を用いて

$$H(s_i) = z_{i,m_i} \quad (i = 1, 2, \ldots, n)$$

が成り立つときに署名は正しいとする．

各ビット i の秘密鍵 $y_{i,j}$ は他のビットから独立に生成されているため，署名 s_i の偽造は m_i のみに依存している．i ビット目の文書 m_i から署名 s_i を求める困難性は，関数 H の一方向性の困難性と同等となる．さらに，ワンタイム署名 (1Gen, 1Sig, 1Ver) は以下の安全性を満たす．

定理 1.13 関数 F が一方向性を有するとき，ワンタイム署名 (1Gen, 1Sig, 1Ver) は EUF-CMA を満たす．ただし，署名オラクルへの問い合わせは 1 回のみ可能とする． □

[**証明**] ワンタイム署名の EUF-CMA に対する攻撃者 $\mathcal{A}$ を用いて，関数 H の一方向性を破る攻撃者 $\mathcal{F}$ を構成する（図 1.4）．$\mathcal{F}$ は，ランダムな $z \in \{0, 1\}^k$ に対して，$H(y) = z$ となる逆像 $y \in \{0, 1\}^k$ を求めることを目標とする．

$\mathcal{F}$ は，ワンタイム署名の公開鍵と秘密鍵を以下のように生成する．最初に，添字 $i_0 \in \{1, 2, \ldots, n\}$ および $j_0 \in \{0, 1\}$ をランダムに選び，$z_{i_0, j_0} = z$ とする．

対応する $y_{i_0,j_0} \in \{0,1\}^k$ はランダムに選ぶ．また，$(i,j) = (i_0,j_0)$ 以外の添字 $(i,j) \in \{1,2,\ldots,n\} \times \{0,1\}$ に対しては，$2n-1$ 個のランダムな値 $y_{i,j} \in \{0,1\}^k$ を選び $z_{i,j} = H(y_{i,j})$ を計算する．$\mathcal{F}$ は，$\{z_{i,j}\}$ を公開鍵として攻撃者 $\mathcal{A}$ に渡して，$\{y_{i,j}\}$ を秘密鍵として保存する．

次に，攻撃者 $\mathcal{F}$ は，署名オラクルを次のように構成する．攻撃者 $\mathcal{A}$ から文書 $\mathbf{m} = (m_1, m_2, \ldots, m_n) \in \{0,1\}^n$ を受け取り，秘密鍵 $\{y_{i,j}\}$ から署名 $\mathbf{s}$ を生成して，攻撃者 $\mathcal{A}$ に返答する．ワンタイム署名に対する署名生成であるため，問い合わせは 1 回のみ利用可能となる．攻撃者 $\mathcal{A}$ は，署名 $\mathbf{s}$ が正しくない場合は停止し，署名が正しい場合は $\mathbf{m}$ とは異なる文書 $\mathbf{m}'$ とその偽造署名 $\mathbf{s}'$ を確率 ε で出力するものとする．

ここで，攻撃者 $\mathcal{A}$ が受け取る文書 $\mathbf{m}$ と署名 $\mathbf{s}$ は確率 $1/2$ 以上で正しい．実際，添字 $i \in \{1,2,\ldots,n\}$ に対して，$i \neq i_0$ となる文書 m_i と署名 s_i は，$2n-1$ 個のランダムな値 $y_{i,j} \in \{0,1\}^k$ を選び $z_{i,j} = H(y_{i,j})$ を生成しているため正しい．同様に，$i = i_0$ となる場合の文書 $m_{i_0} \in \{0,1\}$ に関しては，$m_{i_0} \neq j_0$ の場合は文書 m_{i_0} と署名 s_{i_0} は正しい．また，j_0 は $\{0,1\}$ においてランダムであるため，$m_{i_0} \neq j_0$ となる確率は $1/2$ である．

最後に，$\mathbf{m}$ とは異なる文書 $\mathbf{m}'$ とその偽造署名 $\mathbf{s}'$ に対して，$m'_{i_0} = j_0$ の場合は，$H(s'_{i_0}) = z_{i_0,j_0} = z$ を満たす．よって，攻撃者 $\mathcal{F}$ は目標としていた $H(y) = z$ となる $y \in \{0,1\}^k$ として s'_{i_0} を出力する．ここで，文書 $\mathbf{m}'$ が $\mathbf{m}$ と異なるためには，少なくとも 1 つのビットの $i \in \{1,2,\ldots,n\}$ に対して $m'_i \neq m_i$ を満たす．i_0 は $\{1,2,\ldots,n\}$ においてランダムであるため，$i = i_0$ を満たす確率は $1/n$ 以上となる．

以上から，i_0 が j_0 が独立な乱数より，$\mathcal{F}$ は関数 H の一方向性を確率 $\varepsilon/2n$ 以上で破ることができる．これは，H の一方向性に矛盾するため，ワンタイム署名 (1Gen, 1Sig, 1Ver) の EUF-CMA に対する攻撃者 $\mathcal{A}$ は存在しない．　∎

ワンタイム署名は，1 個の公開鍵に対して文書を 1 回のみ署名するため，公開鍵の個数は署名の回数分も必要となり，実用的なディジタル署名とは言えない．ワンタイム署名は暗号プロトコルを構成する上で部品として利用されることが多い．

1.4.3 秘密分散

$k, t \in \mathbb{N}$, $t \leqq k$ とするとき,秘密情報を k 人の参加者が分散して保管し,t 人により秘密情報が復元できるが t 人より少ない場合は秘密情報を復元できない方式を,(t, k)-閾値秘密分散と呼ぶ.以下に,Shamir による (t, k)-閾値秘密分散の方式を説明する[155].

2 章で詳しく説明するが,素数 p 個の元からなる集合 $\{0, 1, \ldots, p-1\}$ は四則演算が成り立ち有限体と呼ばれ,$\mathbb{Z}/p\mathbb{Z} = \mathbb{F}_p$ などと表記される.

補題 1.14 $\ell, t \in \mathbb{N}$, $\ell \leqq t < p$ とする.$x_i, y_i \in \mathbb{F}_p$ $(1 \leqq i \leqq \ell)$ に対して x_i は互いに異なるとする.$t-1$ 次の多項式 $b(x) \in \mathbb{F}_p[x]$ で $b(x_i) = y_i$ $(1 \leqq i \leqq \ell)$ を満たすものは,$p^{t-\ell}$ 個存在する. □

[証明] Lagrange 補間公式から $b(x_i) = y_i$ を満たす多項式 $b(x)$ の 1 つは,

$$b(x) = \sum_{i=1}^{\ell} y_i \prod_{j=1, j \neq i}^{\ell} \frac{x_j - x}{x_j - x_i}$$

となる.以下,このような多項式の個数を考える.$b(x_i) = y_i$ を満たす $t-1$ 次の多項式を

$$b(x) = \sum_{j=0}^{t-1} b_j x^j, \quad b_j \in \mathbb{F}_p$$

とすると,以下の連立 1 次方程式を得る.

$$\begin{pmatrix} 1 & x_1 & x_1^2 & \cdots & x_1^{t-1} \\ 1 & x_2 & x_2^2 & \cdots & x_2^{t-1} \\ \vdots & \vdots & \vdots & & \vdots \\ 1 & x_\ell & x_\ell^2 & \cdots & x_\ell^{t-1} \end{pmatrix} \begin{pmatrix} b_0 \\ b_1 \\ \vdots \\ b_{t-1} \end{pmatrix} = \begin{pmatrix} y_1 \\ y_2 \\ \vdots \\ y_\ell \end{pmatrix}$$

係数行列 $\mathbf{U}$ は Vandermonde 行列であり,その行列式は

$$\det(\mathbf{U}) = \prod_{1 \leqq i < j \leqq \ell} (x_i - x_j)$$

となる.仮定から $x_1, \ldots, x_\ell$ は互いに異なるため,$\det(\mathbf{U}) \neq 0$ を満たす.そのため,上記の連立 1 次方程式の核の次元は $t - \ell$ となり,解の個数は $p^{t-\ell}$ である. ∎

20   1   現代暗号基本技術

以下に，(t,k)-閾値秘密分散の方式を説明する.

・初期設定：管理者は素数 p を選び，k 個の互いに異なる非零元 $x_i \in \mathbb{F}_p$ を生成する $(k < p)$. 例えば，$x_1 = 1, x_2 = 2, \ldots, x_k = k$ などとする. 管理者は $x_1, \ldots, x_k$ を公開する.

・分散情報の生成：$s \in \mathbb{F}_p$ を秘密情報とする.

1. 管理者は，$a_j \in \mathbb{F}_p \, (1 \leqq j \leqq t-1)$ を選び，$t-1$ 次の多項式

$$a(x) = s + \sum_{j=1}^{t-1} a_j x^j$$

を生成する.

2. 管理者は，$1 \leqq i \leqq k$ に対して分散情報 $y_i = a(x_i)$ を計算し，i 番目の参加者に送る.

・秘密情報の復元：t 人が集まったとする. 一般性を失わず，$1 \leqq i \leqq t$ に対して $y_i = a(x_i)$ の分散情報が得られたとする. Lagrange 補間公式より，

$$a(x) = \sum_{i=1}^{t} y_i \prod_{j=1, j \neq i}^{t} \frac{x_j - x}{x_j - x_i}$$

は $a(x_i) = y_i \, (1 \leqq i \leqq t)$ を満たす. また，補題 1.14 において，$\ell = t$ とすると，そのような多項式は 1 個のみである. したがって，その多項式 $a(x)$ の定数項から秘密情報 $s = a(0)$ を復元できる.

この秘密分散方式の安全性に関して以下の定理が成り立つ.

定理 1.15 (t,k)-閾値秘密分散において，t 人より少ない参加者は秘密情報 s に関する情報を得ることはできない.   □

[証明] t 人より少ない m 人の参加者が秘密情報 s を復元しようとする. 一般性を失わずに $y_i \, (1 \leqq i \leqq m)$ の分散情報から復元すると仮定する. 秘密情報 s は，$a(x_i) = y_i \, (1 \leqq i \leqq m)$ を満たす $t-1$ 次の多項式 $a(x) \in \mathbb{F}_p[x]$ の定数項 $a(0)$ である.

任意の $s' \in \mathbb{F}_p$ に対して，定数項が $a'(0) = s'$ かつ $a'(x_i) = y_i \, (1 \leqq i \leqq m)$ を満たす $t-1$ 次の多項式 $a'(x) \in \mathbb{F}_p[x]$ は，補題 1.14 において $\ell = m+1$ とすると p^{t-m-1} 個存在する. このとき，$t > m$ より，任意の $a'(0) = s' \in \mathbb{F}_p$ に対して，1 個以上の多項式 $a'(x)$ が存在する. したがって，可能性のある定数項 $a(0)$ は $\mathbb{F}_p$ の全ての値を等確率で取りうるため，$m \, (< t)$ 人の参加者は秘密

情報 s に関する情報は得られない. ∎

　上記の (t, k)-閾値秘密分散は，無限の計算資源をもつ攻撃者に対しても t 人より少ない参加者は秘密鍵 s を復元することはできないため，情報理論的に安全な方式といわれる.

2 RSA暗号

　本章では，広く利用されている公開鍵暗号である RSA 暗号に関して議論を
進める．その準備として整数の剰余環に関する性質を述べた後に，RSA 暗号
の構成方法を説明する．また，RSA 暗号の実装に必要な拡張 Euclid 互除法や
素数判定法などの高速アルゴリズムを解説して，RSA 暗号の高速実装に対す
る攻撃手法をいくつか紹介する．最後に，RSA 暗号の安全性の根拠となる素
因数分解の困難性と安全な鍵長の評価方法に関して考察する．

2.1 整数の剰余環

　$\mathbb{N} = \{1, 2, 3, \ldots\}$ を自然数全体の集合，$\mathbb{Z} = \{0, \pm1, \pm2, \ldots\}$ を整数全体の集
合とする．$m \in \mathbb{Z}$, $n \in \mathbb{N}$ に対して，

$$(2.1) \qquad m = qn + r, \quad 0 \leqq r < n$$

を満たす $q, r \in \mathbb{Z}$ が一意的に存在する．$r = m \bmod n$ と書き，$m \bmod n = 0$
となるとき $n \mid m$ と書く．また，$n \in \mathbb{N}$ に対して集合 $n\mathbb{Z} = \{0, \pm n, \pm 2n, \ldots\}$
は，$x, y \in n\mathbb{Z}$, $z \in \mathbb{Z}$ ならば $x - y \in n\mathbb{Z}$, $zx \in n\mathbb{Z}$ を満たすため，整数環 $\mathbb{Z}$ の
イデアルである．整数環 $\mathbb{Z}$ のイデアル $n\mathbb{Z}$ による剰余環を $\mathbb{Z}/n\mathbb{Z}$ と書く．剰
余環 $\mathbb{Z}/n\mathbb{Z}$ の代表系として，$\{0 + n\mathbb{Z}, 1 + n\mathbb{Z}, \ldots, n-1 + n\mathbb{Z}\}$ が取れる．以
降，剰余環 $\mathbb{Z}/n\mathbb{Z}$ の代表系を $\{0, 1, \ldots, n-1\}$ と同一視する．

　剰余環 $\mathbb{Z}/n\mathbb{Z}$ での加法 $+$ や乗法 $\cdot$ は，入力 $x, y \in \mathbb{Z}/n\mathbb{Z}$ に対して，整数にお
ける加法 $z = x + y$ または乗法 $z = x \cdot y$ を計算した後に $z \bmod n$ を出力とす
る．

表 2.1 $(\mathbb{Z}/7\mathbb{Z})^\times$ における元の位数

a	a^2	a^3	a^4	a^5	a^6	a の位数
1	1	1	1	1	1	1
2	4	1	2	4	1	3
3	2	6	4	5	1	6
4	2	1	4	2	1	3
5	4	6	2	3	1	6
6	1	6	1	6	1	2

例 2.1 $n=7$ のとき，剰余環 $\mathbb{Z}/7\mathbb{Z} = \{0,1,\ldots,6\}$ の 2 個の元 $3,6$ に対して，和は $3+6 = 9 \bmod 7 = 2$，積は $3 \cdot 6 = 18 \bmod 7 = 4$ となる． □

以下に，素数 p に対する剰余環 $\mathbb{Z}/p\mathbb{Z}$ に関する定理をいくつか述べる．

定理 2.2 素数 p に対して，剰余環 $\mathbb{Z}/p\mathbb{Z}$ は体となる． □

[証明] $a \in \mathbb{Z}/p\mathbb{Z}$, $a \neq 0$ に対して，$I = p\mathbb{Z} + a\mathbb{Z}$ とする．I は $\mathbb{Z}$ のイデアルで，$a \neq 0$ より $p\mathbb{Z} \subsetneq I$ を満たす．整数環 $\mathbb{Z}$ は単項イデアル整域より，$I = n\mathbb{Z}$ となる $n \in \mathbb{N}$ が存在する．$p\mathbb{Z} \subsetneq n\mathbb{Z}$ より，$n \mid p$ かつ $n \neq p$ となり，p は素数であるから $n=1$ を満たす．つまり，$1 = px + ay$ となる $x,y \in \mathbb{Z}$ が存在する．以上より，$a \in \mathbb{Z}/p\mathbb{Z}$ $(a \neq 0)$ に対して，逆元 $y = a^{-1} \bmod p$ が存在する． ∎

例 2.3 $p=7$ のとき，剰余環 $\mathbb{Z}/7\mathbb{Z} = \{0,1,2,\ldots,6\}$ における 0 以外の元は，$1 \cdot 1 = 1$, $2 \cdot 4 = 1$, $3 \cdot 5 = 1, \ldots$, $6 \cdot 6 = 1$ を満たし，逆元をもつ． □

よって，素数 p に対する剰余環 $\mathbb{Z}/p\mathbb{Z}$ の乗法群 $(\mathbb{Z}/p\mathbb{Z})^\times$ は

$$(\mathbb{Z}/p\mathbb{Z})^\times = \{1,2,\ldots,p-1\}$$

となる．次に，乗法群 $(\mathbb{Z}/p\mathbb{Z})^\times$ の構造に関して考察する．

定義 2.4 $a \in (\mathbb{Z}/p\mathbb{Z})^\times$ に対して，$a^k = 1$ となる最小の正の整数 k を元 a の位数という． □

例 2.5 $p=7$ のとき，$(\mathbb{Z}/p\mathbb{Z})^\times$ において $2^2 = 4$, $2^3 = 1$ より，元 2 の位数は 3 となる．同様に，$(\mathbb{Z}/p\mathbb{Z})^\times$ において，$a = 1,2,3,4,5,6$ の位数は表 2.1 のようになる． □

乗法群 $(\mathbb{Z}/p\mathbb{Z})^{\times}$ の元の位数に関して以下が成り立つ.

補題 2.6　$a \in (\mathbb{Z}/p\mathbb{Z})^{\times}$ の位数を k とする. $a^m = 1 \Leftrightarrow k \mid m$ が成り立つ. ☐

[証明]　$(\Leftarrow)$ $m = k\ell$ となる $\ell \in \mathbb{Z}$ が存在して, $a^m = (a^k)^{\ell} = 1$ となる.
$(\Rightarrow)$ $m = qk + r$ $(0 \leqq r < k)$ とすると, $1 = a^m = a^{qk+r} = (a^k)^q a^r = a^r$ を満たし, $0 \leqq r < k$ より $r = 0$ となり, $k \mid m$ を得る. ■

定理 2.7（Fermat 小定理）　p を素数とする. $a \in (\mathbb{Z}/p\mathbb{Z})^{\times}$ に対して,

$$a^{p-1} = 1 \bmod p$$

が成り立つ. ☐

[証明]　元 $a \in (\mathbb{Z}/p\mathbb{Z})^{\times}$ の位数は k であるとして, $H_a = \{a, a^2, \ldots, a^k = 1\}$ とする. $x, y \in H_a$ に対して $xy^{-1} \in H_a$ を満たすため, H_a は $(\mathbb{Z}/p\mathbb{Z})^{\times}$ の部分群となる. よって, H_a の位数 $|H_a| = k$ は, $|(\mathbb{Z}/p\mathbb{Z})^{\times}| = p - 1$ の約数となる. 補題 2.6 より, $a \in (\mathbb{Z}/p\mathbb{Z})^{\times}$ に対して, $a^{p-1} = 1$ が成り立つ. ■

定理 2.8　素数 p に対して, 乗法群 $(\mathbb{Z}/p\mathbb{Z})^{\times}$ は巡回群である. ☐

[証明]　素数 p に対して乗法群 $(\mathbb{Z}/p\mathbb{Z})^{\times}$ に位数 $p - 1$ の元が存在することを示す. $(\mathbb{Z}/p\mathbb{Z})^{\times}$ の最大位数 n をもつ元を a として, a で生成される部分群を $H_a = \{a, a^2, \ldots, a^n = 1\}$ とする. 以下, $n < p - 1$ であるとすると矛盾がおきることを示す. H_a に含まれない $(\mathbb{Z}/p\mathbb{Z})^{\times}$ の元を b とする. 元 b の位数を m とするとき, $b \neq 1$ となるので $m > 1$ を満たす. $\gcd(n, m) = 1$ の場合は, ab の位数は $mn > n$ となり矛盾する. 次に, $\gcd(n, m) > 1$ の場合を考える. 位数 n, m の素因数分解を $n = \prod_i p_i^{e_i}$, $m = \prod_i p_i^{f_i}$ $(e_i, f_i \geqq 0)$ として,

$$k_1 = \prod_{e_i > f_i} p_i^{e_i}, \quad k_2 = \prod_{e_i \leqq f_i} p_i^{f_i}$$

とおく. すると, $k_1 \mid n$, $k_2 \mid m$, $\gcd(k_1, k_2) = 1$, $\mathrm{lcm}(n, m) = k_1 k_2$ を満たす. よって, a^{n/k_1} と b^{m/k_2} の位数はそれぞれ k_1 と k_2 となり, $\gcd(k_1, k_2) = 1$ から $a^{n/k_1} b^{m/k_2}$ の位数は $k_1 k_2 = \mathrm{lcm}(n, m) = nm/\gcd(n, m) \geqq n$ となる. ここで, $m/\gcd(n, m) = 1$ が成り立つ場合, $m \mid n$ より $b^n = 1$ を満たし, b は方程式 $x^n = 1$ の解となる. 一方, H_a の各元 a^i $(i = 1, 2, \ldots, n)$ も方程式 $x^n = 1$ の解である. すると, $b \notin H_a$ より, n 次の方程式 $x^n = 1$ の解が体 $\mathbb{Z}/p\mathbb{Z}$ において, n 個より多くなるため矛盾する. 以上より, $a^{n/k_1} b^{m/k_2}$ の位数は $k_1 k_2 >$

26   2 RSA 暗号

n となり，n の最大性に矛盾する．よって，$n = p - 1$ となり，$H_a = (\mathbb{Z}/p\mathbb{Z})^{\times}$ を満たす．∎

次に，一般の有限巡回群に関するいくつかの性質を述べる．

定義 2.9 有限巡回群の位数 k の元 h に対して，$H = \{h, h^2, \ldots, h^k = 1\}$ を h で生成される部分群という． □

補題 2.10 位数 n の巡回群 G の生成元を g とする．g^m $(1 \leqq m \leqq n)$ の位数は $n/\gcd(n, m)$ となる． □

[証明] $(g^m)^i$ $(1 \leqq i \leqq n)$ が単位元となる必要十分条件は $n \mid mi$ である．また，以下が成立する．

$$n \mid mi \iff \frac{n}{\gcd(n, m)} \ \Big| \ \frac{m}{\gcd(n, m)} i \iff \frac{n}{\gcd(n, m)} \ \Big| \ i$$

したがって，$n \mid mi$ を満たす最小正の i は $n/\gcd(n, m)$ となる．∎

有限巡回群における元の位数の個数に関して次の定理が成り立つ．ここで，自然数 n の Euler 関数 $\varphi(n)$ を，n と互いに素な n 以下の自然数の個数とする．

定理 2.11 位数 n の巡回群 G において，位数 d の元は $d \mid n$ の場合に存在して，$\varphi(d)$ 個ある． □

[証明] 位数 d の元で生成される部分群 H の位数は d となる．また，部分群 H の位数は n の約数であり $d \mid n$ を満たす．したがって，$d \nmid n$ となる場合は矛盾するため，位数 d の元は存在しない．

次に，G の生成元 g に対して $g^{n/d}$ の位数は d であり，$g^{n/d}$ で生成される部分群を G_d とする．以下，G の位数 d の任意の部分群 H_d に対して，$G_d = H_d$ となることを示す．H_d の生成元を g^m とすると，補題 2.10 から元 g^m の位数は $n/\gcd(n, m)$ となるが，$|H_d| = d$ と等しいため $d = n/\gcd(n, m)$ を満たす．また，$g^{\gcd(n,m)}$ で生成される部分群を $H_{\gcd}$ とする．$g^m = \left(g^{\gcd(n,m)}\right)^{\frac{m}{\gcd(n,m)}}$ であるので，$g^m \in H_{\gcd}$ であり，$H_d \subset H_{\gcd}$ を満たす．一方，補題 2.10 から元 $g^{\gcd(n,m)}$ の位数は $n/\gcd(n, m)$ であり，$H_{\gcd}$ と H_d は同じ位数 d となり，$H_{\gcd} = H_d$ を満たす．したがって，部分群 H_d は，$g^{\gcd(n,m)} = g^{n/d}$ で生成される部分群 G_d と一致する．

以上より，G の位数 d の任意の元は，位数 d の部分群を生成するため，G_d

に含まれる．また，G_d の任意の元 $(g^{n/d})^i \, (1 \leqq i \leqq d)$ の位数は，補題 2.10 から $n/\gcd(ni/d, n)$ となる．ここで，$n/\gcd(ni/d, n) = d$ を満たす必要十分条件は $\gcd(i, d) = 1$ である．したがって，d と互いに素となる $i \, (1 \leqq i \leqq d)$ は，$\varphi(d)$ 個あるため定理の主張を得る． ∎

系 2.12 $n \in \mathbb{N}$ に対して，$\sum_{d|n} \varphi(d) = n$ が成立する． □

[証明] 位数 n の巡回群 G において，$d \mid n$ に対して位数が d となる元の集合を S_d とする．直和分解 $G = \bigsqcup_{d|n} S_d$ および定理 2.11 から $|S_d| = \varphi(d)$ であり主張を得る． ∎

定理 2.13 位数 n の巡回群 G において，$k \in \mathbb{N}$, $a \in G$ に対して $x^k = a$ を満たす $x \in G$ が存在すれば，その個数は $\gcd(n, k)$ となる． □

[証明] $\gcd(n, k) = \ell$ とする．巡回群の生成元を g として，$a = g^m$ とする．$i = 1, 2, \ldots, n$ に対して，$x = g^i$ とするとき，$(g^i)^k = g^m$ を満たす必要十分条件は $m = ik \bmod n$ となる．$\ell \mid m$ を満たす場合，$m/\ell = i(k/\ell) \bmod n/\ell$ に対して，$\gcd(k/\ell, n/\ell) = 1$ となる．よって，$b = (m/\ell)(k/\ell)^{-1} \bmod n/\ell$ とすると，$i = b, b + n/\ell, \ldots, b + (\ell-1)n/\ell$ に対して $m = ik \bmod n$ を満たす．したがって，$x^k = a$ となる $x \in G$ は，$\ell = \gcd(n, k)$ 個存在する．次に，$\ell \nmid m$ を満たす場合，$m = ik \bmod n$ となる $i \in \mathbb{N}$ が存在すると，$e \in \mathbb{Z}$ に対して

$$m = ik + en = i(k/\ell)\ell + e(n/\ell)\ell = 0 \bmod \ell$$

より，$\ell \mid m$ となるため矛盾する． ∎

定義 2.14 巡回群 $(\mathbb{Z}/p\mathbb{Z})^\times$ の生成元を，p を法とする原始根という． □

p を法とする原始根 g は，$(\mathbb{Z}/p\mathbb{Z})^\times = \{g, g^2, \ldots, g^{p-1} = 1\}$ を満たす．定理 2.11 より，p を法とする原始根は $\varphi(p-1)$ 個存在する．

例 2.15 $p = 7$ のとき，$g = 5$ は p を法とする原始根である．$k = 5$ のとき $\gcd(k, p-1) = 1$ より，$g^5 \bmod p = 3$ も原始根となる．また，$\varphi(p-1) = 2$ より，7 を法とする原始根は 2 個あり，上の 3, 5 である． □

p を法とする原始根は，$p-1$ の非自明な全ての約数 r に対して，$g^r \neq 1$ を満たすことを調べることにより生成できる．この場合は，$p-1$ の素因数分解の情報が必要となる．例えば，$p-1 = 2q$ (q は素数) とすると，$p-1$ の非自

28   2 RSA 暗号

明な約数は $2, q$ のみで，$g = 2, 3, \ldots$ に対して，$g^2 \neq 1$，$g^q \neq 1$ が成り立つことを調べればよい．一般化された Riemann 予想（Generalized Riemann Hypothesis: GRH）のもとで，p を法とする原始根の最小サイズは $\mathrm{O}\left((\log p)^6\right)$ となることが知られている [160]．

定理 2.16（中国剰余定理） $m, n \in \mathbb{Z}$ に対して $\gcd(m, n) = 1$ を満たす場合，剰余環 $\mathbb{Z}/mn\mathbb{Z}$ は剰余環の直積 $\mathbb{Z}/m\mathbb{Z} \times \mathbb{Z}/n\mathbb{Z}$ と同型となる．   □

[証明]   環準同型写像

$$f : \mathbb{Z} \to \quad \mathbb{Z}/m\mathbb{Z} \times \mathbb{Z}/n\mathbb{Z}$$
$$\cup \qquad\qquad \cup$$
$$a \mapsto (a \bmod m,\ a \bmod n)$$

を考える．$\gcd(m, n) = 1$ より $m\mathbb{Z} + n\mathbb{Z} = \mathbb{Z}$ を満たすため，$mx + ny = 1$ となる $x, y \in \mathbb{Z}$ が存在する．このとき，任意の元 $(b, c) \in \mathbb{Z}/m\mathbb{Z} \times \mathbb{Z}/n\mathbb{Z}$ に対して，$a = cmx + bny \in \mathbb{Z}$ とすると，$a \bmod m = b$，$a \bmod n = c$ を満たす．よって，$f(a) = (b, c) \in \mathbb{Z}/m\mathbb{Z} \times \mathbb{Z}/n\mathbb{Z}$ を満たす $a \in \mathbb{Z}$ が存在し，写像 f は全射となる．次に，$d \in \mathrm{Ker}(f)$ に対して，$f(d) = (d \bmod m, d \bmod n) = (0, 0)$ となるため，$m \mid d$ かつ $n \mid d$ を満たす．$\gcd(m, n) = 1$ より $mn \mid d$ となり，$\mathrm{Ker}(f) \subset mn\mathbb{Z}$ となる．逆に，$\mathrm{Ker}(f) \supset mn\mathbb{Z}$ は明らかであるので，$\mathrm{Ker}(f) = mn\mathbb{Z}$ を満たす．以上より，準同型定理から $\mathbb{Z}/mn\mathbb{Z} \simeq \mathbb{Z}/m\mathbb{Z} \times \mathbb{Z}/n\mathbb{Z}$ を得る．   ∎

例 2.17 $m = 3$，$n = 2$ とすると表 2.2 の同型対応がある．   □

定義 2.18 $b \in \mathbb{Z}/n\mathbb{Z}$ に対して，$bx = 1 \bmod n$ を満たす $x \in \mathbb{Z}/n\mathbb{Z}$ が存在する場合，元 b は可逆であるという．   □

b が $\mathbb{Z}/n\mathbb{Z}$ において可逆である必要十分条件は，$\gcd(b, n) = 1$ が成り立つことである．したがって，$\mathbb{Z}/n\mathbb{Z}$ の乗法群は，

$$(2.2) \qquad (\mathbb{Z}/n\mathbb{Z})^{\times} = \{b \in \mathbb{Z}/n\mathbb{Z} \mid \gcd(b, n) = 1\}$$

となる．よって，$|(\mathbb{Z}/n\mathbb{Z})^{\times}| = \varphi(n)$ が成り立つ．

定理 2.19（Euler 定理） $n \in \mathbb{N}$，$b \in (\mathbb{Z}/n\mathbb{Z})^{\times}$ に対して，

表 2.2 $m = 3$, $n = 2$ の中国剰余定理の対応

$\mathbb{Z}/6\mathbb{Z}$	$\mathbb{Z}/3\mathbb{Z}$	$\mathbb{Z}/2\mathbb{Z}$
0	0	0
1	1	1
2	2	0
3	0	1
4	1	0
5	2	1

$$b^{\varphi(n)} = 1 \bmod n$$

が成り立つ. $\quad\Box$

[証明] $b \in (\mathbb{Z}/n\mathbb{Z})^{\times}$ により生成される群 H_b は, $(\mathbb{Z}/n\mathbb{Z})^{\times}$ の部分群となる. よって, $|H_b|$ は $\varphi(n)$ の約数となり, $b^{|H_b|} = 1$ であるから, $b^{\varphi(n)} = 1$ を満たす. $\quad\blacksquare$

また, Euler 関数は次の乗法性をもつ.

定理 2.20(Euler 関数の乗法性) $\gcd(m, n) = 1$ となる $m, n \in \mathbb{N}$ に対して, $\varphi(mn) = \varphi(m)\varphi(n)$ が成り立つ. $\quad\Box$

[証明] 中国剰余定理(定理 2.16)において, $b \in \mathbb{Z}/mn\mathbb{Z}$ が $\gcd(b, mn) = 1$ を満たす必要十分条件は, $\gcd(b \bmod m, m) = 1$ かつ $\gcd(b \bmod n, n) = 1$ である. $\gcd(b \bmod m, m) = 1$ を満たす $b \in \mathbb{Z}/m\mathbb{Z}$ は $\varphi(m)$ 個あるため主張を得る. $\quad\blacksquare$

系 2.21 $m \in \mathbb{N}$ の素因数分解 $m = \prod_{p|m} p^{e_p}$ に対して

$$\varphi(m) = \prod_{p|m} (p-1)\, p^{e_p - 1} = m \prod_{p|m} \left(1 - \frac{1}{p}\right)$$

が成り立つ. $\quad\Box$

[証明] Euler 関数の乗法性(定理 2.20)から, $\varphi(m) = \prod_{p|m} \varphi(p^{e_p})$ を満たす. 以下, $e_p = e$ とする. $\varphi(p^e)$ は剰余環 $\mathbb{Z}/p^e\mathbb{Z} = \{0, 1, \dots, p^e - 1\}$ における可逆な元の個数であり, $a \in \mathbb{Z}/p^e\mathbb{Z}$ が可逆となる必要十分条件は $\gcd(a, p) = 1$

30   2 RSA 暗号

つまり $a \neq 0 \bmod p$ となる．また，a の p 進展開

$$a \in \mathbb{Z}/p^e\mathbb{Z}, \quad a = a_0 + a_1 p + \cdots + a_{e-1}p^{e-1} \quad (a_i \in \mathbb{Z}/p\mathbb{Z}, \ i = 0, 1, \ldots, e-1)$$

に対して，$a = 0 \bmod p$ となる必要条件は $a_0 = 0$ となる．よって，$a = 0 \bmod p$ となるような $a \in \mathbb{Z}/p^e\mathbb{Z}$ は p^{e-1} 個あるため，$|(\mathbb{Z}/p^e\mathbb{Z})^\times| = p^e - p^{e-1} = (p-1)p^{e-1}$ を満たす． ∎

注意 2.22 一般の $n \in \mathbb{N}$ に対して乗法群 $(\mathbb{Z}/n\mathbb{Z})^\times$ は巡回群になるとは限らない．乗法群 $(\mathbb{Z}/n\mathbb{Z})^\times$ が巡回群となるのは，奇素数 p と $e \in \mathbb{N}$ に対して $n = 1, 2, 4, p^e, 2p^e$ の場合に限られる[160]．

2.2 RSA 暗号

RSA 暗号は，Rivest, Shamir, Adleman の 3 名により，1978 年に提案された公開鍵暗号である[139]．

以下，RSA 暗号の構成法に関して述べる．異なる素数 p, q に対して，$n = pq$ として公開する．ここで，素因数分解を困難とするため，p, q は 1024 ビット以上の大きさとする必要がある．また，$ed = 1 \bmod (p-1)(q-1)$ を満たす整数 e, d に対して，暗号化で用いる鍵を e，復号で用いる鍵を d としている．つまり，RSA 暗号の公開鍵は (n, e)，秘密鍵は d とする．

RSA 暗号の暗号化と復号は次のように行われる（図 2.1）．平文 m は剰余環 $\mathbb{Z}/n\mathbb{Z} = \{0, 1, \ldots, n-1\}$ の元とする．公開鍵 (n, e) を用いて，平文 m を

$$(2.3) \qquad\qquad c = m^e \bmod n$$

により暗号化し，c を暗号文として送信する．秘密鍵 d を所有している受信者は，暗号文 c を

$$(2.4) \qquad\qquad m = c^d \bmod n$$

により復号し，平文 m を得る．

定理 2.23 公開鍵 (n, e) の RSA 暗号において，平文 $m \in \{0, 1, \ldots, n-1\}$ の暗号文を $c = m^e \bmod n$ とする．秘密鍵 d に対して，復号 $m = c^d \bmod n$ は

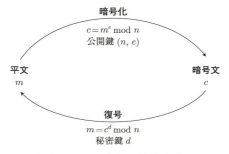

図 2.1 RSA 暗号の暗号化と復号

正しい平文を出力する. □

[証明] まず最初に $m \in (\mathbb{Z}/n\mathbb{Z})^\times$ の場合を示す. $n = pq$ に対する乗法群 $(\mathbb{Z}/n\mathbb{Z})^\times$ の位数は, 系 2.21 から $\varphi(n) = \varphi(pq) = (p-1)(q-1)$ となる. また, RSA 暗号の公開鍵 e と秘密鍵 d の関係から, $ed = 1 + k(p-1)(q-1)$ を満たす整数 k が存在する. よって, Euler 定理(定理 2.19)から

$$c^d = m^{ed} = m(m^{(p-1)(q-1)})^k = m \bmod n$$

となり, 復号の正当性が成り立つ. 次に, $m \notin (\mathbb{Z}/n\mathbb{Z})^\times$ となる場合, つまり, $\gcd(m, n) \neq 1$ となる 3 通りの場合を考える. (i) 平文 m が $p \mid m$ および $q \nmid m$ の場合は, $m \in \{p, 2p, \ldots, (q-1)p\}$ を満たす. この場合は, $m = 0 \bmod p$ より, 暗号文は $c = m^e = 0 \bmod p$ となる. この暗号文 c に対して, $c^d = 0^d = 0 \bmod p$ を満たす. また, $m \neq 0 \bmod q$ から Fermat 小定理(定理 2.7)より,

$$c^d = m^{ed} = m(m^{q-1})^{k(p-1)} = m \bmod q$$

なので, 中国剰余定理(定理 2.16)より正しく復号できる. (ii) 平文 m が $p \nmid m$ および $q \mid m$ の場合は, $m \in \{q, 2q, \ldots, (p-1)q\}$ となり, (i) と同様に復号は正しい. (iii) 平文 m が $p \mid m$ および $q \mid m$ の場合は, $m = 0$ を満たすため, 暗号文は $c = m^e = 0 \bmod n$ となり, $c^d = 0^d = 0 \bmod n$ より, 復号は正しい. ∎

2.2.1 RSA 暗号の安全性

RSA 暗号の安全性に関して考察する. 公開鍵 (n, e) や暗号文 c の情報から,

32   2   RSA 暗号

Algorithm 1   秘密鍵 d の完全解読 $\Rightarrow$ 素因数分解 p,q

Input: 公開鍵 (n,e), 秘密鍵 d
Output: 素数 p,q s.t. $n = pq$

 1: $a \xleftarrow{\$} (\mathbb{Z}/n\mathbb{Z})^\times$
 2: $k = ed - 1$
 3: $m \in \mathbb{N}$ s.t. $2^{m-1} \mid k$ and $2^m \nmid k$
 4: **for** $i = 1$ to $m - 1$ **do**
 5:     $k = k/2$
 6:     $r = \gcd(a^k - 1 \bmod n, n)$
 7:     **if** $r \neq 1$ **then**
 8:         **return** $r, n/r$
 9:     **end if**
10: **end for**
11: **return** fail

秘密鍵 d や対応する平文 m を求める攻撃が考えられる. また, 公開鍵 n が素因数分解されると p,q の情報から秘密鍵 d を求めることができる. 基本的な攻撃法として以下の3種類がある.

(1) 完全解読：公開鍵 (n,e) から秘密鍵 d を求める.

(2) 一方向性の解読：公開鍵 (n,e) と暗号文 c から, 平文 m を求める.

(3) 素因数分解：公開鍵 n を素因数分解して p,q を求める.

　最初に, (1)の完全解読により秘密鍵 d が求まれば, 暗号文 c から秘密鍵 d により平文 $m = c^d \bmod n$ が求まるため, (2)の一方向性の解読となる. 次に, (3)の素因数分解で求めた素数 p,q により, 秘密鍵 $d = e^{-1} \bmod (p-1)(q-1)$ を求めることができるため, (1)の完全解読となる. 逆に, (1)の完全解読により秘密鍵が求まると, (3)の素因数分解ができることを, 次の定理 2.24 で示すことができる. つまり, 秘密鍵 d の完全解読の困難性は, 公開鍵 n を素因数分解する困難性と等価である. 最後に, (2)の一方向性の解読により, (1)の完全解読が可能かは, 暗号学上の重大な未解決問題となっている.

　定理 2.24　RSA 暗号の秘密鍵 d の情報を用いて, 多項式時間で計算可能な Algorithm 1 により, 対応する公開鍵 n を確率 $1/2$ 以上で素因数分解できる.

$\square$

　[証明]　Step 1 において, $a \in (\mathbb{Z}/n\mathbb{Z})^\times$ を一様ランダムに選択する. Step

2 の k に対しては，$(p-1)(q-1) \mid (ed-1)$ を満たすため，Euler 定理（定理 2.19）より $a^k = 1 \bmod n$ となる．中国剰余定理（定理 2.16）から，$a^k = 1 \bmod n$ となる必要十分条件は，$a^k = 1 \bmod p$ かつ $a^k = 1 \bmod q$ となる．Step 1 で生成する $a \in (\mathbb{Z}/n\mathbb{Z})^\times$ に対して，元 a の $(\mathbb{Z}/p\mathbb{Z})^\times$ における位数 $\mathrm{ord}_p(a)$ を $2^f s$ (s: 奇数) とする．同様に，元 a の $(\mathbb{Z}/q\mathbb{Z})^\times$ における位数 $\mathrm{ord}_q(a)$ を $2^g t$ (t: 奇数) とする．このとき，

$$a^k = 1 \bmod n \Longleftrightarrow \mathrm{lcm}\left(2^f s, 2^g t\right) \,\Big|\, k$$

を満たす．ここで，$k = \mathrm{lcm}\left(2^f s, 2^g t\right) 2^h u$ (u: 奇数) と書く．もし，$g > f$ が成り立つならば，$\mathrm{lcm}\left(2^f, 2^g\right) = 2^g$ となる．この場合は，$k' = k/2^{h+g-f} = 2^f \mathrm{lcm}(s,t)u$ に対して，

$$a^{k'} = 1 \bmod p, \quad a^{k'} \neq 1 \bmod q$$

を満たす．よって，$\gcd(a^{k'} - 1 \bmod n, n) = p$ となる．

同様に，$g < f$ の場合も n が素因数分解できる．

以下に，$g \neq f$ となる確率を求める．

剰余群の位数を $\left|(\mathbb{Z}/p\mathbb{Z})^\times\right| = p - 1 = 2^F S$，$\left|(\mathbb{Z}/q\mathbb{Z})^\times\right| = q - 1 = 2^G T$ (S, T: 奇数) とする．一般性を失わずに $G \geqq F$ とできる．$(\mathbb{Z}/n\mathbb{Z})^\times$ の元で，$(\mathbb{Z}/p\mathbb{Z})^\times$ および $(\mathbb{Z}/q\mathbb{Z})^\times$ において位数の 2 冪が異なる個数は，定理 2.11，Euler 関数の乗法性（定理 2.20），系 2.12，系 2.21 より，以下と求められる．

$$\# \left\{ a \in (\mathbb{Z}/n\mathbb{Z})^\times \mid \mathrm{ord}_p(a) = 2^f s, \ \mathrm{ord}_q(a) = 2^g t, \ f \neq g \right\}$$

$$= \sum_{f=0}^{F} \sum_{s \mid S} \sum_{\substack{g=0 \\ g \neq f}}^{G} \sum_{t \mid T} \varphi\left(2^f s\right) \varphi(2^g t) \quad \because \text{定理 2.11}$$

$$= \left(\sum_{s \mid S} \varphi(s)\right) \left(\sum_{t \mid T} \varphi(t)\right) \left(\sum_{f=0}^{F} \sum_{\substack{g=0 \\ g \neq f}}^{G} \varphi\left(2^f\right) \varphi\left(2^g\right)\right) \quad \because \text{定理 2.20}$$

$$= ST \sum_{f=0}^{F} \varphi\left(2^f\right) \left(2^G - \varphi\left(2^f\right)\right) \quad \because \text{系 2.12}$$

$$= ST \left(2^F 2^G - \sum_{f=0}^{F} \varphi\left(2^f\right)^2\right) \quad \because \text{系 2.21}$$

$$= ST\left(2^F 2^G - \frac{4^F + 2}{3}\right)$$

以上より，求めたい確率は，$|(\mathbb{Z}/n\mathbb{Z})^\times| = |(\mathbb{Z}/p\mathbb{Z})^\times||(\mathbb{Z}/q\mathbb{Z})^\times| = 2^F S 2^G T$ に対して，$G \geqq F$，$F \geqq 1$，$G \geqq 1$ より，以下となる．

$$\frac{ST\left(2^F 2^G - \dfrac{4^F + 2}{3}\right)}{2^F S 2^G T} = 1 - \frac{1}{2^F 2^G}\frac{4^F + 2}{3}$$

$$= 1 - \frac{1}{3}\frac{2^F}{2^G} - \frac{1}{3}\frac{2}{2^F 2^G} \geqq 1/2$$

また，Step 3 以下の冪乗算 $a^k \bmod n$ と gcd は，表 2.4(2.2.4 項)のように $\log n$ の多項式時間で計算できるため，Algorithm 1 により公開鍵 n を多項式時間で素因数分解できる．∎

注意 2.25 Step 1 において，$a \in \mathbb{Z}/n\mathbb{Z} = \{0, 1, \ldots, n-1\}$ とした場合には，$a \notin (\mathbb{Z}/n\mathbb{Z})^\times$ となると $\gcd(a, n) \neq 1$ を満たす．この a に対しては，$n = pq$ より，$\gcd(a, n) = p$ または q となり，n は素因数分解できる．

Step 1 の $a \in (\mathbb{Z}/n\mathbb{Z})^\times$ に対して Algorithm 1 が失敗(`fail`)した場合は，$a \in (\mathbb{Z}/n\mathbb{Z})^\times$ を取り直して計算すれば，高い確率で n を素因数分解することができる．一方，秘密鍵 d の情報を用いて決定的に(100% 正しく)公開鍵 n を素因数分解できる多項式時間のアルゴリズムも知られている[50]．

次に，RSA 暗号の公開鍵を (n, e) とする．素因数分解の計算量の評価は 2.4 節で詳しく述べるが，一般的に n を大きくとると計算困難となる．そのため，公開鍵 n のビット長 $\lfloor \log_2 n \rfloor + 1$ を RSA 暗号の鍵長と呼ぶ．これは，RSA 暗号の安全性を示す指標として用いられる．

RSA 暗号の公開鍵 e や秘密鍵 d は，$e, d \in (\mathbb{Z}/\varphi(n)\mathbb{Z})^\times$ より，

$$0 < e, d < \varphi(n) = (p-1)(q-1) < n$$

を満たすため n より小さくなる．また，素数 p, q は公開鍵 n の半分のビット長となる $\sqrt{n} \approx p \approx q$ として選ばれる．そのため，公開鍵 n のビット長で，他のパラメータ e, d, p, q の大きさは決定される．

RSA 暗号の一方向性の解読に関しては，1978 年に RSA 暗号が提案されて

から長年にわたり本質的な攻撃方法は見つかっていない．そのため，RSA 暗号の一方向性は安全な問題として考えられている．

定義 1.4（1.2 節）より，鍵長 $\ell \in \mathbb{N}$ の RSA 暗号の公開鍵の集合を RSA_ℓ とするとき，ランダムな暗号文 $c \in \mathbb{Z}/n\mathbb{Z}$ から，対応する平文 m を求める任意の多項式時間アルゴリズム $\mathcal{A}$ に対して，次が成り立つと仮定する．

$$\Pr\left[(n, e) \xleftarrow{\$} RSA_\ell, \ m \xleftarrow{\$} \mathbb{Z}/n\mathbb{Z}, \ c = m^e \bmod n : \mathcal{A}(e, n, c) = m\right] < \varepsilon(\ell)$$

次に，RSA 暗号の暗号化 $c = m^e \bmod n$ は決定的関数である．そのため，平文 m が小さな空間（例えば 4 桁の暗証番号）である場合，その空間に含まれる元の総当たりにより平文 m を解読することが可能である．実際，1 回の暗号化演算 $c = m^e \bmod n$ が汎用 PC において 0.1 ミリ秒（実際はより高速）とすると，4 桁の暗証番号の空間は 10,000 通りであるため，1 秒程度で総当たり攻撃により復元できてしまう．このような攻撃を防ぐには，平文 m の上位ビットに乱数 r をパディング（$m + 10^4 r$）して総当たりの空間を増加させる方法がある．

また，RSA 暗号はクレジットカード番号を暗号化してサーバに送信する暗号化などで利用されている．暗号文はサーバで復号され，平文に対する乱数パディングのチェックなどの検査が行われる．例えば，平文の乱数パディングが正当でない場合は，送信者に error のサインが返信される．Bleichenbacher は，RSA 暗号の乱数パディング方式（Public-Key Cryptography Standards: PKCS#1 v1.5）に対して，選択した暗号文に対する error のサインから平文を復元する攻撃を提案した[30]．このようなタイプの攻撃は，パディングオラクル攻撃といわれる．

一方，1 章で定義した選択暗号文攻撃は，選択した暗号文 $c(= m^e \bmod n)$ に対して，対応する平文全体 m を求めるオラクルを利用した攻撃となる．RSA 暗号の安全性は，選択暗号文攻撃に対しても，平文に関する情報が識別不可能であることが望まれる．公開鍵暗号に対する標準的な安全性モデルとして，選択暗号文攻撃に対する識別不可能性（IND-CCA）がある．IND-CCA の正確な定義は 1.2 節で説明した．

落とし戸付き一方向性関数を用いた公開鍵暗号から，ランダム関数を用い

て IND-CCA を満たす公開鍵暗号を構成する方法を 1.3 節で述べた．以下に RSA 暗号に適用した構成方法を説明する．

- 鍵生成：異なる素数 p, q に対して $n = pq$ とし，$ed = 1 \bmod (p-1)(q-1)$ を満たす $e, d \in \mathbb{N}$ を生成する．公開鍵 (n, e)，秘密鍵 d，平文が含まれる空間 $\mathbb{Z}/n\mathbb{Z}$ とする．さらに，ランダム関数 $G : \mathbb{Z}/n\mathbb{Z} \to \mathbb{Z}/n\mathbb{Z}$，ランダム関数 $H : (\mathbb{Z}/n\mathbb{Z})^2 \to \mathbb{Z}/n\mathbb{Z}$ を公開する．

- 暗号化：公開鍵 (n, e)，平文 $m \in \mathbb{Z}/n\mathbb{Z}$ に対して，乱数 $r \in \mathbb{Z}/n\mathbb{Z}$ を生成して，暗号文を $\mathbf{c} = (c_1, c_2, c_3) = (r^e \bmod n, m + G(r) \bmod n, H(r, m))$ とする．ここで，1.3 節とは異なり，平文 m と $G(r)$ の排他的論理和ではなく，$m + G(r) \bmod n$ としている．

- 復号：公開鍵 (n, e) と秘密鍵 d により，暗号文 $\mathbf{c}$ に対して $r = c_1^d \bmod n$ を求め，$m = c_2 - G(r) \bmod n$ を求める．$c_3 = H(r, m)$ を満たすとき m を平文として出力して，そうでない場合は $\bot$ を出力する．

この構成方式は，定理 1.10 で示したように，RSA 暗号が一方向性の安全性をもつことを仮定して IND-CCA の安全性を満たす．

この暗号方式では，暗号文 $\mathbf{c}$ は剰余環 $\mathbb{Z}/n\mathbb{Z}$ の元 3 個により表現されている．ランダム関数の構成を工夫することにより，剰余環 $\mathbb{Z}/n\mathbb{Z}$ の元 1 個のみを暗号文として，RSA 暗号の一方向性の安全性をもつことを仮定して IND-CCA を実現できる RSA-OAEP が知られている [22]．RSA-OAEP は前述の暗号通信プロトコル TLS などで利用されている．

2.2.2 RSA 署名

RSA 暗号の秘密鍵 d による落とし戸付き一方向性関数を用いて，ディジタル署名を構成することが可能となる．

RSA 署名の鍵生成は，RSA 暗号と全く同様である．異なる素数 p, q に対して $n = pq$ とする．$e, d \in \mathbb{N}$ は $ed = 1 \bmod (p-1)(q-1)$ として，公開鍵 (n, e)，秘密鍵 d とする．

RSA 暗号の復号を署名生成，暗号化を署名検証として構成する．署名生成では，文書 $m \in \mathbb{Z}/n\mathbb{Z} = \{0, 1, \ldots, n-1\}$ に対して，秘密鍵 d を用いて

$$(2.5) \qquad\qquad s = m^d \bmod n$$

を計算し，s を文書 m の署名とする．署名検証では，文書 m とその署名 s に対して

$$(2.6) \qquad\qquad m = s^e \bmod n$$

が成り立つとき，署名 s は正しいとする．

ここで，RSA 署名において，文書 $m \in \mathbb{Z}/n\mathbb{Z}$ の署名 $s = m^d \bmod n$ が，$m = s^e \bmod n$ を満たすことを，定理 2.23 と同様に証明可能である．

ここで，文書 m が m' に改竄された場合，$m' \neq s^e \bmod n$ により検出できる．また，秘密鍵 d を知らない場合は，偽造された署名 s' は高い確率で署名検証が正しくなく $m \neq s'^e \bmod n$ により，なりすましを検出できる．したがって，RSA 署名では，(1)文書の改竄がないこと，(2)署名者のなりすましがないこと，の 2 点を確認することが目的となる．

以下に，RSA 署名の安全性に関して考察する．公開鍵 n が素因数分解されると，$d = e^{-1} \bmod (p-1)(q-1)$ により秘密鍵 d が求まる．文書 $m \in \mathbb{Z}/n\mathbb{Z}$ に対して署名 $s = m^d \bmod n$ を求める署名偽造には，RSA 暗号の一方向性を破ることと同じ困難性がある．よって，RSA 暗号が一方向性の安全性をもつとして RSA 署名は偽造不能となる．

次に，2 個の文書 $m_1, m_2 \in \mathbb{Z}/n\mathbb{Z}$ に対して，それらの RSA 署名を，

$$s_1 = m_1^d \bmod n, \quad s_2 = m_2^d \bmod n$$

とする．このとき，乗法性から $s = s_1 s_2 = (m_1 m_2)^d \bmod n$ が成り立つため，s は $m = m_1 m_2 \bmod n$ の署名となる．m は署名者が選んだ文書ではないが，その署名 s は生成できることになる．これは存在的偽造といわれている．さらに，文書 $m \in \mathbb{Z}/n\mathbb{Z}$ に対して，乱数 $r \in (\mathbb{Z}/n\mathbb{Z})^{\times}$ を用いて新しい文書 $t = mr^e \bmod n$ を生成し，文書 t に対する署名 $s = t^d \bmod n$ を得たとする．その場合，関係式

$$sr^{-1} = t^d r^{-1} = (mr^e)^d r^{-1} = m^d \bmod n$$

38 2 RSA暗号

から，$sr^{-1} \bmod n$ は文書 m の署名となる．このように，自由に選択した文書の署名を得ることができる攻撃を，選択文書攻撃と呼ぶ．RSA署名の安全性は，上記の選択文書攻撃に対しても存在的偽造が不可能となることが望まれる．

ディジタル署名の標準的な安全性モデルは，選択文書攻撃に対して存在的偽造不可能性(EUF-CMA)を達成することであり，EUF-CMA の正確な定義は1.2節で説明した．また，偽造不能なディジタル署名から，ランダム関数を用いて EUF-CMA を満たすディジタル署名を構成する方法を1.3節で述べた．以下に，この方法を RSA 署名に適用した構成方法を説明する．

- 鍵生成：異なる素数 p, q に対して $n = pq$ とし，$ed = 1 \bmod (p-1)(q-1)$ を満たす $e, d \in \mathbb{N}$ を生成する．公開鍵 (n, e)，秘密鍵 d，文書が含まれる空間 $\mathbb{Z}/n\mathbb{Z}$ とする．さらに，ランダム関数 $H : \{0,1\}^* \to \mathbb{Z}/n\mathbb{Z}$ を公開する．
- 署名生成：文書 $m \in \{0,1\}^*$ に対して，秘密鍵 d とランダム関数 H を用いて $s = H(m)^d \bmod n$ を計算し，s を署名とする．
- 署名検証：公開鍵 (n, e) とランダム関数 H により，文書 m と署名 s が，$H(m) = s^e \bmod n$ を満たす場合に署名は正しいとする．

この構成方式は，定理1.11で示したように，RSA暗号が一方向性の安全性をもつと仮定して EUF-CMA を満たす．

定理1.11において，RSA暗号の一方向性から EUF-CMA への帰着効率は，ハッシュ関数へのクエリ数 q_H と署名オラクルへのクエリ数 q_S に対して $1/(q_H + q_S + 1)$ 倍の差がある．このようにクエリ数に依存した帰着効率は non-tight であるといわれ，帰着先の計算問題の困難性と同程度の安全性を実現していない[96]．RSA暗号の一方向性への帰着効率が小さな定数倍(tight)となる EUF-CMA を満たすディジタル署名として，RSA-PSS が知られている[23]．

2.2.3 冪乗算

RSA暗号の暗号化と復号においては，$a \in \mathbb{Z}/n\mathbb{Z}$ と自然数 k に対して，冪乗算 a^k を計算する．2.4.5項で説明するように，RSA暗号を安全に利用するためには，公開鍵 n を 2048 ビット以上の大きさとする必要がある．また，秘

密鍵 d は鍵生成で $d = e^{-1} \bmod (p-1)(q-1)$ と計算されるため，一般には n と同程度の大きさと仮定する．また，暗号文 c は剰余環 $\mathbb{Z}/n\mathbb{Z}$ において ランダムな値と仮定して，一般には n と同程度の大きさとする．以下，n と同程度の大きさの a, k に対する冪乗算 $a^k \bmod n$ の計算方法について考察 する．

最初に，$a, b \in \mathbb{Z}/n\mathbb{Z}$ に対して，加減算 $a \pm b \bmod n$ と乗算 $ab \bmod n$ は， それぞれ計算量 $\mathrm{O}(\log n)$ と $\mathrm{O}\left((\log n)^2\right)$ により計算できる．また，冪乗算を 計算する素朴な方法として k 個の a を掛け合わせる方法があるが，その場合 の計算量は $\mathrm{O}\left(n(\log n)^2\right)$ となり，$\log n$ の指数時間となる．そのため，k の 2 進展開を利用した高速な冪乗算を考察する．以下，冪 k の 2 進展開を

$$k = k_{h-1}2^{h-1} + k_{h-2}2^{h-2} + \cdots + k_1 2^1 + k_0, \quad k_{h-1} = 1,$$
$$k_i \in \{0, 1\} \quad (i = h-2, \ldots, 1, 0)$$

とする．冪乗 a^k を以下のような積に分解する．

$$\begin{aligned}
a^k &= a^{2^{h-1} + k_{h-2}2^{h-2} + \cdots + k_1 2^1 + k_0} \\
&= \left(a^{2^{h-1} + k_{h-2}2^{h-2} + \cdots + k_1 2^1}\right) a^{k_0} \\
&= \left(a^{2^{h-2} + k_{h-2}2^{h-3} + \cdots + k_1 2^0}\right)^2 a^{k_0} \\
&= \left(\left(\left(a^2 a^{k_{h-2}}\right)^2 \cdots\right)^2 a^{k_1}\right)^2 a^{k_0}
\end{aligned}$$

上位ビット $i = h-2$ から下位ビット $i = 0$ まで，2 乗算および $k_i = 1$ のとき に a との乗算を繰り返し計算すれば，冪乗算 a^k を求めることができる．この 方法を left-to-right バイナリ法と呼ぶ (Algorithm 2)．

次に，冪乗 a^k を以下の別の積に分解する．

$$\begin{aligned}
a^k &= a^{2^{h-1} + k_{h-2}2^{h-2} + \cdots + k_1 2^1 + k_0 2^0} \\
&= a^{2^{h-1}} a^{k_{h-2}2^{h-2}} \cdots a^{k_1 2^1} a^{k_0 2^0} \\
&= \left(a^{2^{h-1}}\right) \left(a^{2^{h-2}}\right)^{k_{h-2}} \cdots \left(a^{2^1}\right)^{k_1} \left(a^{2^0}\right)^{k_0}
\end{aligned}$$

40   2   RSA 暗号

Algorithm 2   left-to-right バイナリ法

Input: $a \in \mathbb{Z}/n\mathbb{Z}$, $k \in \mathbb{N}$ $(k_{h-1} = 1,\ k_i \in \{0,1\},\ k = k_{h-1}2^{h-1} + \cdots + k_1 2^1 + k_0)$
Output: 冪乗算 $a^k \in \mathbb{Z}/n\mathbb{Z}$

1: $t = a$
2: **for** $i = h - 2$ to 0 **do**
3:     $t = t^2$
4:     **if** $k_i = 1$ **then**
5:         $t = ta$
6:     **end if**
7: **end for**
8: **return** t

Algorithm 3   right-to-left バイナリ法

Input: $a \in \mathbb{Z}/n\mathbb{Z}$, $k \in \mathbb{N}$
        $(k_{h-1} = 1,\ k_i \in \{0,1\},\ k = k_{h-1}2^{h-1} + \cdots + k_1 2^1 + k_0 2^0)$
Output: 冪乗算 $a^k \in \mathbb{Z}/n\mathbb{Z}$

1: $t = 1,\ s = a$
2: **for** $i = 0$ to $h - 2$ **do**
3:     **if** $k_i = 1$ **then**
4:         $t = ts$
5:     **end if**
6:     $s = s^2$
7: **end for**
8: $t = ts$
9: **return** t

ここで，2 乗算は $\left(a^{2^i}\right)^2 = a^{2^{i+1}}$ を満たすため，下位ビット $i = 0$ から上位ビット $i = h - 1$ まで，2 乗算および $k_i = 1$ のときに a^{2^i} との乗算を計算すれば，冪乗算 a^k を求めることができる．この方法を right-to-left バイナリ法と呼ぶ（Algorithm 3）．

冪乗算を計算する Algorithm 2, 3 の計算量を考察する．

定理 2.26   冪乗算 $a^k \in \mathbb{Z}/n\mathbb{Z}$ $(k \approx n)$ を求める Algorithm 2, 3 の計算量は $\mathrm{O}((\log n)^3)$ となる． $\square$

[証明]   Algorithm 2, 3 は，$i = 0, \ldots, h - 2$ に対して $h - 1$ 回の 2 乗算を計算し，$k_i = 1$ となる $i \in \{0, \ldots, h - 2\}$ に対して乗算を計算する．Algorithm

3 では，Step 8 で乗算を 1 回計算する．合計で高々 $2h - 1$ 回の乗算により
冪乗 a^k を求めることができる．以上より，$k \approx n$ の仮定から $h = \mathrm{O}(\log n)$ よ
り，冪乗算 $a^k \in \mathbb{Z}/n\mathbb{Z}$ の計算量は $\mathrm{O}\left((\log n)^3\right)$ となる．∎

2.2.4 Euclid 互除法

RSA 暗号の鍵生成において，2048 ビット以上となる自然数に対して，最大
公約数 gcd を計算する必要がある．最大公約数 gcd を多項式時間で計算する
方法としては，以下で説明する Euclid 互除法がある．

定理 2.27 $a, b \in \mathbb{Z}\,(a > b > 0)$ に対して，以下が成り立つ．

(1) $\gcd(a, 0) = a$,

(2) $\gcd(a, b) = \gcd(b, a \bmod b)$. ☐

[証明] (1) 任意の整数 a に対して $a \cdot 0 = 0$ より，$a \mid 0$ となる．
(2) $\gcd(a, b) = r$ とすると，$r \mid a$ かつ $r \mid b$ を満たす．$a = qb + (a \bmod b)$ とな
る $q \in \mathbb{N}$ が存在するため，$r \mid (a - qb) = (a \bmod b)$ となる．ゆえに $r \mid \gcd(b,$
$a \bmod b)$．逆に，$\gcd(b, a \bmod b) = s$ とすると，$s \mid b$ かつ $s \mid (a \bmod b)$ を満
たすことから，$a = qb + (a \bmod b)$ より $s \mid a$ となる．ゆえに $s \mid \gcd(a, b)$. ∎

定理 2.27 から Euclid 互除法（Algorithm 4）により，最大公約数 gcd を多項
式時間で求めることができる．

定理 2.28 $a, b \in \mathbb{Z}\,(a > b > 0)$ に対して，最大公約数 $\gcd(a, b)$ を求める
Algorithm 4 の計算量は $\mathrm{O}((\log a)(\log b))$ となる． ☐

[証明] $r_0 = a$, $r_1 = b$ として，$i = 1, 2, \ldots$ に対して，r_{i-1} を r_i で割った
商と余りを，それぞれ q_i, r_{i+1} と定義する．

$$(2.7) \qquad r_{i-1} = q_i r_i + r_{i+1}, \quad 0 \leqq r_{i+1} < r_i$$

数列 $r_0, r_1, \ldots$ は狭義単調減少するため，$r_k = 0$ となる k が存在する．以下で
は $r_k = 0$ を満たす k を固定する．

次に，定理 2.27 から，$i = 2, 3, \ldots, k$ に対して $\gcd(r_{i-2}, r_{i-1}) = \gcd(r_{i-1},$
$r_i)$ が成り立つため，$\gcd(a, b) = \gcd(r_{k-1}, 0) = r_{k-1}$ を満たす．したがって，
Algorithm 4 の **while** ループでは，$b = r_k = 0$ の場合に停止して，$a = r_{k-1} =$
$\gcd(a, b)$ を出力する．

42   2 RSA 暗号

Algorithm 4 Euclid 互除法

Input: $a, b \in \mathbb{Z}$ s.t. $a > b > 0$
Output: $\gcd(a, b)$
1: **while** $b \neq 0$ **do**
2:     $r = a \bmod b$
3:     $a = b$
4:     $b = r$
5: **end while**
6: **return** a

また，式 (2.7) において，(r_{i-1}, r_i) から r_{i+1} を求めることは，Algorithm 4 で (a, b) から r を求めることに対応し，この計算量は，$\mathrm{O}((\log q_i)(\log r_i))$ である．よって，Algorithm 4 の計算量は，$\mathrm{O}\left(\sum_{i=1}^{k-1}(\log q_i)(\log r_i)\right)$ となる．一方，$i = 1, 2, \ldots, k-2$ に対して，式 (2.7) より，$r_{i-1} = q_i r_i + r_{i+1} > q_i r_i$ となる．したがって，$r_{k-2} = q_{k-1} r_{k-1}$ から，

$$(2.8) \qquad a > q_1 b > q_1 q_2 r_2 > \cdots > \prod_{i=1}^{k-2} q_i r_{k-2} \geqq \prod_{i=1}^{k-1} q_i$$

となり，$\log a > \sum_{i=1}^{k-1} \log q_i$ を満たす．また，

$$\log b = \log r_1 > \log r_2 > \cdots > \log r_{k-1}$$

より，$(\log a)(\log b) > \left(\sum_{i=1}^{k-1} \log q_i\right)(\log b) > \sum_{i=1}^{k-1}(\log q_i)(\log r_i)$ を満たす．以上より，Algorithm 4 の計算量は，$\mathrm{O}((\log a)(\log b))$ となる．∎

次に，$a, b \in \mathbb{Z}\, (a > b > 0)$ に対して，$ax + by = \gcd(a, b)$ を満たす $x, y \in \mathbb{Z}$ を求める拡張 Euclid 互除法に関して説明する．最初に，$i = 1, 2, \ldots, k-1$ に対して，初期値を $u_0 = 1$, $u_1 = 0$, $v_0 = 0$, $v_1 = 1$ とする数列 u_i, v_i を次のように定義する．

$$(2.9) \qquad \begin{cases} u_{i+1} = u_{i-1} - q_i u_i \\ v_{i+1} = v_{i-1} - q_i v_i \end{cases}$$

数列 u_i, v_i は以下の補題を満たす．

補題 2.29 $i = 2, \ldots, k$ に対して，u_i, v_i は $r_i = u_i a + v_i b$ を満たす． □

2.2 RSA 暗号　　43

Algorithm 5　拡張 Euclid 互除法

Input: $a, b \in \mathbb{Z}$ $(a > b > 0)$
Output: $\gcd(a, b)$ and $(x, y) \in \mathbb{Z}^2$ s.t. $ax + by = \gcd(a, b)$
 1: $(u_0, u_1) = (1, 0)$, $(v_0, v_1) = (0, 1)$
 2: **while** $b \neq 0$ **do**
 3:　　$r = a \bmod b$
 4:　　$q = (a - r)/b$
 5:　　$a = b$
 6:　　$b = r$
 7:　　$(u_0, u_1) = (u_1, u_0 - qu_1)$
 8:　　$(v_0, v_1) = (v_1, v_0 - qv_1)$
 9: **end while**
10: **return** a and (u_0, v_0)

　　[証明]　i に関する帰納法で示す．$i = 2$ に対しては，$r_0 = a$, $r_1 = b$ および $u_2 = 1$, $v_2 = -q_1$ より，式 (2.7) から $u_2 a + v_2 b = r_0 - q_1 r_1 = r_2$ となり正しい．次に，式 $r_i = u_i a + v_i b$ が i まで成り立つとして，式 (2.9) から

$$u_{i+1}a + v_{i+1}b = (u_{i-1} - q_i u_i)a + (v_{i-1} - q_i v_i)b$$
$$= (u_{i-1}a + v_{i-1}b) - q_i(u_i a + v_i b)$$
$$= r_{i-1} - q_i r_i = r_{i+1}$$

を満たす．以上より主張を得る．　∎

　　したがって，$a, b \in \mathbb{Z}$ $(a > b > 0)$ に対して，$ax + by = \gcd(a, b)$ は，$r_k = 0$ を満たす k において $r_{k-1} = \gcd(a, b)$ より，$(x, y) = (u_{k-1}, v_{k-1})$ を解の 1 つとしてもつ．また，この解 (u_{k-1}, v_{k-1}) は，Euclid 互除法に対して式 (2.9) を計算するステップを追加することにより，Algorithm 5 のように求めることができる．Algorithm 5 を拡張 Euclid 互除法と呼ぶ．

　　例 2.30　$a = 100$, $b = 35$ のときに，$ax + by = \gcd(a, b)$ を満たす解 (x, y) の 1 つを求める．$r_0 = 100$, $r_1 = 35$ に対して $r_0 = q_1 r_1 + r_2$, $0 \leqq r_2 < r_1$ より，$q_1 = 2$, $r_2 = 30$ となる．また，初期値 $u_0 = 1$, $u_1 = 0$, $v_0 = 0$, $v_1 = 1$ に対して，$u_2 = u_0 - q_1 u_1 = 1$, $v_2 = v_0 - q_1 v_1 = -2$ となる．同様に，$r_1 = 35$, $r_2 = 30$ に対して $q_2 = 1$, $r_3 = 5$ より，$u_3 = -1$, $v_3 = 3$ となる．次に，$r_3 \mid r_2$ を満たすことで $r_4 = 0$ となり，$k = 4$ として停止する．これにより，$\gcd(100,$

表 2.3 拡張 Euclid 互除法の例 ($a = 100,\ b = 35$)

i	0	1	2	3	4
r_i	100	35	30	5	0
q_i		2	1	6	
u_i	1	0	1	-1	
v_i	0	1	-2	3	

35) $= r_3 = 5$ を得る．また，$100x + 35y = 5$ の解の 1 つは，$(x, y) = (u_{k-1}, v_{k-1}) = (-1, 3)$ となる．以上の値を表 2.3 に示す． □

次に，拡張 Euclid 互除法の計算量を評価するために，式 (2.9) の数列 u_i, v_i の性質を調べる．

補題 2.31 $i = 4, \ldots, k$ に対して，u_{i-1} と u_i は，

$$0 < |u_{i-1}| < |u_i|, \quad u_{i-1} u_i < 0$$

を満たす．同様に，$i = 3, \ldots, k-1$ に対して，v_{i-1} と v_i は，

$$0 < |v_{i-1}| < |v_i|, \quad v_{i-1} v_i < 0$$

を満たす．また，$|u_k| = b/\gcd(a, b),\ |v_k| = a/\gcd(a, b)$ となる． □

[証明] i に関する帰納法で示す．$i = 4$ の場合は，$u_3 = -q_2,\ u_4 = 1 + q_2 q_3$ となり，$q_2, q_3 > 0$ から $0 < |u_3| < |u_4|$，$u_3 u_4 < 0$ を満たす．

次に，$0 < |u_{i-1}| < |u_i|$，$u_{i-1} u_i < 0$ が i まで成り立つとする．$u_{i+1} = 0$ とすると，$0 = u_{i+1} = u_{i-1} - q_i u_i$ から，$|u_{i-1}| = q_i |u_i| \geqq |u_i|$ となり，帰納法の仮定 $|u_{i-1}| < |u_i|$ に矛盾する．したがって，$u_{i+1} \neq 0$ となる．

$u_{i+1} > 0$ の場合，もし $u_i > 0$ とすると帰納法の仮定から $u_{i-1} < 0$ となり，式 $u_{i+1} = u_{i-1} - q_i u_i$ において $q_i > 0$ より $u_{i+1} < 0$ となり矛盾する．同様に，$u_{i+1} < 0$ の場合，$u_i < 0$ とすると仮定 $u_{i-1} > 0$ より，$u_{i+1} = u_{i-1} - q_i u_i > 0$ で矛盾する．したがって，$u_{i-1} u_i < 0$ を得る．

また，条件 $|u_{i-1}| < |u_i|$ に対して $i+1$ の場合，

$$(2.10) \qquad |u_{i+1}| - |u_i| = |u_{i-1} - q_i u_i| - |u_i|$$

となる. $u_i > 0$ のとき, $u_{i-1} < 0$, $q_i \geqq 1$ より, 式(2.10)は

$$-u_{i-1} + q_i u_i - u_i = u_i(q_i - 1) - u_{i-1} > 0$$

を満たすため, $|u_i| < |u_{i+1}|$ となる. $u_i < 0$ のとき, $u_{i-1} > 0$, $q_i \geqq 1$ より, 式(2.10)は,

$$u_{i-1} - q_i u_i + u_i = u_{i-1} + (q_i - 1)(-u_i) > 0$$

を満たし, $|u_i| < |u_{i+1}|$ となる. 以上より, 全ての $i = 4, \ldots, k$ で u_{i-1}, u_i に関する不等号の主張を得る. 同様の議論から, $i = 3, \ldots, k-1$ に対する v_{i-1}, v_i の不等号の主張も示すことができる.

最後に, $|u_k| = b/\gcd(a, b)$, $|v_k| = a/\gcd(a, b)$ を示す. まず, $i = 1, \ldots, k$ に対して, $u_{i-1} v_i - v_{i-1} u_i = (-1)^{i-1}$ が成り立つ. 実際, $i = 1$ の場合は, 式(2.9)の初期値から $u_0 v_1 - v_0 u_1 = 1$ より成り立つ. i まで関係式が成り立つと仮定すると, $i + 1$ の場合も式(2.9)から以下のように成立する.

$$\begin{aligned} u_i v_{i+1} - v_i u_{i+1} &= u_i(v_{i-1} - q_i v_i) - v_i(u_{i-1} - q_i u_i) \\ &= -(u_{i-1} v_i - v_{i-1} u_i) = (-1)^i \end{aligned}$$

これより, $\gcd(u_k, v_k) = 1$ を満たす. また, 補題2.29より, $0 = r_k = u_k a + v_k b$ が成り立つ. ここで, $\gcd(a, b) = g$ として, $a = ga'$, $b = gb'$ を満たす b', $a' \in \mathbb{N}$ に対して $\gcd(a', b') = 1$ となる. すると, $|u_k| a = |v_k| b$ より, $|u_k| a' = |v_k| b'$ を満たし, $|u_k| = b' = b/g$, $|v_k| = a' = a/g$ を得る. ∎

定理 2.32 拡張 Euclid 互除法(Algorithm 5)は, 入力 $a, b \in \mathbb{Z}$ $(a > b > 0)$ に対して $\mathrm{O}((\log a)(\log b))$ の計算量となる. ☐

[証明] Euclid 互除法より増えている計算は, Step 7, 8 の

$$u_{i-1} - q_i u_i, \quad v_{i-1} - q_i v_i \quad (i = 2, \ldots, k-1)$$

となる. 補題2.31 から $|u_i| < a/\gcd(a, b)$, $|v_i| < b/\gcd(a, b)$ が成り立つため, 入力の条件 $a > b$ と式(2.8)より, Step 7, 8 の計算量の合計は,

$$\mathrm{O}\left(\sum_{i=2}^{k-1} (\log q_i)(\log a)\right) = \mathrm{O}((\log a)(\log b))$$

表 2.4 剰余環 $\mathbb{Z}/n\mathbb{Z}$ の高速演算

演算		計算量
加減算	$a \pm b \in \mathbb{Z}/n\mathbb{Z}$	$\mathrm{O}\,(\log n)$
乗算	$ab \in \mathbb{Z}/n\mathbb{Z}$	$\mathrm{O}\,((\log n)^2)$
最大公約数	$\gcd(a, n)\,(n > a > 0)$	$\mathrm{O}\,((\log n)^2)$
逆元	$a^{-1} \in \mathbb{Z}/n\mathbb{Z}$	$\mathrm{O}\,((\log n)^2)$
冪乗算	$a^k \in \mathbb{Z}/n\mathbb{Z}\,(k \approx n)$	$\mathrm{O}\,((\log n)^3)$

となる. ∎

また,拡張 Euclid 互除法により,$n \in \mathbb{N}$ に対する乗法群 $(\mathbb{Z}/n\mathbb{Z})^{\times}$ の元の逆元が計算できる.

系 2.33 $n \in \mathbb{N}$ に対する乗法群 $(\mathbb{Z}/n\mathbb{Z})^{\times}$ において,$a \in (\mathbb{Z}/n\mathbb{Z})^{\times}$ の逆元は拡張 Euclid 互除法(Algorithm 5)により計算量 $\mathrm{O}\,((\log n)^2)$ で求めることができる. □

[証明] 乗法群 $(\mathbb{Z}/n\mathbb{Z})^{\times}$ に含まれる元 a は $\gcd(a, n) = 1$,$0 < a < n$ を満たす.したがって,$\gcd(n, a)$ に対する拡張 Euclid 互除法(Algorithm 5)により,計算量 $\mathrm{O}((\log n)^2)$ で $nx + ay = 1$ を満たす $x, y \in \mathbb{Z}$ を求めることができる.ここで,$y = a^{-1} \bmod n$ は a の $\mathbb{Z}/n\mathbb{Z}$ の逆元である. ∎

以上で述べた剰余環 $\mathbb{Z}/n\mathbb{Z}$ における高速演算の計算量を表 2.4 にまとめた.RSA 暗号において,素数 p, q に対する秘密鍵 $d = e^{-1} \bmod (p-1)(q-1)$ の生成,暗号化 $m^e \bmod n$ および復号 $c^d \bmod n$ の計算は,$\log n$ の多項式時間で実行が可能となる.

2.3　素数生成法

RSA 暗号では,1024 ビット以上という巨大な素数を利用しており,その規模の大きさの素数を高速に生成するアルゴリズムが必要となる.

素数の個数に関しては,多くの評価が知られている[51].例えば,正の実数 x に対して,x 以下の素数の個数を $\pi(x)$ とすると,$x \geqq 17$ に対して

$$(2.11) \qquad \frac{x}{\log x} < \pi(x) < 1.25506 \frac{x}{\log x}$$

が成り立つ. ただし, log は自然対数とする. 式(2.11)より, x 以下の自然数が素数である確率は $\dfrac{1}{\log x}$ 以上となる. これは $\log x$ のオーダーであるため, 暗号で利用する 1024 ビット以上の大きな素数でも十分に高い確率で存在することになる. また, 与えられた n 以下の自然数が素数であるかを判定できる $\log n$ の多項式時間のアルゴリズムが存在すれば, そのアルゴリズムを $O(\log n)$ 回繰り返すことにより多項式時間で素数を生成できることにもなる.

例として, 2^{1024} 以下の自然数 1 個を 1 秒で素数か判定できるアルゴリズムがあれば, 10 分程度で 2^{1024} 以下の素数を 1 個生成することができる. 以下では, 多項式時間で実行可能な素数判定アルゴリズムを考察する.

2.3.1 Fermat 素数判定法

自然数 n が素数である場合, Fermat 小定理(定理 2.7)から, $a \in (\mathbb{Z}/n\mathbb{Z})^\times$ に対して

$$(2.12) \qquad\qquad a^{n-1} = 1 \bmod n$$

が成立する. 対偶を考えれば, $b^{n-1} \neq 1 \bmod n$ となる $b \in (\mathbb{Z}/n\mathbb{Z})^\times$ が存在すれば, n は合成数と判定できる. Fermat 素数判定法は, 与えられた自然数 n に対して Yes または No を出力するアルゴリズムで, 1 個の $a \in (\mathbb{Z}/n\mathbb{Z})^\times$ に対して式(2.12)が成立する場合に素数(Yes), 不成立の場合に合成数(No)と判定する(Algorithm 6).

Fermat 素数判定法では, 合成数(No)であることは 100% 正しく判定できるが, n が素数でないにもかかわらず式(2.12)を満たす場合があるため素数(Yes)の判定においてエラーが発生する.

定義 2.34 式(2.12)が成立する奇数の合成数 n を, $a \in (\mathbb{Z}/n\mathbb{Z})^\times$ を底とする擬素数と呼ぶ. □

以下, 擬素数の性質を考察する. 擬素数 n に対して式(2.12)が成り立つ全ての底の集合を

$$S_n = \{a_1, a_2, \ldots, a_s\} \subset (\mathbb{Z}/n\mathbb{Z})^\times$$

とする. ここで, $S_n \subsetneq (\mathbb{Z}/n\mathbb{Z})^\times$ の場合を考える. S_n に含まれない $(\mathbb{Z}/n\mathbb{Z})^\times$

48   2   RSA暗号

Algorithm 6   Fermat 素数判定法

Input: $n \in \mathbb{N}$ (n: 奇数)
Output: Yes(素数) or No(合成数)
 1: $a \xleftarrow{\$} \{1, 2, \ldots, n-1\}$
 2: **if** $\gcd(a, n) > 1$ **then**
 3:     **return** No
 4: **end if**
 5: **if** $a^{n-1} = 1 \bmod n$ **then**
 6:     **return** Yes
 7: **end if**
 8: **return** No

の元を b とした場合，$b^{n-1} \bmod n \neq 1$ が成り立つため，$\{ba_1, ba_2, \ldots, ba_s\}$ の元も S_n に含まれない．また，$b \in (\mathbb{Z}/n\mathbb{Z})^\times$ より，$\{ba_1, ba_2, \ldots, ba_s\}$ の元は互いに異なるため，$s > \dfrac{\varphi(n)}{2}$ となることはない．

以上より，式 (2.12) が成立しない元 $b \in (\mathbb{Z}/n\mathbb{Z})^\times$ が 1 個でも存在すれば，擬素数 n に対する底は $(\mathbb{Z}/n\mathbb{Z})^\times$ の元の個数の半分以下となる．この場合は，Fermat 素数判定法において素数 (Yes) と判定するエラー確率は 50% 以下となるため，元 $a \in (\mathbb{Z}/n\mathbb{Z})^\times$ を取り直して Fermat 素数判定法を繰り返せば，高い確率で (真の) 素数であると判定することができる．

ところが，$(\mathbb{Z}/n\mathbb{Z})^\times$ の全ての元が擬素数 n の底となる (上記の記法で $S_n = (\mathbb{Z}/n\mathbb{Z})^\times$ を満たす) Carmichael 数が存在している．つまり，Carmichael 数に対して Fermat 素数判定法を用いると，素数 (Yes) の判定が 100% ミスすることになる．Carmichael 数は，小さい方から 561, 1105, 1729, 2465, 2821, 6601, 8911, $\cdots$ であり，無限個存在することが知られている．

2.3.2   Miller-Rabin 素数判定法

2.3.1 項で述べた Carmichael 数に対しても素数であることが高い確率で判定可能となる Miller-Rabin 素数判定法の概略を説明する [117, 136]．

Miller-Rabin 素数判定法は，乗法群 $(\mathbb{Z}/n\mathbb{Z})^\times$ において 1 の平方根を利用して構成する．$n-1$ の最大の 2 冪を s とするとき，奇数 t に対して $n-1 = t2^s$ となる．ここで，n が素数ならば，乗法群 $(\mathbb{Z}/n\mathbb{Z})^\times$ において 1 の平方根

2.3 素数生成法　49

Algorithm 7 Miller–Rabin 素数判定法

Input: $n \in \mathbb{N}$ (n: 奇数)
Output: Yes(素数) or No(合成数)
1: $a \xleftarrow{\$} \{1, 2, \ldots, n-1\}$
2: **if** $\gcd(a, n) > 1$ **then**
3:　　**return** No
4: **end if**
5: $s \in \mathbb{N}$ s.t. $2^s \mid (n-1)$ and $2^{s+1} \nmid (n-1)$
6: $z = a^{(n-1)/2^s} \bmod n$
7: **if** $z \in \{-1, 1\}$ **then**
8:　　**return** Yes
9: **end if**
10: **for** $i = 1$ to $s-1$ **do**
11:　　$z = z^2 \bmod n$
12:　　**if** $z = -1 \bmod n$ **then**
13:　　　　**return** Yes
14:　　**end if**
15: **end for**
16: **return** No

は ± 1 に限るため，$(\mathbb{Z}/n\mathbb{Z})^{\times}$ の元 a は次のいずれかの条件を満たす．

$$(2.13) \qquad a^t \bmod n = 1, \quad a^{t2^i} \bmod n = -1 \quad (0 \leqq i < s)$$

この対偶を考えると，式(2.13)を全て満たさない $b \in (\mathbb{Z}/n\mathbb{Z})^{\times}$ が存在すれば，n は合成数と判定できる．Miller-Rabin 素数判定法は，与えられた自然数 n に対して Yes または No を出力するアルゴリズムで，1 個の $a \in (\mathbb{Z}/n\mathbb{Z})^{\times}$ に対して式(2.13)のいずれかが成立する場合に素数(Yes)，全て不成立の場合に合成数(No)と判定する(Algorithm 7)．

定義 2.35 式(2.13)のいずれかが成立する奇数の合成数 n を，$a \in (\mathbb{Z}/n\mathbb{Z})^{\times}$ を底とする強擬素数と呼ぶ． □

Miller-Rabin 素数判定法においても，No (合成数)は 100% 正しく判定できるが，Yes (素数)の判定でエラーが発生する．しかし，Fermat 素数判定法と異なり，Miller-Rabin 素数判定法では Yes のエラー確率の 1 未満となる上限を求めることができる．

50   2   RSA 暗号

定理 2.36 n を 3 以上の奇数の合成数とする. $0 < a < n$ の中で高々 25% の底 a に対して n は強擬素数となる.   □

[証明]   入力の合成数 n を次の 3 通りの場合に分けて証明する. (i) $p^e \mid n$ (p は素数, $e \geqq 2$), (ii) $n = pq$ (p, q は異なる素数), (iii) $n = p_1 p_2 \cdots p_k$ ($k \geqq 3$ の異なる素数).

(i) $p^e \mid n$ の場合:n が a を底とする強擬素数ならば $a^{n-1} = 1 \bmod n$ を満たすため, n は a を底とする擬素数でもある. n は $0 < a < n$ に対して,$(n-1)/4$ 個より多くの底で擬素数とならないことを示す.

$p^e \mid n$ の場合は,$a^{n-1} = 1 \bmod n$ ならば $a^{n-1} = 1 \bmod p^e$ を満たす. n は奇数より,$p > 2$ となる. 系 2.21 と注意 2.22 より,$p > 2$ ならば $(\mathbb{Z}/p^e\mathbb{Z})^\times$ は位数 $p^{e-1}(p-1)$ の巡回群となる. 定理 2.13 より巡回群 $(\mathbb{Z}/p^e\mathbb{Z})^\times$ における $a^{n-1} = 1$ の解の個数は $\gcd(p^{e-1}(p-1), n-1)$ 個となる. さらに,$p \mid n$ より,$p \nmid (n-1)$ となり,$\gcd(p^{e-1}(p-1), n-1) \leqq p-1$ を満たす. また,$c \in (\mathbb{Z}/p^e\mathbb{Z}) \setminus (\mathbb{Z}/p^e\mathbb{Z})^\times$ に対しては,$\gcd(c, p) > 1$ より,$c = pm$ ($m \in \mathbb{N}$) となる. このとき,$n - 1 \geqq p^e - 1 \geqq e$ であるので,$c^{n-1} = 0 \bmod p^e$ を満たすため,$c^{n-1} \neq 1 \bmod p^e$ となる.

以上より,$0 < b < p^e$ の範囲の b に対して,$b^{n-1} = 1 \bmod p^e$ となる割合は,$e \geqq 2$, $p \geqq 3$ より,

$$\frac{p-1}{p^e - 1} = \frac{1}{p^{e-1} + p^{e-2} + \cdots + 1} \leqq \frac{1}{p+1} \leqq \frac{1}{4}$$

を満たす. ここで,$0 < a < n$ の範囲の a に対して,$a^{n-1} \neq 1 \bmod p^e$ ならば,$a^{n-1} \neq 1 \bmod n$ となるため,$a^{n-1} = 1 \bmod n$ となる割合は高々 25% である.

(ii) $n = pq$ の場合:$p - 1 = 2^{s_p} t_p$, $q - 1 = 2^{s_q} t_q$, $n - 1 = 2^s t$ (t_p, t_q, t: 奇数) とする. また,一般性を失うことなく $s_p \leqq s_q$ とする. $a \in (\mathbb{Z}/n\mathbb{Z})^\times$ を底とする強擬素数は,次の条件のいずれかを満たす.

(1) $a^t = 1 \bmod p$ かつ $a^t = 1 \bmod q$.

(2) $a^{2^r t} = -1 \bmod p$ かつ $a^{2^r t} = -1 \bmod q$ ($r = 0, 1, \ldots, s_p - 1$).

これらの解の個数を考える. 条件(1)の解の個数は,定理 2.13 と中国剰余定理(定理 2.16)から,$\gcd(t, t_p) \gcd(t, t_q) \leqq t_p t_q$ となる. 条件(2)の解の個数は

$$2^r \gcd(t, t_p) \, 2^r \gcd(t, t_q) \leqq 4^r t_p t_q$$

となる. 実際, p を法とする原始根 g に対して j を $a = g^j$ とすると, $a^{2^r t} = -1 \bmod p$ となる a の個数は, $g^{(p-1)/2} = -1$ より, $j 2^r t = 2^{s_p-1} t_p \bmod 2^{s_p} t_p$ を満たす $j \in \{1, 2, \ldots, p-1\}$ の個数と一致する. よって, $r > s_p - 1$ の場合は解がなく, その他の場合は $\gcd(2^r t, 2^{s_p} t_p) = 2^r \gcd(t, t_p)$ 個の解がある.

次に, $n - 1 > \varphi(n) = 2^{s_p} t_p 2^{s_q} t_q$ が成り立つため, $0 < b < n$ において b を底として n が強擬素数となる割合は, 高々

$$(2.14) \qquad \frac{t_p t_q + \left(t_p t_q + 4 t_p t_q + \cdots + 4^{s_p - 1} t_p t_q \right)}{\varphi(n)}$$

となる. $s_p \lneqq s_q$ と仮定すると, 式 (2.14) の上限は以下となる.

$$\frac{t_p t_q \left(1 + \left(1 + 4 + \cdots + 4^{s_p - 1} \right) \right)}{2^{s_p} 2^{s_q} t_p t_q} = \frac{1}{2^{s_p} 2^{s_q}} \left(1 + \frac{4^{s_p} - 1}{4 - 1} \right)$$

$$= \frac{1}{2^{s_p} 2^{s_q}} \left(\frac{2}{3} + \frac{4^{s_p}}{3} \right)$$

$$\leqq \frac{1}{4^{s_p}} \frac{1}{3} + \frac{1}{6} \leqq \frac{1}{4}$$

最後に, $s_p = s_q$ とすると, $\gcd(t, t_p) \lneqq t_p$ または $\gcd(t, t_q) \lneqq t_q$ が成り立つ. 実際, $\gcd(t, t_p) = t_p$ かつ $\gcd(t, t_q) = t_q$ とすると, $t_p \mid t$ かつ $t_q \mid t$ となる. この場合, $n - 1 = 0 \bmod t_p$ かつ $n - 1 = q - 1 \bmod t_p$ より $t_p \mid (q-1) = 2^{s_q} t_q$ となり, $t_p \mid t_q$ を満たす. 同様に, $t_q \mid t_p$ となり $t_p = t_q$ を満たし, $p = q$ となり矛盾する. よって, t_p, t_q は奇数より, 式 (2.14) の分子の $t_p t_q$ を $t_p t_q / 3$ とできる. この場合の式 (2.14) の上限は以下となる.

$$\frac{1}{3} \frac{1}{2^{2 s_p}} \left(\frac{2}{3} + \frac{4^{s_p}}{3} \right) \leqq \frac{1}{18} + \frac{1}{9} = \frac{1}{6} < \frac{1}{4}$$

(iii) $n = p_1 p_2 \cdots p_k \, (k \geqq 3)$ の場合: $j = 1, 2, \ldots, k$ に対して, $p_j - 1 = 2^{s_j} t_j$ (t_j:奇数) とする. (ii) の場合と同様に, 一般性を失うことなく $s_1 \leqq s_j \, (j \geqq 2)$ として, $1 \leqq s_1$ より, 以下の上限を得る.

$$\frac{1}{2^{s_1 + s_2 + \cdots + s_k}} \left(1 + \frac{2^{k s_1} - 1}{2^k - 1} \right) \leqq \frac{1}{2^{k s_1}} \left(1 + \frac{2^{k s_1} - 1}{2^k - 1} \right)$$

52   2   RSA 暗号

$$= \frac{1}{2^{ks_1}} \left(\frac{2^k - 2 + 2^{ks_1}}{2^k - 1} \right)$$
$$\leqq \frac{1}{2^k} \left(\frac{2^k - 2}{2^k - 1} \right) + \frac{1}{2^k - 1} = \frac{1}{2^{k-1}} \leqq \frac{1}{4}$$

定理 2.36 より，$a \in (\mathbb{Z}/n\mathbb{Z})^{\times}$ を取り直して Miller-Rabin 素数判定法を繰り返せば，高い確率で素数であると判定可能となる．

さらに，GRH（一般化 Riemann 予想）を仮定した場合，合成数 n に対して，$2(\log n)^2$ 以下の $a \in (\mathbb{Z}/n\mathbb{Z})^{\times}$ において式 (2.13) が成立しないものが存在することが知られている [16]．また，$(\mathbb{Z}/n\mathbb{Z})^{\times}$ における冪乗算の計算量は $\mathrm{O}\left((\log n)^3\right)$ である．したがって，$2(\log n)^2$ 以下の $a \in (\mathbb{Z}/n\mathbb{Z})^{\times}$ に対して総当たりで Miller-Rabin 素数判定法を行えば，GRH を仮定した場合には，$\mathrm{O}\left((\log n)^5\right)$ の多項式時間で n が素数であることが決定的に（100% 正しく）判定できる．

系 2.37   GRH を仮定した場合，$n \in \mathbb{N}$ が素数であることを $\mathrm{O}((\log n)^5)$ の多項式時間で決定的に（100% 正しく）判定できる．   □

最後に，GRH を仮定しない多項式時間の決定的素数判定アルゴリズムとして AKS（Agrawal-Kayal-Saxena）法が知られている [3]．

2.4 素因数分解法

RSA 暗号の公開鍵 n が素因数分解された場合，2 個の素数 p, q と公開鍵 e の情報から秘密鍵 d を求めることができる．そのため，公開鍵 n の素因数分解が困難となる大きな桁長を選ぶ必要がある．本節では，素因数分解問題の困難性に関して議論を進める．

最初に，試し割り法（trial division）と呼ばれる総当たり法に関して説明する．$n \in \mathbb{N}$ が合成数ならば $a, b \in \mathbb{N}_{>1}$ に対して $n = ab$ と分解されるため，$a \leqq \sqrt{n}$ または $b \leqq \sqrt{n}$ が成り立つ．そのため，$\sqrt{n}$ 以下の全ての整数 $r > 0$ に対して，n を r で割ると a または b が求まる．この総当たり法は $\mathrm{O}(\sqrt{n})$ 回の割り算が必要となる．

2.4 素因数分解法　53

　以下に，計算量が $O(\sqrt{n})$ より効率的となる素因数分解アルゴリズムを考える．ここで，暗号解読におけるアルゴリズムの計算時間としては，平均計算量を上から抑える評価を与え，O-記法により計算量を示す．

2.4.1　Pollard ρ 法

　Pollard ρ 法は，素因数分解したい合成数 $n \in \mathbb{N}$ に対して，剰余環 $\mathbb{Z}/n\mathbb{Z}$ でのランダムウォークにより n の真の約数を求める方法である[133]．

　関数 $f: \mathbb{Z}/n\mathbb{Z} \to \mathbb{Z}/n\mathbb{Z}$ を効率的に計算可能な多項式写像として，f の値は終域 $\mathbb{Z}/n\mathbb{Z}$ において一様ランダムに分布していると仮定する．計算機実験で用いられる多項式関数の例としては，$f(x) = x^2 + 1 \bmod n$ などがある．適切な $x_0 \in \mathbb{Z}/n\mathbb{Z}$ を初期値として，写像 f により $x_1 = f(x_0)$, $x_2 = f(x_1), \ldots$ を計算して，

$$x_{j+1} = f(x_j), \quad j = 0, 1, 2, \ldots$$

とする．ここで，2 個の元 $x_j, x_k \in \mathbb{Z}/n\mathbb{Z}$ に対して，$x_j \not\equiv x_k \bmod n$ であるが，n の真の約数 r に対して $x_j \equiv x_k \bmod r$ を満たす場合，$\gcd(x_k - x_j, n)$ を計算すると，r（の倍数）を求めることができる．

　例 2.38　合成数 $n = 91$, $f(x) = x^2 + 1 \bmod n$ とする．初期値 $x_0 = 1$ に対して，$x_1 = f(x_0) = 2$, $x_2 = f(x_1) = 5$, $x_3 = f(x_2) = 26$, $x_4 = f(x_3) = 40, \ldots$ を計算する．すると，$\gcd(x_4 - x_2, n) = 7$ となる．ゆえに $91 = 7 \times 13$.

　合成数 $n \in \mathbb{N}$ の真の約数 r に対して，$x_j \equiv x_k \bmod r\ (x_j \not\equiv x_k \bmod n)$ を満たす衝突 $x_j, x_k \in \mathbb{Z}/n\mathbb{Z}$ が存在する条件を考察する．1.4.1 項で説明した誕生日パラドックスから，次の定理を証明することができる．

　定理 2.39　S を r 個の元の集合とする．ランダム写像 $f: S \to S$，ランダムな $x_0 \in S$ に対して，$x_{j+1} = f(x_j)\ (j = 0, 1, 2, \ldots)$ とする．λ を正の実数として，$\ell = 1 + \lceil \sqrt{2\lambda r} \rceil$ とする．$x_0, x_1, \ldots, x_{\ell-1}$ が全て互いに異なる確率は $e^{-\lambda}$ 以下である．

　[証明]　誕生日パラドックスの式 (1.1) より，求めたい確率 q は以下となる．

54   2   RSA 暗号

$$q \leqq e^{-\ell(\ell-1)/2r} \leqq e^{-(\ell-1)^2/2r} \leqq e^{-(\sqrt{2\lambda r})^2/2r} = e^{-\lambda}$$ ∎

次に，$n \in \mathbb{N}$ の真の約数 r において，$x_k = x_j \bmod r$ となる衝突 $x_k, x_j \in \mathbb{Z}/n\mathbb{Z}$ を見つけることを考える．これには，例えば，$x_k \in \mathbb{Z}/n\mathbb{Z}\,(k=1,2,\ldots)$ に対して，$j=1,2,\ldots,k-1$ となる $x_j \in \mathbb{Z}/n\mathbb{Z}$ を用いて $\gcd(x_k - x_j, n)$ を計算すればよい．しかし，k が大きい場合，全ての $j < k$ に対して $\gcd(x_k - x_j, n)$ を計算するのは効率的ではない．以下に，より少ない回数の $\gcd$ の計算により衝突を求める方法を述べる．

補題 2.40　合成数 $n \in \mathbb{N}$ の真の約数を r とする．$k_0, j_0 \in \mathbb{N}$ に対して

$$x_{k_0} = x_{j_0} \bmod r \quad (j_0 < k_0)$$

となる衝突 $x_{k_0}, x_{j_0} \in \mathbb{Z}/n\mathbb{Z}$ を得たとする．$k, j \in \mathbb{N}$ が $k > k_0$，$j > j_0$ に対して，$k - j = k_0 - j_0$ を満たす場合，

$$x_k = x_j \bmod r \quad (j < k)$$

となる別の衝突 $x_k, x_j \in \mathbb{Z}/n\mathbb{Z}$ を得る．　　　　　　　　　□

[**証明**]　$k > k_0$ より，$k = k_0 + m$ となる $m \in \mathbb{N}$ が存在する．仮定 $k - j = k_0 - j_0$ から，$k - k_0 = j - j_0$ が成り立つ．よって，$m = k - k_0 = j - j_0$ となり，$j = j_0 + m$ を満たす．以上より，$x_k = f^{(m)}(x_{k_0}) = f^{(m)}(x_{j_0}) = x_j \bmod r$ を満たす．　∎

この補題より，最初の衝突 $x_{k_0} = x_{j_0} \bmod r$ の後は周期的となる．よって，固定した x_j に対して，周期より大きな個数の連続した $x_{j+1}, x_{j+2}, \ldots$ との $\gcd$ を計算すれば衝突を求めることができる．Pollard ρ 法を Algorithm 8 に示す．

ここで，ランダムウォーク $x_0, x_1, \ldots$ の概念を表した図 2.2 がギリシャ文字 ρ（ロー）に似ているため，Pollard ρ 法といわれる．

Step 1 において，$x_0 = 1$ として，$z = x_1 = f(x_0)$ とする．Step 2 の **for** ループにおいて，k を $(h+1)$ ビットの整数つまり $k = 2^h, 2^h + 1, \ldots, 2^{h+1} - 1$ とする．Step 3 において，これらの 2^h 個の $x = x_k$ を関数 f により計算している．Step 4 では，$\gcd(|z - x|, n)$ を計算する．ここで，z は Step 2 の **for**

2.4 素因数分解法

Algorithm 8 Pollard ρ 法

Input: $n \in \mathbb{N}$, 多項式関数 $f : \mathbb{Z}/n\mathbb{Z} \to \mathbb{Z}/n\mathbb{Z}$ (e.g. $f(x) = x^2 + 1 \bmod n$)
Output: $r \in \mathbb{N}$ s.t. $r \mid n$ $(1 < r < \sqrt{n})$
1: $x = f(1)$, $h = 1$, $z = x$
2: **for** $k = 2^h$ to $2^{h+1} - 1$ **do**
3:     $x = f(x)$
4:     $y = \gcd(|z - x|, n)$
5:     **if** $y \not\equiv 1 \bmod n$ **then**
6:        **return** y
7:     **end if**
8: **end for**
9: $z = x$, $h = h + 1$ **go to** 2.

図 2.2 Pollard ρ 法の概念図

ループが始まる 1 つ前の $j = 2^h - 1$ に対して $z = x_j$ として固定する．Step 5 において $\gcd(|z - x|, n) > 1$ の場合は，Step 6 で真の約数 r を出力する．そうでない場合は，Step 9 において h を増加させて $h + 1$ ビットとして Step 2 に戻る．

定理 2.41 Pollard ρ 法 (Algorithm 8) は，**for** ループで $O(\sqrt[4]{n})$ 回の f と gcd の計算により，n の真の約数 r $(0 < r < \sqrt{n})$ を求めることができる．ρ 法が失敗する確率は，任意の $\lambda \in \mathbb{R}_{>0}$ に対してある定数 $c \in \mathbb{R}_{>0}$ が存在して，**for** ループで $c\sqrt{\lambda}\sqrt[4]{n}$ 回の f と gcd を計算した後に $e^{-\lambda}$ 以下となる． □

[証明] 初期点から最初の衝突が $x_{k_0} = x_{j_0} \bmod r$, $j_0 < k_0$ であるとする．また，k_0 は $h + 1$ ビット $(2^h \leqq k_0 \leqq 2^{h+1} - 1)$ であるとすると，$1 \leqq k_0 - j_0$

56 2 RSA 暗号

$\leqq 2^{h+1} - 2$ を満たす. この場合, $j = 2^{h+1} - 1$, $k = j + k_0 - j_0$ に対して, $j > j_0$, $k > k_0$ より補題 2.40 から $x_k = x_j \bmod r$ を満たす. ここで, $2^{h+1} \leqq k < 2^{h+2} - 2$ が成り立つことから, Step 2 の **for** ループで衝突を求めることが可能である. さらに, $k < 2^{h+2} - 2 = 2j$ を満たし, Step 4 の gcd の計算は $2j$ 回以下となる. 定理 2.39 において, 真の約数 $r \leqq \sqrt{n}$ に対して $S = \mathbb{Z}/r\mathbb{Z}$, $1 + \lceil \sqrt{2\lambda r} \rceil = j$ とすると, $x_0, x_1, \ldots, x_j$ の中に衝突 $x_{k_0} = x_{j_0} \bmod r$ が無い確率は $e^{-\lambda}$ 以下である. また, f を評価する回数(Step 3)と gcd の計算回数 (Step 4)は等しく, gcd の計算回数は, $2j \leqq 2 \left(1 + \lceil \sqrt{2\lambda \sqrt{n}} \rceil \right)$ 以下となる. ∎

例 2.42 4 桁の合成数 $n = 97 \cdot 103 = 9991$ を, Pollard ρ 法で素因数分解する. 初期点 $x_0 = 1$ に対して, 関数 $f(x) = x^2 + 1 \bmod n$ による推移は以下となる.

$$x_1 = 2, \ x_2 = 5, \ x_3 = 26, \ x_4 = 677, \ x_5 = 8735, \ x_6 = 8950, \ x_7 = 4654, \ldots.$$

Step 1 では, $x_1 = 2$, $h = 1$, $z = x_1$ となる. Step 2 で $h = 1$ の場合, 固定した $x_j = x_1$ と $x_k = x_2, x_3$ に対して, $\gcd(x_1 - x_2, n) = 1$, $\gcd(x_1 - x_3, n) = 1$ を計算すると, $\gcd \neq 1$ とはならず **for** ループを進める. Step 2 で $h = 2$ の場合, 固定した $x_j = x_3$ と $x_k = x_4, x_5, x_6, x_7$ に対して, $\gcd(x_3 - x_4, n) = 1$, $\gcd(x_3 - x_5, n) = 1$, $\gcd(x_3 - x_6, n) = 97$ を計算すると, $j = 3$, $k = 6$ において gcd $\neq 1$ が現れて, n の真の約数 97 が求まる. □

2.4.2 Pollard $p - 1$ 法

Pollard $p - 1$ 法は, 合成数 n の素因数 p に対して $p - 1$ が小さな素数の冪となる場合に有効である. Fermat 小定理(定理 2.7)より, $a \in (\mathbb{Z}/p\mathbb{Z})^\times$ に対して k が $p - 1$ の倍数であれば $a^k = 1 \bmod p$ を満たす. よって, $a^k \neq 1 \bmod n$ の場合は, $n > \gcd(a^k - 1 \bmod n, n) > 1$ が成り立つため, n の真の約数が求まる.

ここで, k の候補として, 素数全体の集合 $\mathbb{P}$ に対して, 比較的小さな B 以下の素数の冪の積

$$k = \prod_{\substack{q \in \mathbb{P} \\ q^e \leqq B}} q^e \quad (\text{冪 } e \text{ が } q^e \leqq B \text{ で最大となるもの})$$

を考える．すると，$p - 1 = \prod q^f$ に対して，$q^f \leqq B$ であるならば $p - 1 \mid k$ を満たす．

例 2.43 合成数 $n = 1241143$ に対して，$B = 13$，$k = 2^3 \cdot 3^2 \cdot 5 \cdot 7 \cdot 11 \cdot 13$ とすると，$\gcd(2^k - 1 \bmod n, n) = 547$ となり，n の真の約数 547 を求めることができる．$p = 547$ は素数であり，$p - 1 = 2 \cdot 3 \cdot 7 \cdot 13 = \prod q^f$，$q^f \leqq B$ を満たす． $\square$

Pollard $p - 1$ 法では，乗法群 $(\mathbb{Z}/p\mathbb{Z})^\times$ の位数が $p - 1$ となる性質を利用した．他の群を利用した Pollard $p - 1$ 法の拡張が多く提案されており，楕円曲線法では素体 $\mathbb{F}_p$ 上の楕円曲線 $E(\mathbb{F}_p)$ を用いる．群 $E(\mathbb{F}_p)$ の位数 $\#E(\mathbb{F}_p)$ は，Hasse 定理から

$$|\#E(\mathbb{F}_p) - p - 1| \leqq 2\sqrt{p}$$

の範囲で変化するため [28]，乗法群 $(\mathbb{Z}/p\mathbb{Z})^\times$ の位数のように $p - 1$ の形に固定されることはない．楕円曲線法の計算量は $\mathrm{O}\!\left(e^{(\sqrt{2}+\mathrm{o}(1))\sqrt{\log p \log \log p}}\right)$ であることが知られている [101]．楕円曲線法の計算量は主に素因数 $p \mid n$ の大きさに依存するため，大きな合成数 n であっても素因数 $p \mid n$ が小さい場合は有効となる．

2.4.3 ランダム 2 乗法

与えられた合成数 n を $\log n$ の準指数時間で素因数分解できるランダム 2 乗法に関して説明する．ランダム 2 乗法の原理は次の補題による．

補題 2.44 n は奇数の合成数で，異なる素因数が 2 個以上あるとする．

$$x^2 = y^2 \bmod n$$

を満たす $x, y \in (\mathbb{Z}/n\mathbb{Z})^\times$ に対して，$\gcd(x \pm y, n)$ を計算することにより確率 50% 以上で n の真の約数を求めることができる． $\square$

[証明] $x \neq \pm y \bmod n$ となる場合は，$n \nmid (x - y)$ かつ $n \nmid (x + y)$ を満た

58   2　RSA 暗号

す．$x^2 = y^2 \bmod n$ より，$n \mid (x-y)(x+y)$ となる．よって，$\gcd(x \pm y, n)$ は n の真の約数となる．また，$x = y \bmod n$ または $x = -y \bmod n$ を満たす場合は，一般的には n の真の約数にはならない．n の素因数分解が r 個の異なる素数 $p_1, p_2, \ldots, p_r$ をもつとする．各 p_i $(i = 1, 2, \ldots, r)$ と $e \in \mathbb{N}$ に対して，巡回群 $(\mathbb{Z}/p_i^e\mathbb{Z})^\times$ では平方元は 2 個の平方根をもつ．中国剰余定理（定理 2.16）より，$(\mathbb{Z}/n\mathbb{Z})^\times$ の平方元は 2^r $(\geqq 4)$ 個の平方根をもつ．したがって，$b \in (\mathbb{Z}/n\mathbb{Z})^\times$ に対して，$b^2 \bmod n$ の平方根が b または $-b$ となる確率は $2/2^r \leqq 1/2$ となる． ∎

注意 2.45 補題 2.44 においては，$x, y \in (\mathbb{Z}/n\mathbb{Z})^\times$ と仮定している．ところが，$x \in (\mathbb{Z}/n\mathbb{Z}) \setminus (\mathbb{Z}/n\mathbb{Z})^\times$ を満たす場合は，$x \neq 0$ に対して $\gcd(x, n) > 1$ を満たすため，n の真の約数を求めることができる．

以下に，$n \in \mathbb{N}$ に対して $x^2 = y^2 \bmod n$ を求めるランダム 2 乗法を説明する．

最初に，$B \, (\ll n)$ 以下の全ての素数 $p_1 = 2$, $p_2 = 3$, $p_3 = 5$, …, $p_h \leqq B$ の集合を $\mathbb{P}_B = \{p_1, p_2, p_3, \ldots, p_h\}$ とする．自然数 k が $\mathbb{P}_B$ に含まれる素数のみで素因数分解できる場合，k を B-smooth と呼ぶ．$i = 1, 2, \ldots$ に対して，$b_i \in (\mathbb{Z}/n\mathbb{Z})^\times$ を取り，次のような B-smooth な形に素因数分解する．

$$(2.15) \qquad b_i^2 = \prod_{j=1}^{h} p_j^{e_{i,j}} \bmod n$$

ここで，$b_i^2 \bmod n$ が B-smooth でない場合は，b_i は保存せずに取り直す．合計で $(h+1)$ 個の式 (2.15) の関係式を求める．

注意 2.46 B-smooth な関係式 (2.15) を求める素朴な方法としては，B 以下の全ての素数 $p_1, p_2, \ldots, p_h$ に対して割り算を行えばよい．ただし，B が大きくなると割り算は遅くなるため，他の効率的な素因数分解や素数判定の処理を組み合わせたり，線篩法や格子篩法などの高速化が用いられる [94]．

次に，$i = 1, 2, \ldots, h+1$ に対して，式 (2.15) の関係式における冪指数ベクトルを $\mathbf{e}_i = (e_{i,1}, e_{i,2}, \ldots, e_{i,h})^\top \in \mathbb{Z}^{h \times 1}$ とする．$(h+1)$ 個の冪指数ベクトルを列ベクトルとして並べた行列を $\mathbf{A} = (\mathbf{e}_1 \mid \mathbf{e}_2 \mid \cdots \mid \mathbf{e}_{h+1}) \in \mathbb{Z}^{h \times (h+1)}$ とする．このとき，変数 $\mathbf{x} = (x_1, x_2, \ldots, x_{h+1})^\top \in \mathbb{Z}^{(h+1) \times 1}$ の連立 1 次方程式

$$(2.16) \qquad\qquad \mathbf{A}\mathbf{x} = \mathbf{0} \bmod 2$$

を考える．ここで，$\mathbf{0} = (0,0,\ldots,0)^\top \in \mathbb{Z}^{h\times1}$ とする．

連立 1 次方程式の非自明な解の 1 つを $\mathbf{w} = (w_1, w_2, \ldots, w_{h+1})^\top \in \mathbb{Z}^{(h+1)\times1}$ とすると，$j = 1,2,\ldots,h$ に対して，$\sum_{i=1}^{h+1} e_{i,j} w_i = 2f_j$ を満たす $f_j \in \mathbb{Z}$ が存在する．よって，

$$\prod_{i=1}^{h+1}\left(\prod_{j=1}^{h} p_j^{e_{i,j}}\right)^{w_i} = \prod_{j=1}^{h} p_j^{\sum_{i=1}^{h+1} e_{i,j} w_i} = \prod_{j=1}^{h} p_j^{2f_j} = \left(\prod_{j=1}^{h} p_j^{f_j}\right)^2 \bmod n$$

を満たす．また，式 (2.15) より，

$$\prod_{i=1}^{h+1}\left(\prod_{j=1}^{h} p_j^{e_{i,j}}\right)^{w_i} = \prod_{i=1}^{h+1}\left(b_i^2\right)^{w_i} = \left(\prod_{i=1}^{h+1} b_i^{w_i}\right)^2 \bmod n$$

を満たす．したがって，

$$b^2 = c^2 \bmod n, \quad b = \prod_{i=1}^{h+1} b_i^{w_i} \bmod n, \quad c = \prod_{j=1}^{h} p_j^{f_j} \bmod n$$

が成り立つ．よって，$\gcd(b - c, n)$ を計算することにより，n の真の約数を確率的に求めることができる．

例 2.47　合成数 $n = 673703 = 719 \cdot 937$ をランダム 2 乗法を用いて素因数分解する．$B = 7$ として，$\mathbb{P}_B = \{2,3,5,7\}$ とする．$i = 1, 2, \ldots, 5$ に対して $b_i^2 \bmod n$ が 7-smooth となる数として以下がある．

$$b_1 = 1409, \quad b_1^2 = 2^0 \cdot 3^6 \cdot 5^3 \cdot 7^1 \bmod n$$
$$b_2 = 2432, \quad b_2^2 = 2^3 \cdot 3^1 \cdot 5^5 \cdot 7^1 \bmod n$$
$$b_3 = 2731, \quad b_3^2 = 2^2 \cdot 3^5 \cdot 5^0 \cdot 7^2 \bmod n$$
$$b_4 = 3937, \quad b_4^2 = 2^6 \cdot 3^1 \cdot 5^2 \cdot 7^0 \bmod n$$
$$b_5 = 3967, \quad b_5^2 = 2^8 \cdot 3^3 \cdot 5^1 \cdot 7^1 \bmod n$$

この関係式から，以下の行列 $\mathbf{A}$ に対する連立 1 次方程式を作成する．

$$\mathbf{A} = \begin{pmatrix} 0 & 3 & 2 & 6 & 8 \\ 6 & 1 & 5 & 1 & 3 \\ 3 & 5 & 0 & 2 & 1 \\ 1 & 1 & 2 & 0 & 1 \end{pmatrix} \bmod 2 = \begin{pmatrix} 0 & 1 & 0 & 0 & 0 \\ 0 & 1 & 1 & 1 & 1 \\ 1 & 1 & 0 & 0 & 1 \\ 1 & 1 & 0 & 0 & 1 \end{pmatrix}$$

連立 1 次方程式 $\mathbf{A}x = \mathbf{0} \bmod 2$ の非自明な解の 1 つは，$(w_1, w_2, w_3, w_4, w_5)^\top$ $= (1, 0, 0, 1, 1)^\top$ となる．したがって，$b^2 = c^2 \bmod n$ を満たす $b, c \in \mathbb{Z}/n\mathbb{Z}$ は，$b = b_1 b_4 b_5 \bmod n = 38519$ および $c = 2^7 \cdot 3^5 \cdot 5^3 \cdot 7^1 \bmod n = 267880$ となる．以上より，$\gcd(b - c, n) = 719$ を得て，$n = 719 \cdot 937$ と素因数分解できる．□

一般に，合成数 $n \in \mathbb{N}$ に対するランダム 2 乗法の計算時間は，B-smooth の $B (\ll n)$ を小さい値から増加させた場合，関係式 (2.15) の生成時間は高速となるが，連立 1 次方程式 (2.16) の解を求める時間は遅くなる，というトレードオフが存在する．B-smooth となる自然数に関して次の定理が成り立つ．

定理 2.48（[37]） $x \in \mathbb{R}_{>0}$ とする．x 以下の自然数が y-smooth となる個数を $\Psi(x, y)$ とすると，十分に大きな x と $y \ll x$ に対して，

$$(2.17) \qquad \frac{\Psi(x, y)}{x} = u^{-u(1 + \mathrm{o}(1))}, \quad u = \frac{\log x}{\log y}$$

が成り立つ．ただし，$\mathrm{o}(1) \to 0 \ (x \to \infty)$ とする．□

定理 2.48 の式を見通しよく表現するために次の記号を定義する．

定義 2.49 $n \in \mathbb{N}$ と $\nu, \lambda \in \mathbb{R}$ に対して，$L_n[\nu, \lambda] = e^{\lambda(\log n)^\nu (\log \log n)^{1-\nu}}$ と定義する．ただし，$\log$ は自然対数とする．□

ここで，$L_n[0, \lambda] = (\log n)^\lambda$，$L_n[1, \lambda] = e^{\lambda(\log n)}$ となるため，$0 < \nu < 1$ に対して $L_n[\nu, \lambda]$ は $\log n$ の準指数時間といわれる．

系 2.50 十分に大きな $n \in \mathbb{N}$ と $\nu, \lambda, \omega, \mu \in \mathbb{R}_{>0}$ に対して，$L_n[\nu, \lambda]$ 以下の自然数が $L_n[\omega, \mu]$-smooth となる確率は，$L_n[\nu - \omega, -(\nu - \omega)\lambda/\mu + \mathrm{o}(1)]$ となる．ただし，$\log$ は自然対数として，$\mathrm{o}(1) \to 0 \ (n \to \infty)$ とする．□

[証明] 定理 2.48 において，$x = L_n[\nu, \lambda]$，$y = L_n[\omega, \mu]$ とすると，

$$u = \frac{\log L_n[\nu, \lambda]}{\log L_n[\omega, \mu]} = \frac{\lambda(\log n)^\nu (\log \log n)^{1-\nu}}{\mu(\log n)^\omega (\log \log n)^{1-\omega}} = \frac{\lambda}{\mu} \left(\frac{\log n}{\log \log n} \right)^{\nu - \omega}$$

を満たす．ここで，$u^{-u(1 + \mathrm{o}(1))} = e^{-(1 + \mathrm{o}(1)) u \log u}$ より，

$$u \log u = \frac{\lambda}{\mu} \left(\frac{\log n}{\log \log n} \right)^{\nu - \omega} \left(\log \frac{\lambda}{\mu} + (\nu - \omega)(\log \log n - \log \log \log n) \right)$$

$$= \frac{\lambda}{\mu} \left(\frac{\log n}{\log \log n} \right)^{\nu - \omega} ((\nu - \omega)(1 + o(1)) \log \log n)$$

$$= \left((\nu - \omega) \frac{\lambda}{\mu} + o(1) \right) (\log n)^{\nu - \omega} (\log \log n)^{1 - (\nu - \omega)}$$

を満たし，$u^{-u(1+o(1))} = L_n \left[\nu - \omega, -(\nu - \omega)\frac{\lambda}{\mu} + o(1) \right]$ となる． ∎

ランダム 2 乗法の計算量は以下のように評価できる．

定理 2.51 十分大きな合成数 $n \in \mathbb{N}$ をランダム 2 乗法で素因数分解する計算時間は $O\left(e^{(2+o(1))\sqrt{\log n \log \log n}} \right)$ となる． ☐

[証明] 1 個の B-smooth な関係式 (2.15) を求めるのに，$\pi(B)$ 回の割り算を行い，$O(\pi(B))$ の計算量を必要とする．また，連立 1 次方程式 (2.16) に非自明な解があるためには，$\pi(B) + 1$ の関係式が必要となる．式 (2.11) より，十分大きな B に対して $\pi(B) \approx B/\log B \approx B$ とする．

一般に，B を増加させた場合，関係式 (2.15) が B-smooth となる確率は増加するが，関係式を求める $\pi(B)$ 回の割り算も増加する．ここで，$w, \alpha \in \mathbb{R}_{>0}$ に対して，$B = L_n[w, \alpha]$ とすると，系 2.50 より，$n \ (= L_n(1, 1))$ 以下の自然数が B-smooth となる確率は $L_n \left[1 - w, -\frac{1-w}{\alpha} + o(1) \right]$ となる．また，$c,$ $\nu, \mu, \lambda \in \mathbb{R}_{>0}$ に対して，

$$(L_n[\nu, \mu])^{\pm c} = L_n[\nu, \pm c\mu], \quad L_n[\nu, \mu] \cdot L_n[\nu, \lambda] = L_n[\nu, \mu + \lambda]$$

を満たす．以上より，関係式 (2.15) を $\pi(B) + 1$ 個集める計算量は，

$$O\left(B^2 \cdot \left(L_n \left[1 - w, -\frac{1-w}{\alpha} + o(1) \right] \right)^{-1} \right)$$

$$= O\left(L_n[w, 2\alpha] \cdot L_n \left[1 - w, \frac{1-w}{\alpha} + o(1) \right] \right)$$

となり，$w = 1/2$ の場合に最も小さくなる．以下では，$B = L_n[1/2, \alpha]$ とおく．このとき，連立 1 次方程式 (2.16) を構成するのに必要な計算量は以下と

62   2 RSA暗号

なる.

$$O\left(L_n\left[\frac{1}{2}, 2\alpha + \frac{1}{2\alpha} + o(1)\right]\right)$$

また，連立1次方程式(2.16)はGauss消去法によりO($\pi(B)^3$)で解けるため，計算量はO($L_n[1/2, 3\alpha]$)となる．一方，$f(\alpha) = 2\alpha + 1/(2\alpha)$は$\alpha = 1/2$において最小値2を取る．よって，合成数$n$をランダム2乗法で素因数分解する計算量は準指数時間O$\left(e^{(2+o(1))\sqrt{\log n \log\log n}}\right)$となる． ▮

2.4.4 数体篩法

数体篩法は，既知のアルゴリズムの中では漸近的に最も高速な素因数分解のアルゴリズムである[102]．ランダム2乗法では整数がsmoothとなる性質を利用していたが，数体篩法では整数だけでなく代数体のイデアルがsmoothとなる情報も考慮することで高速化を実現している．

以下に数体篩法の概要に関して説明する．素因数分解する合成数を$n \in \mathbb{N}$とし，小さな冪$d = 3, 4, \ldots$に対して，$M = \lfloor n^{1/d} \rfloor$ $(M \neq n^{1/d})$とする．このとき，$M^d < n < (M+1)^d$を満たすことから，nの符号付きM進展開より整数係数の既約多項式

(2.18) $$f(x) = x^d + c_{d-1}x^{d-1} + \cdots + c_1 x + c_0$$

において，$f(M) = n$かつ$|c_i| < n^{1/d}$ $(i = 0, 1, \ldots, d-1)$を満たすものを求めることができる．また，$\mathbb{C}$における$f(x) = 0$の解の1つをθとして，代数体$K = \mathbb{Q}(\theta)$の整数環$\mathcal{O}_K$は，$\mathcal{O}_K = \mathbb{Z}[\theta]$を満たすとする．ここで，環準同型写像

$$\phi: \mathbb{Z}[\theta] \to \quad \mathbb{Z}/n\mathbb{Z}$$
$$\cup \qquad\qquad \cup$$
$$\theta \quad \mapsto M \bmod n$$

を考える．$\mathbb{Z}$における素因数分解の情報に加えて，整数環$\mathbb{Z}[\theta]$における素イデアル分解も利用する．

$F, G \in \mathbb{N}$に対して，$\mathcal{F}$をF以下の素数の集合，$\mathcal{G}$を整数環$\mathbb{Z}[\theta]$においてノ

ルムが G 以下となる 1 次の素イデアルの集合とする．$\mathbb{Z}[\theta]$ の 1 次の素イデアル $\mathfrak{p}$ は，素数 $p \in \mathbb{P}$ と式 (2.18) の多項式に対して，$f(t) = 0 \bmod p$ を満たす整数 t を用いて，$\mathfrak{p} = (p, t - \theta)$ と表すことができる．よって，ノルムが G 以下となる 1 次の素イデアルの集合は

$$(2.19) \qquad \mathcal{G} = \{(p, t - \theta) \mid p \in \mathbb{P}, \ p \leqq G, \ f(t) = 0 \bmod p\}$$

となる．ここで，$\gcd(a, b) = 1$ を満たす整数の組 $(a, b) \in \mathbb{Z}^2$ に対して，単項イデアル $(a - b\theta)$ を割り切る素イデアルは 1 次の素イデアルだけとなる．また，ノルム $N(a - b\theta)$ は，多項式 f を用いて $N(a - b\theta) = b^d f(a/b) \in \mathbb{Z}$ と表すことができる．イデアル $(a - b\theta)$ が G-smooth であるとは，ノルム $N(a - b\theta)$ が整数値として G-smooth となるときと定義する．

数体篩法では，$\gcd(a, b) = 1$ を満たす整数の組 $(a, b) \in \mathbb{Z}^2$ に対して，次のような double-smooth な組を求める．

$$a - bM = \pm \prod_{p \in \mathcal{F}} p^{e(p)}, \quad (a - b\theta) = \prod_{\mathfrak{p} \in \mathcal{G}} \mathfrak{p}^{e(\mathfrak{p})}$$

$C \in \mathbb{N}$ に対して，$|a| \leqq C$，$0 < b \leqq C$ の範囲で組 (a, b) が double-smooth となる全体の集合を

$$S = \{(a_1, b_1), (a_2, b_2), \dots, (a_r, b_r)\}$$

とする．集合 S は次の篩法により求めることができる．$|a| \leqq C$，$0 < b \leqq C$ の範囲にある $\gcd(a, b) = 1$ を満たす (a, b) に対して，$a - bM$，$N(a - b\theta)$ の値を計算して保存する．保存してある $a - bM$ の値を，$b \in \{1, 2, \dots, C\}$ に対して，

$$a = bM \bmod p, \quad p \in \mathcal{F}$$

を満たす $|a| \leqq C$ において，$(a - bM)/p \in \mathbb{Z}$ の値に更新する．$(a - bM)/p$ が p で割り切れる場合は，さらに p で割った値として更新する．この操作を $p \in \mathcal{F}$ に対して繰り返して，更新した値が ± 1 となる場合の (a, b) に対して $a - bM$ は F-smooth となる．同様に，保存してある $N(a - b\theta)$ の値を，$b \in \{1, 2, \dots, C\}$ に対して，

64   2   RSA 暗号

$$a = bt \bmod p, \quad (p, t - \theta) \in \mathcal{G}$$

を満たす $|a| \leqq C$ において，$N(a - b\theta) = b^d f(a/b) = b^d f(t) = 0 \bmod p$ となるため，（p で割り切れる場合は繰り返して）$N(a - b\theta)/p \in \mathbb{Z}$ の値に更新する．これを，$(p, t - \theta) \in \mathcal{G}$ に対して更新を繰り返して，$N(a - b\theta)$ の値が ± 1 となる場合の (a, b) における $(a - b\theta)$ は G-smooth となる．ここで，$|a - bM|$ または $N(a - b\theta)$ の値は，$|a - bM|$ または $N(a - b\theta)$ 以下のランダムな自然数と仮定して，F-smooth または G-smooth となる確率を定理 2.48 より求めることができ，集合 S の大きさ r が決まる．また，$|a| \leqq C$，$0 < b \leqq C$ の範囲で組 (a, b) が double-smooth となる集合 S を求める計算量は，検索範囲 $\mathrm{O}\left(C^2\right)$ に対して

$$\max_{(a,b)}(\log |a - bM|, \log N(a - b\theta))$$

の多項式時間を掛けたものとなる．

次に，S の部分集合 T に対して，$\prod_{(a,b) \in T}(a - b\theta)$ を $\mathbb{Z}[\theta]$ における平方数とするために，2 次指標を定義する [102]．$\ell = \lfloor 3 \log_2 n \rfloor$ として，G より大きい隣り合う素数を ℓ 個集めた集合を $\mathbb{P}_\ell$ とする．$f(x)$ の微分 $f'(x)$ に対して，集合 $\mathcal{H}$ を

$$(2.20) \quad \mathcal{H} := \{(q, t) \mid q \in \mathbb{P}_\ell,\ f(t) = 0 \bmod q,\ f'(t) \neq 0 \bmod q\}$$

と定義して，$\mathcal{H} = \{(q_1, t_1), (q_2, t_2), \ldots, (q_\ell, t_\ell)\}$ とする．$j = 1, 2, \ldots, \ell$ に対して，$a - bt_j \bmod q_j$ が平方剰余の場合 $\chi_j(a - b\theta) = 0$ とし，$a - bt_j \bmod q_j$ が平方非剰余の場合 $\chi_j(a - b\theta) = 1$ と定義する．集合 $\mathcal{H}$ に対して，$(a - b\theta)$ の 2 次指標 χ を

$$\chi(a - b\theta) = (\chi_1(a - b\theta), \chi_2(a - b\theta), \ldots, \chi_\ell(a - b\theta))$$

とする．このとき，S の部分集合 T に対して，$\prod_{(a,b) \in T}(a - b\theta)$ の素イデアル分解における全ての冪 $e(\mathfrak{p})$ が偶数かつ $\prod_{(a,b) \in T} \chi(a - b\theta) = (0, 0, \ldots, 0)$ を満たす場合，$\prod_{(a,b) \in T}(a - b\theta)$ は $\mathbb{Z}[\theta]$ において高い確率で平方数となる [102]．

ここで，集合 S の元 (a_i, b_i) $(i = 1, 2, \ldots, r)$ に対して $a_i - b_i M$ の符号 σ_i を，$a_i - b_i M > 0$ のとき $\sigma_i = 0$，$a_i - b_i M < 0$ のとき $\sigma_i = 1$ と定義する．また，double-smooth の分解に現れる素数と 1 次の素イデアルの集合を，$\mathcal{F} = \{p_1, p_2, \ldots, p_{|\mathcal{F}|}\}$，$\mathcal{G} = \{\mathfrak{p}_1, \mathfrak{p}_2, \ldots, \mathfrak{p}_{|\mathcal{G}|}\}$ とするとき，$i = 1, 2, \ldots, r$ に対して，関係式

$$(2.21) \qquad a_i - b_i M = \pm \prod_{j=1}^{|\mathcal{F}|} p_j^{e_i(p_j)}, \quad (a_i - b_i \theta) = \prod_{j=1}^{|\mathcal{G}|} \mathfrak{p}_j^{e_i(\mathfrak{p}_j)}$$

の符号，冪指数，2 次指標 $\chi(a_i - b_i\theta) = (\chi_{i,1}, \chi_{i,2}, \ldots, \chi_{i,\ell})$ を行ベクトルとして並べた，行列 $\mathbf{A}$ を

$$\mathbf{A} = \begin{pmatrix} \sigma_1 & \sigma_2 & \cdots & \sigma_r \\ e_1(p_1) & e_2(p_1) & \cdots & e_r(p_1) \\ e_1(p_2) & e_2(p_2) & \cdots & e_r(p_2) \\ \vdots & \vdots & \vdots & \vdots \\ e_1(p_{|\mathcal{F}|}) & e_2(p_{|\mathcal{F}|}) & \cdots & e_r(p_{|\mathcal{F}|}) \\ e_1(\mathfrak{p}_1) & e_2(\mathfrak{p}_1) & \cdots & e_r(\mathfrak{p}_1) \\ e_1(\mathfrak{p}_2) & e_2(\mathfrak{p}_2) & \cdots & e_r(\mathfrak{p}_2) \\ \vdots & \vdots & \vdots & \vdots \\ e_1(\mathfrak{p}_{|\mathcal{G}|}) & e_2(\mathfrak{p}_{|\mathcal{G}|}) & \cdots & e_r(\mathfrak{p}_{|\mathcal{G}|}) \\ \chi_{1,1} & \chi_{2,1} & \cdots & \chi_{r,1} \\ \chi_{1,2} & \chi_{2,2} & \cdots & \chi_{r,2} \\ \vdots & \vdots & \vdots & \vdots \\ \chi_{1,\ell} & \chi_{2,\ell} & \cdots & \chi_{r,\ell} \end{pmatrix}$$

とする．$r > |\mathcal{F}| + |\mathcal{G}| + \ell + 1$ を満たす場合，$\mathbf{x} \in \mathbb{F}_2^{r \times 1}$ に関する連立 1 次方程式

$$\mathbf{A}\mathbf{x} = \mathbf{0} \bmod 2$$

において，非自明な解の 1 つを $\mathbf{w} = (w_1, \ldots, w_r)^\top \in \mathbb{F}_2^{r \times 1}$ とおく．すると，$\prod_{i=1}^{r} (a_i - b_i\theta)^{w_i}$ の素イデアル分解の全ての冪 $e(\mathfrak{p})$ は偶数であり，$j = 1, \ldots, \ell$ に対して 2 次指標は $\prod_{i=1}^{r} \chi_j (a_i - b_i\theta)^{w_i} = 0$ となるため，

66   2 RSA暗号

$$\begin{cases} \prod_{i=1}^{r} (a_i - b_i M)^{w_i} = u^2 \\ \prod_{i=1}^{r} (a_i - b_i \theta)^{w_i} = v^2 \end{cases}$$

を満たす元 $u \in \mathbb{Z}$, $v \in \mathbb{Z}[\theta]$ が高い確率で存在する．ここで，u^2 の平方根はランダム2乗法と同じ方法で求めることができるが，v^2 の平方根は $\mathbb{Z}[\theta]$ における計算により求める[102]．また，環準同型写像 ϕ から，

$$\phi \left(\prod_{i=1}^{r} (a_i - b_i \theta)^{w_i} \right) = \prod_{i=1}^{r} (a_i - b_i M)^{w_i} \bmod n$$

が成り立ち，$\phi(v) \in \mathbb{Z}/n\mathbb{Z}$ に対して，$u^2 = \phi(v)^2 \bmod n$ となる．以上より，$\gcd(u - \phi(v), n)$ を計算すれば，n の真の約数を確率的に求めることができる．

数体篩法の計算量は以下のように評価できる．

定理 2.52 十分大きな $n \in \mathbb{N}$ を数体篩法で素因数分解する計算量は，準指数時間 $O\left(e^{\left(\left(\frac{64}{9} \right)^{\frac{1}{3}} + o(1) \right) (\log n)^{\frac{1}{3}} (\log \log n)^{\frac{2}{3}}} \right)$ である．   □

[証明] $|a| \leqq C$, $0 < b \leqq C$ の範囲において，$|a - bM|$，$N(a - b\theta)$ の大きさは，式(2.18)の多項式 $f(x)$ の次数 d に対して以下となる．

$$\begin{cases} |a - bM| \leqq (C+1)n^{\frac{1}{d}} & \cdots (1) \\ |N(a - b\theta)| \leqq (d+1)C^d n^{\frac{1}{d}} & \cdots (2) \end{cases}$$

(1)と(2)の積を最小とするために $C = L_n[1/3, 2\lambda^2]$ かつ $d \approx \lambda^{-1} \left(\frac{\log n}{\log \log n} \right)^{\frac{1}{3}}$ とおく．ここで，$\lambda > 0$ は後に決める定数とする．この場合，

$$\begin{cases} |a - bM| \approx L_n[2/3, \lambda] \\ |N(a - b\theta)| \approx L_n[2/3, 3\lambda] \end{cases}$$

より，(1)，(2)は同じ準指数オーダーの $L_n[2/3, *]$ となる．

以下，関係式探索と連立1次方程式の計算量に対するトレードオフを考慮して，$F = G = L_n[1/3, 2\lambda^2]$ とする．系2.50から，(1)，(2)が共に $L_n[1/3, 2\lambda^2]$-smooth となる確率は

$$L_n\left[\frac{1}{3}, \left(-\left(\frac{1}{3}\right)\frac{3\lambda}{2\lambda^2} + \mathrm{o}(1)\right)\right] \cdot L_n\left[\frac{1}{3}, \left(-\left(\frac{1}{3}\right)\frac{\lambda}{2\lambda^2} + \mathrm{o}(1)\right)\right]$$
$$= L_n\left[\frac{1}{3}, -\frac{2}{3\lambda} + \mathrm{o}(1)\right]$$

となる.

次に，連立 1 次方程式 $\mathbf{Ax} = \mathbf{0} \bmod 2$ が解ける条件を考察する．十分大きな F, G に対して，素数定理から $F \approx |\mathcal{F}|$, $G \approx |\mathcal{G}|$ とする．ランダムな $a, b \in \mathbb{N}$ に対して $\gcd(a, b) = 1$ となる確率は $6/\pi^2$ である．ここで，$|a| \leqq C$, $0 < b \leqq C$ の範囲において，上記の式(1), (2)が共に $L_n[1/3, 2\lambda^2]$-smooth となる個数が

$$|\mathcal{F}| + |\mathcal{G}| + 3\lfloor \log n \rfloor + 1 = L_n[1/3, 2\lambda^2 + \mathrm{o}(1)]$$

より少ない場合は，連立 1 次方程式 $\mathbf{Ax} = \mathbf{0} \bmod 2$ を解けるとは限らない．よって，十分大きな n に対して，

$$L_n\left[\frac{1}{3}, -\frac{2}{3\lambda} + \mathrm{o}(1)\right] \cdot \left(L_n\left[\frac{1}{3}, 2\lambda^2\right]\right)^2 \geqq L_n\left[\frac{1}{3}, 2\lambda^2 + \mathrm{o}(1)\right]$$

を満たす必要がある．つまり，$-2/(3\lambda) + 4\lambda^2 \geqq 2\lambda^2$ から，$\lambda^3 \geqq 1/3$ となる．

このとき，上記の篩法により double-smooth な組を求める計算量は，篩法の検索範囲 $\mathrm{O}(C^2)$ に対して(1)と(2)の上限の log の多項式時間を掛けたものであるため，定数 $k \in \mathbb{N}$ に対して次のような評価となる．

$$\mathrm{O}(C^2(\log L_n[2/3, 3\lambda])^k) = \mathrm{O}\left(L_n\left[\frac{1}{3}, 4\lambda^2 + o(1)\right]\right)$$
$$= \mathrm{O}\left(L_n\left[\frac{1}{3}, \left(\frac{64}{9}\right)^{\frac{1}{3}} + o(1)\right]\right)$$

また，連立 1 次方程式 $\mathbf{Ax} = \mathbf{0} \bmod 2$ を解く計算量は，行列 $\mathbf{A}$ が疎であることから Lanczos 法や Wiedemann 法を用いて $\mathrm{O}\left((|\mathcal{F}| + |\mathcal{G}| + 3\lfloor \log n \rfloor + 1)^2\right)$ で解けるとすると，以下となる．

$$\mathrm{O}\left(L_n\left[\frac{1}{3}, 2\lambda^2 + \mathrm{o}(1)\right]^2\right) = \mathrm{O}\left(L_n\left[\frac{1}{3}, \left(\frac{64}{9}\right)^{\frac{1}{3}} + \mathrm{o}(1)\right]\right)$$

68   2   RSA 暗号

これで，n を素因数分解する数体篩法の計算量は

$$
\mathrm{O}\left(L_n\left[\frac{1}{3},\left(\frac{64}{9}\right)^{\frac{1}{3}}+\mathrm{o}(1)\right]\right)
$$

となる．

　数体篩法で用いる式(2.18)の多項式 $f(x)$ において，係数の大きさに条件を付けた non-monic な多項式とすることで，式(2.21)において，ノルム $N(a-b\theta)$ および $a-bM$ が smooth となる確率を高くする多項式選択方法が知られている[93].

　数体篩法は，複数の多項式を用いて予備計算をすることにより，計算量を $L_n\left[1/3,(64/9)^{1/3}\right]$ の $(64/9)^{1/3}\approx 1.923$ から $L_n\left[1/3,2((46+13\sqrt{13})/108)^{1/3}\right]$ の $2((46+13\sqrt{13})/108)^{1/3}\approx 1.902$ まで改良できる方法が知られている[46]. また，合成数 n が小さな整数 r,s に対して $n=r^e-s\,(e\in\mathbb{N})$ などと表せる場合(例として一般 Mersenne 数がある)，多項式 $f(x)$ が簡略化され高速化が可能となり，計算量は

(2.22) $$
\mathrm{O}\left(L_n\left[\frac{1}{3},\left(\frac{32}{9}\right)^{\frac{1}{3}}+\mathrm{o}(1)\right]\right)
$$

となる[102]. この特殊な合成数に対しては特殊数体篩法(Special Number Field Sieve: SNFS)と呼び，一般の合成数に対しては一般数体篩法(General Number Field Sieve: GNFS)と呼び区別することもある．

2.4.5　安全な桁長評価

　RSA 暗号を実社会で安全に利用するためには，数体篩法の漸近的な計算量だけでなく，固定した公開鍵 n に対する計算時間の評価が必要である．そのため，数体篩法の大規模な計算機実験を実施することにより，固定した公開鍵 n に対して O-記法に隠れた計算時間を正確に評価する研究が進められてきた．

　例えば，表2.5に示すように，RSA 暗号の安全性を評価するためのチャレンジ問題として，RSA 社は 1991 年より，100 桁(330 ビット)から 617 桁(2048 ビット)までの合成数を公開している．RSA チャレンジ問題に対する数

表 2.5　RSA チャレンジ問題の解読記録

解読達成日	解読桁長	計算時間
1991 年　4 月	100 桁（ 330 ビット）	
1993 年　6 月	120 桁（ 397 ビット）	
1996 年　4 月	130 桁（ 430 ビット）	約 7 年
1999 年　2 月	140 桁（ 463 ビット）	
1999 年　8 月	155 桁（ 512 ビット）	約 36 年
2003 年 12 月	174 桁（ 576 ビット）	
2005 年　5 月	200 桁（ 663 ビット）	約 55 年
2009 年 12 月	231 桁（ 768 ビット）	約 1500 年
2019 年 12 月	240 桁（ 795 ビット）	約 953 年
2020 年　2 月	250 桁（ 829 ビット）	約 2700 年
未解読	308 桁（1024 ビット）	
未解読	617 桁（2048 ビット）	

体篩法を用いた世界初の解読記録は，1996 年 4 月の 130 桁（430 ビット）であり，1500 MIPS 年（パソコン 1 台換算で約 7 年）の計算時間を必要とした．現在，数体篩法を用いた素因数分解の世界記録は，2009 年 12 月に分解された 231 桁（768 ビット）であり，パソコン 1 台（Opteron 2.2 GHz）に換算すると約 1500 年の計算時間が必要であった[94]．

　このような解読記録のデータから，長期的に安全に利用できる RSA 暗号のビット長（桁長）を評価することが可能となる．図 2.3 に示すように，現在私たちが利用している 617 桁（2048 ビット）を素因数分解するには，10^{27} FLOPS 程度の計算スピードをもつスーパーコンピュータを 1 年間占有する計算資源が必要と評価されている（CRYPTREC 暗号技術検討会 https://www.cryptrec.go.jp/）．

　ただし，計算スピードの増加率に関するムーアの法則が継続した場合は，2020 年時点から見て約 30 年後のスーパーコンピュータで解読される可能性があると考えられる．そのため，米国標準技術研究所 NIST は，2048 ビットの RSA 暗号は 2030 年までに限り利用可能としており，2031 年以降は 3072 ビット以上の桁長を推奨している．

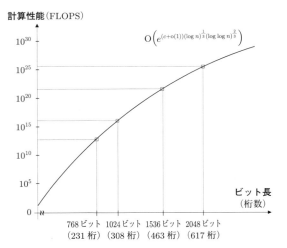

図 2.3　素因数分解の数体篩法による計算時間(縦軸の性能をもつ
スーパーコンピュータを 1 年間使った場合に数体篩法により素
因数分解できるビット長の関係)

2.5　高速実装アルゴリズム

本節では，RSA 暗号を高速に実装するための基本的方法として，Montgomery 乗算，Sliding Window 法，中国剰余定理法を紹介する．

2.5.1　Montgomery 乗算

RSA 暗号の公開鍵を n とする．剰余環 $\mathbb{Z}/n\mathbb{Z}$ における乗算 $X \cdot Y \bmod n$ は，整数 $\mathbb{Z}$ において $T = X \cdot Y$ を計算した後に，$T = qn + r\,(0 \leqq r < n)$ を満たす r を求める除算が必要であった．一方，Montgomery 乗算[121]は，n での除算を用いることなく乗算を計算可能とする方法である(Algorithm 9)．

Step 2 における $\bmod R$ は除算を必要とせず，$T \cdot n'$ の下位 ℓ ビットの出力のみで計算できる．例として，$R = 2^3$ の場合に $\bmod R$ を計算すると，

$$1 \cdot 2^5 + 0 \cdot 2^4 + 0 \cdot 2^3 + \underline{1 \cdot 2^2 + 1 \cdot 2^1 + 0 \cdot 2^0} \bmod 2^3 = \underline{1 \cdot 2^2 + 1 \cdot 2^1 + 0 \cdot 2^0}$$

のように下位 3 ビット $1 \cdot 2^2 + 1 \cdot 2^1 + 0 \cdot 2^0$ を出力する．また，Step 3 にお

2.5 高速実装アルゴリズム   71

Algorithm 9　Montgomery 乗算

Input: $X, Y \in \mathbb{Z}/n\mathbb{Z}$, $R = 2^\ell$ (ℓ は n のビット長), $n' = -n^{-1} \bmod R$（予備計算）
Output: $XYR^{-1} \bmod n$
　1: $T = X \cdot Y$ in $\mathbb{Z}$
　2: $U = T \cdot n' \bmod R$
　3: $T = (T + Un)/R$ in $\mathbb{Z}$
　4: **if** $T \geqq n$ **then** $T = T - n$
　5: **return** T

ける R による除算は，以下の補題 2.53 の 1. より，上位 ℓ ビットを ℓ ビットシフトすることで計算できる．例として，$R = 2^3$ の場合に R による除算は，以下のように計算できる．

$$\left(1 \cdot 2^5 + 0 \cdot 2^4 + \underline{1 \cdot 2^3 + 0 \cdot 2^2 + 0 \cdot 2^1 + 0 \cdot 2^0}\right)/2^3 = \underline{1 \cdot 2^2 + 0 \cdot 2^1 + 1 \cdot 2^0}$$

Montgomery 乗算は，剰余環 $\mathbb{Z}/n\mathbb{Z}$ における演算を，除算などが効率的な剰余環 $\mathbb{Z}/R\mathbb{Z}$ ($R = 2^\ell$, $R > n$) の計算に置き換えたものと言える．

以下に，Montgomery 乗算の正しさを示すための補題を示す．

補題 2.53　Algorithm 9 の Step 2 終了時の変数 R, T, U, n は以下を満たす．
1. $R \mid (T + Un)$
2. $(T + Un)/R = TR^{-1} \bmod n$
3. $(T + Un)/R < 2n$ 　　　　　　　　　　　　　　　　　　　　　　□

[証明]　Algorithm 9 の Step 2 より，$U = Tn' + kR$ を満たす $k \in \mathbb{Z}$ が存在する．$n' = -n^{-1} \bmod R$ より，$n'n = -1 + mR$ を満たす $m \in \mathbb{Z}$ が存在する．よって，

$$T + Un = T + (Tn' + kR)n = T + Tn'n + knR = R(Tm + kn) = 0 \bmod R$$

となり，主張 1 は正しい．次に，$T = T + Un \bmod n$ より，

$$TR^{-1} \bmod n = (T + Un)R^{-1} \bmod n = (T + Un)/R \bmod n$$

を満たし，主張 2 が成り立つ．最後に，$U < R$ および $X, Y < n$ が成り立ち，$n < 2^\ell = R$ より，

72   2 RSA 暗号

Algorithm 10 Montgomery 乗算による冪乗算

Input: $a \in \mathbb{Z}/n\mathbb{Z}, k \in \mathbb{N}$ ($k_{h-1} = 1$, $k_i \in \{0, 1\}$, $k = k_{h-1}2^{h-1} + \cdots + k_1 2^1 + k_0$),
  および $R^2 \bmod n$ (予備計算)

Output: 冪乗算 $a^k \bmod n$

1: $Y = \mathrm{Mont}\,(a, R^2)$
2: $X = Y$
3: **for** $i = k - 2$ to 0 **do**
4:     $X = \mathrm{Mont}(X, X)$
5:     **if** $k_i = 1$ **then** $X = \mathrm{Mont}(X, Y)$
6: **end for**
7: $X = \mathrm{Mont}(X, 1)$
8: **return** X

$$T + Un = X \cdot Y + Un < n \cdot n + R \cdot n < 2Rn$$

となり，不等号の両辺を R で割れば，主張 3 を得る. ∎

補題の主張 1 より，Step 3 において R による除算は常に整数値となる．また，補題の主張 2 と 3 より，Step 3 の $(T + Un)/R$ は n を法として XYR^{-1} と等しく，$(T + Un)/R < 2n$ から mod n の計算は Step 4 により可能となる．

次に，Montgomery 乗算を用いて冪乗算 $a^k \bmod n$ を計算する方法を述べる．$X, Y \in \mathbb{Z}/n\mathbb{Z}$ に対する Montgomery 乗算を，$\mathrm{Mont}(X, Y) = X \cdot Y \cdot R^{-1} \bmod n$ と書く．この場合，Montgomery 乗算は，次の式が成り立つ．

$$\mathrm{Mont}\,(X, R^2) = X \cdot R^2 \cdot R^{-1} = XR \bmod n$$

$$\mathrm{Mont}(XR, 1) = X \cdot R \cdot R^{-1} = X \bmod n$$

これより，left-to-right バイナリ法 (Algorithm 2) を変形して，Montgomery 乗算 $\mathrm{Mont}(X, Y)$ を用いた冪乗算が計算可能となる (Algorithm 10)．

Montgomery 乗算で必要となる $R^2 \bmod n$ を予備計算して入力の一部とする．Step 1 において，$Y = aR \bmod n$ を $a \in \mathbb{Z}/n\mathbb{Z}$ に R が掛けられた状態にする．Step 4 で平方算 $\mathrm{Mont}(XR, XR) = (XR)(XR)R^{-1} = XXR \bmod n$，Step 5 で乗算 $\mathrm{Mont}(XR, YR) = (XR)(YR)R^{-1} = XYR \bmod n$ を計算する．Step 7 で $\mathrm{Mont}(XR, 1) = (XR)(1)R^{-1} = X \bmod n$ により R を取り除く．

以上により，冪乗算 $a^k \bmod n$ を Montgomery 乗算のみで実装できる．通

2.5 高速実装アルゴリズム   73

Algorithm 11   Sliding Window 法による冪乗算

Input: $a \in \mathbb{Z}/n\mathbb{Z}$, $k \in \mathbb{N}_{>1}$ $\left(k_{h-1} = 1,\ k_i \in \{0,1\},\ k = k_{h-1}2^{h-1} + \cdots + k_1 2^1 + k_0\right)$

Output: 冪乗算 $a^k \bmod n$

1: $a_3 = a^3 \bmod n$, $k_{-1} = 0$
2: **if** $k_{h-2} = 0$ **then** $T = a^2 \bmod n$, $j = h - 3$
3:    **else** $T = a_3$, $j = h - 3$
4: **while** $j > 0$ **do**
5:    $T = T^2 \bmod n$
6:    **if** $(k_j, k_{j-1}) = (1,0)$ **then** $T = (Ta)^2 \bmod n$, $j = j - 2$
7:    **else if** $(k_j, k_{j-1}) = (1,1)$ **then** $T = T^2 a_3 \bmod n$, $j = j - 2$
8:        **else** $j = j - 1$
9: **end while**
10: **return** T

常の left-to-right バイナリ法からのオーバーヘッドは，Step 1 と Step 7 の Montgomery 乗算 2 回，予備計算 $R^2 \bmod n$，関数 $\mathrm{Mont}(\cdot, \cdot)$ で利用される予備計算 $n' = -n^{-1} \bmod R$ となる.

2.5.2 Sliding Window 法

RSA 暗号の暗号化と復号で用いる冪乗算を高速化する Sliding Window 法を説明する.

冪乗算 $a^k \bmod n$ を left-to-right バイナリ法（Algorithm 2）で計算する際に，$k \in \mathbb{N}$ の 2 進展開の i 番目と $i+1$ 番目の隣接ビット列が 11 となる場合は，

$$2^{i+1} + 2^i = 0 \cdot 2^{i+1} + 3 \cdot 2^i$$

として，03 に変形できる.

$k \in N$ の 2 進展開 $k = \sum_{i=0}^{h-1} k_i 2^i$ $(k_i \in \{0,1\},\ k_{h-1} = 1)$ において，$k_i \in \{0, 1, 3\}$ と冗長性をもたせることにより，k の非零ビット $k_i \neq 0$ の数を減少させることができる. このとき，$k_i = 3$ に対しては，left-to-right バイナリ法において，$a^3 \bmod n$ を予備計算することにより，冪乗算が計算可能となる. これより，次の Sliding Window 法が構成できる（Algorithm 11）.

74   2 RSA暗号

Step 1において，$a_3 = a^3 \bmod n$ を計算して，-1 番目のビットを $k_{-1} = 0$ とする．Step 2において，$(k_{h-1}, k_{h-2}) = (1,0)$ の場合は $T = a^2$，$j = h - 3$ として，$(k_{h-1}, k_{h-2}) = (1,1)$ の場合は $T = a_3$，$j = h - 3$ とする．Step 4において，$j > 0$ の場合に **while** ループを計算する．Step 5〜8において，$(k_j, k_{j-1}) = (1,0)$ の場合には $T = (T^2 a)^2 \bmod n$ を計算して，$(k_j, k_{j-1}) = (1,1) = (0,3)$ の場合には a_3 を用いて $T = (T^2)^2 a_3 \bmod n$ を計算して，共に $j = j - 2$ とする．その他の場合として $k_j = 0$ のときは，$T = T^2 \bmod n$ を計算して $j = j - 1$ とする．

例 2.54 $k = 46$ とした場合，$k = 2^5 + 3 \cdot 2^2 + 2^1$，$h = 6$ と冗長 2 進展開をもち，以下のように冪乗算が計算できる．

$$
\begin{array}{ccccccc}
j = 5 & 4 & 3 & 2 & 1 & 0 & \\
k = 1 & 0 & 1 & 1 & 1 & 0 & \text{(2 進展開)} \\
= 1 & 0 & 0 & 3 & 1 & 0 & \text{(冗長 2 進展開)} \\
\end{array}
$$

$$a \to a^2 \to a^4 \to a^8 \quad a^{22} \quad a^{46}$$
$$\downarrow \;\nearrow\; \downarrow \;\nearrow$$
$$a^{11} \quad a^{23}$$

Step 1で $a_3 = a^3$ とし，$(k_5, k_4) = (1,0)$ より，Step 2で $T = a^2$，$j = 3$ となる．次に，$(k_3, k_2) = (1,1) = (0,3)$ より，Step 7で $T = ((T^2)^2) a_3 = a^{11}$，$j = 1$ となる．最後に，$(k_1, k_0) = (1,0)$ より，Step 6で $T = (T^2 a)^2 = a^{46}$，$j = -1$ となり終了する．   □

Sliding Window 法の計算量を評価するために次の補題を示す．

補題 2.55 $k \in \mathbb{N}$ をランダムな h ビットとする（k の第 $h-1$ ビットは 1）．Sliding Window 法（Algorithm 11）で生成される k の冗長 2 進展開

$$k = \sum_{j=0}^{h-1} k_j 2^j, \quad k_j \in \{0, 1, 3\}$$

において，非零ビット $k_j \neq 0$ の個数は，十分に大きな h に対して $h/3$ となる．   □

[証明] Algorithm 11 では，$k \in \mathbb{N}$ の 2 進展開を上位ビットからみるとき，Step 6〜8において隣接 2 ビット $(k_j, k_{j-1}) = (1,0), (1,1)$ または零ビット k_j

$=0$ の場合がある. 隣接 2 ビット $(1,0),(1,1)$ の場合を $1*$ と表記する. ここで, $(1,1)$ を $(0,3)$ と変換して計算するため, 隣接 2 ビット $1*$ の非零ビットは 1 個となる. また, 零ビット $k_j=0$ の場合は変換しないため, 非零ビットは現れない. 次に, Step 6〜8 における $1*$ と 0 の遷移行列は,

$$\begin{array}{c} 0 \\ 1* \end{array} \begin{pmatrix} 1/2 & 1/2 \\ 1/2 & 1/2 \end{pmatrix}$$

であり, $1*$ と 0 の極限分布は $(1/2, 1/2)$ となる. よって, 十分に大きな h に対して, 非零ビットの割合は $1 \cdot (1/2)/(2 \cdot (1/2) + 1 \cdot (1/2)) = 1/3$ となる. ∎

RSA 暗号では大きな合成数 n を対象としており, 冪 k の値も $0 \le k < \varphi(n)$ でランダムであると仮定してよい. よって, 補題 2.55 より, Sliding Window 法 (Algorithm 11) の計算量は, $\mathbb{Z}/n\mathbb{Z}$ の乗算が $(4/3)\lfloor \log_2 n \rfloor$ 回となる. 一方, バイナリ法 (Algorithm 2) では $\mathbb{Z}/n\mathbb{Z}$ の乗算は $(3/2)\lfloor \log_2 n \rfloor$ 回となるため, Sliding Window 法は約 11% の高速化が可能となる. ただし, Sliding Window 法は計算途中において, $\mathbb{Z}/n\mathbb{Z}$ の元 1 個をテーブルとして保存する必要がある.

さらに, 上記の Sliding Window 法は, 隣接ビットの幅を 2 から $w>2$ に一般化することができる. 最上位ビットが 1 となる w ビットの 2 進展開を, 次の変換により 1 個の非零ビットをもつ w ビットの冗長 2 進展開とする.

			w									w			
1	0	0	$\cdots$	0	0	0	$\to$	1	0	0	$\cdots$	0	0	0
1	1	0	$\cdots$	0	0	0	$\to$	0	3	0	$\cdots$	0	0	0
1	0	1	$\cdots$	0	0	0	$\to$	0	0	5	$\cdots$	0	0	0
1	1	1	$\cdots$	0	0	0	$\to$	0	0	7	$\cdots$	0	0	0
			$\vdots$								$\vdots$			
1	1	1	$\cdots$	0	0	1	$\to$	0	0	0	$\cdots$	0	0	2^w-7
1	1	1	$\cdots$	0	1	1	$\to$	0	0	0	$\cdots$	0	0	2^w-5
1	1	1	$\cdots$	1	0	1	$\to$	0	0	0	$\cdots$	0	0	2^w-3
1	1	1	$\cdots$	1	1	1	$\to$	0	0	0	$\cdots$	0	0	2^w-1

76   2　RSA 暗号

ここで，変換は合計で 2^{w-1} 個存在して，変換後の非零ビットは 1 から $2^w - 1$ までの奇数となる.

幅 w の Sliding Window 法では，Step 1 においてテーブル

$$\mathcal{T}_w := \left\{ a_3 = a^3 \bmod n, \ a_5 = a^5 \bmod n, \ldots, \ a_{2^w-1} = a^{2^w-1} \bmod n \right\}$$

の作成が必要となり，Step 2 において上位 w 桁のアサイン（割り当て）を行う. また，Step 5〜7 を w ビット $(k_j, \ldots, k_{j-w+1})$ に拡張して，上記の変換により 1 個の非零ビットに対して乗算 1 回と 2 乗算 w 回で計算できる. Step 8 で $k_j = 0$ の場合は乗算は行わずに 1 ビットだけ下げる. 補題 2.55 と同じように，幅 w の Sliding Window 法における冗長 2 進展開の非零ビットの割合は，十分大きなビット長 h に対して $h/(w+1)$ となることが示せる. テーブル $\mathcal{T}_w$ の作成には 2^{w-1} 回の乗算が必要となる.

以上より，幅 w の Sliding Window 法の計算量は，$\mathbb{Z}/n\mathbb{Z}$ の乗算回数が

$$2^{w-1} + \frac{w+2}{w+1}\lfloor \log_2 n \rfloor$$

として評価できる. また，テーブル $\mathcal{T}_w$ は $\mathbb{Z}/n\mathbb{Z}$ の元が $2^{w-1} - 1$ 個となる. 幅 w を増加させると計算量とメモリが指数関数的に増加するため，幅 w が比較的に小さな場合に有効な方法である.

2.5.3　中国剰余定理法（RSA-CRT）

RSA 暗号の復号 $c^d \bmod n$ において，中国剰余定理（定理 2.16）を用いた高速化が可能である[135]. この高速化法は，中国剰余定理の英訳 Chinese remainder theorem（CRT）から，RSA-CRT と呼ばれている.

RSA 暗号の公開鍵 n は，同じビット長の 2 個の素数 p, q に対して $n = pq$ となる. 復号では，秘密鍵 d と暗号文 $c \in \mathbb{Z}/n\mathbb{Z}$ に対して，$c^d \bmod n$ を計算するが，中国剰余定理 $\mathbb{Z}/n\mathbb{Z} \cong \mathbb{Z}/p\mathbb{Z} \times \mathbb{Z}/q\mathbb{Z}$ を用いて，$c^d \bmod n$ の計算を $c^d \bmod p$ および $c^d \bmod q$ に置き換えることができる.

一般に，秘密鍵 d は公開鍵 n と同程度の大きさ $d \approx n$ となり，素数 p, q は公開鍵 n のビット長の半分 $(p, q \approx \sqrt{n})$ となる. そのため，以下の補題により，$c^d \bmod p$，$c^d \bmod q$ の代わりに，$d_p = d \bmod (p-1)$，$d_q = d \bmod (q-1)$ に

対して，$c^{d_p} \bmod p$, $c^{d_q} \bmod q$ を計算する $(d_p \approx d_q \approx \sqrt{n})$.

補題 2.56　$d_p = d \bmod (p-1)$ および，$d_q = d \bmod (q-1)$ に対して，$c^d = c^{d_p} \bmod p$ および $c^d = c^{d_q} \bmod q$ が成り立つ.　□

[証明]　秘密鍵 d に対して，$d = d_p + k(p-1)$ を満たす $k \in \mathbb{Z}$ が存在する. $\gcd(c, p) = 1$ の場合は，Fermat 小定理（定理 2.7）から

$$c^d \bmod p = c^{d_p}(c^{(p-1)})^k \bmod p = c^{d_p} \bmod p$$

を満たす. $\gcd(c, p) > 1$ の場合は，$c = 0 \bmod p$ となるため，

$$c^d \bmod p = c^{d_p} \bmod p = 0$$

より成り立つ. 同様に，$c^d \bmod q = c^{d_q} \bmod q = 0$ が成り立つ.　∎

また，中国剰余定理は次の補題 2.57 により，$p^{-1} \bmod q$ を予備計算することにより，オンラインで逆元の計算を必要とせずに高速に実装できる.

補題 2.57（Garner アルゴリズム [68]）　p, q を法とする平文 $m_p = c^{d_p} \bmod p$, $m_q = c^{d_q} \bmod q$ に対して，n を法とする平文 m は

$$m = m_p + pv \bmod n, \quad v = (m_q - m_p)p^{-1} \bmod q$$

により計算できる.　□

[証明]　補題の m は法 p において $m \bmod p = m_p + pv \bmod p = m_p \bmod p$ を満たす. 同様に m は法 q において

$$m \bmod q = m_p + pv \bmod q = m_p + p(m_q - m_p)p^{-1} \bmod q = m_q \bmod q$$

を満たす. よって，中国剰余定理から法 n において平文 m と等しくなる.　∎

RSA-CRT は公開鍵暗号の標準規格となる PKCS#1 において，以下のような復号アルゴリズム（Algorithm 12）によって復号を行う.

入力では秘密鍵を p, q, d_p, d_q, $p\_inv\_q = p^{-1} \bmod q$ とする. p_inv_q は暗号文 c に依存しないので予備計算が可能となる. Step 1〜2 では，p, q を法とする平文 m_p, m_q を計算する. Step 3〜4 では，Garner アルゴリズムによる中国剰余定理により平文 m を計算する.

定理 2.58　RSA-CRT の復号アルゴリズム（Algorithm 12）は，十分に大き

78   2 RSA 暗号

Algorithm 12 RSA-CRT の復号アルゴリズム

Input: 公開鍵 n, 暗号文 $c \in \mathbb{Z}/n\mathbb{Z}$, 秘密鍵 p, q, d_p, d_q, p_inv_q
Output: 平文 m s.t. $c^d = m \bmod n$
  1: $m_p = c^{d_p} \bmod p$
  2: $m_q = c^{d_q} \bmod q$
  3: $v = (m_q - m_p) \cdot p\_inv\_q \bmod q$
  4: $m = m_p + pv \bmod n$
  5: **return** m

な $n \approx d$ の RSA 暗号の復号 $c^d \bmod n$ と比較して，秘密鍵のビット長は約 2.5 倍増加し，計算時間は約 4 倍高速となる．   □

  [証明] 秘密鍵の大きさは $p, q, d_p, d_q, p\_inv\_q \approx \sqrt{n}$ を満たし，$d \approx n$ を保存するときと比較して約 2.5 倍のサイズとなる．次に，$c^d \bmod n$ の計算量は，$O((\log n)^3)$ であった．一方，$c^{d_p} \bmod p$ および $c^{d_q} \bmod q$ の計算量は，それぞれ $O((\log p)^3)$ となる．よって，Step 1〜2 の計算量は，それぞれ $c^d \bmod n$ の約 2^3 倍高速となる．Step 3〜4 の計算量は乗算 2 回と加減算 2 回であるため，Step 1〜2 と比較して無視できる．以上より，Algorithm 12 は，$c^d \bmod n$ の約 4 倍高速となる．   ∎

  RSA 暗号の公開鍵を $n = p^k q \, (p \approx q, \ k > 1)$ と拡張して，$\bmod \, p^k$ を高速に計算する Hensel の補題を用いることにより，RSA-CRT より効率的な復号を実現する方式が知られている[165]．

2.6 RSA 暗号のさらなる安全性評価

  本節では，RSA 暗号の安全に関してさらなる考察を進める．特に，公開鍵 (n, e)，秘密鍵 d，素数 p, q などのパラメータが満たす関係式に注目して，実利用される状況も考慮した攻撃の可能性に関して議論を行う．

2.6.1 $\gcd(m, n) > 1$ の確率

  公開鍵 n の RSA 暗号の零でない平文 $m \in \mathbb{Z}/n\mathbb{Z}$ が $\gcd(m, n) > 1$ を満たすとき，n の約数は $1, p, q, n$ より $\gcd(m, n) = p, q$ となり n は素因数分解される．このような平文 m の個数は以下のように評価できる．

2.6 RSA暗号のさらなる安全性評価 79

定理 2.59 p,q のビット長を λ とする. 公開鍵を $n=pq$ とする RSA 暗号の平文 $m \in \mathbb{Z}/n\mathbb{Z}$ が, $\gcd(n,m)>1$ となる確率は $1/2^{\lambda-3}$ 以下である. □

[証明] 公開鍵 n の RSA 暗号の平文 $m \in \mathbb{Z}/n\mathbb{Z}$ が $\gcd(m,n)>1$ を満たす必要十分条件は, $m \in \mathbb{Z}/n\mathbb{Z} \setminus (\mathbb{Z}/n\mathbb{Z})^{\times}$ となる. また,

$$
\begin{cases}
\gcd(m,n)=p \Leftrightarrow m \in \{p, 2p, \ldots, (q-1)p\} \\
\gcd(m,n)=q \Leftrightarrow m \in \{q, 2q, \ldots, (p-1)q\} \\
\gcd(m,n)=n \Leftrightarrow m=0 \\
\gcd(m,n)=1 \Leftrightarrow m \in (\mathbb{Z}/n\mathbb{Z})^{\times}
\end{cases}
$$

が成り立つため, $\gcd(m,n)>1$ となる平文 $m \in \mathbb{Z}/n\mathbb{Z}$ の個数は, $p+q-1$ を満たす. よって, 求めたい確率は

$$
\frac{p+q-1}{n} < \frac{p+q}{n} < \frac{2^{\lambda}+2^{\lambda}}{2^{2\lambda-2}} = \frac{1}{2^{\lambda-3}}
$$

となる. ∎

平文 $m \in \mathbb{Z}/n\mathbb{Z}$ が $\gcd(m,n)>1$ となる確率は指数関数的に小さく negligible となる. 2020 年代の RSA 暗号は $\lambda=1024$ を利用しており, $\gcd(m,n)>1$ が成り立つことは無視できる. 以下, 安全性を評価する際に, 平文は $m \in (\mathbb{Z}/n\mathbb{Z})^{\times}$ を満たすことを仮定する場合がある.

2.6.2 再暗号化攻撃

RSA 暗号の暗号化 $m^e \bmod n$ は, $\gcd(e,(p-1)(q-1))=1$ を満たすときに全単射となる. 暗号化関数が短い周期 k をもつ場合は,

$$
m \to m^e \to m^{e^2} \to \cdots \to m^{e^k} = m \bmod n
$$

を満たし, 再暗号化により平文 m を復元できる. 特に, $k=1$ の場合は暗号化関数の固定点となる. RSA 暗号の暗号化関数の周期は, 以下のように素数 p,q の形により評価することができる.

定理 2.60 RSA 暗号の公開鍵を (n,e) とする. $n=pq$ に対して, $p-1$ の最大の素因数を r として, $r-1$ の最大の素因数を ℓ とする. r, ℓ は十分に大きく, 独立に分布していると仮定する. このとき, $m \in (\mathbb{Z}/n\mathbb{Z})^{\times}$ に対して,

80   2 RSA 暗号

$m^{e^k} = m \bmod n$ となる周期 k は，少なくとも確率 $(1-1/r)(1-1/\ell)$ で ℓ 以上となる. □

[証明]　平文 $m \in (\mathbb{Z}/n\mathbb{Z})^\times$ が $m^{e^k} = m \bmod n$ を満たす必要十分条件は，$m^{e^k-1} = 1 \bmod p$ かつ $m^{e^k-1} = 1 \bmod q$ である．m の巡回群 $(\mathbb{Z}/p\mathbb{Z})^\times$ における位数を $\mathrm{ord}_p(m)$ と記述する．補題 2.6 より，$m^{e^k-1} = 1 \bmod p$ が成り立つ必要十分条件は，$\mathrm{ord}_p(m) \mid (e^k - 1)$ を満たすことである.

ここで，$p-1$ の最大の素因数 $r \mid (p-1)$ は十分に大きいため，$r^2 \nmid (p-1)$ と仮定する．このとき，$m \in (\mathbb{Z}/p\mathbb{Z})^\times$ が $r \mid \mathrm{ord}_p(m)$ を満たす確率は $1-1/r$ である．実際，位数 $p-1$ の巡回群 $(\mathbb{Z}/p\mathbb{Z})^\times$ において位数が r で割れる元の個数は，

$$\sum_{d \mid \frac{p-1}{r}} \varphi(dr) = \varphi(r) \sum_{d \mid \frac{p-1}{r}} \varphi(d) = \varphi(r)\frac{p-1}{r}$$

となる．したがって，求めたい確率は $\varphi(r)/r = 1-1/r$ となる.

上と同様に，最大の素因数 $\ell \mid (r-1)$ は十分に大きいとして，$\ell^2 \nmid (r-1)$ と仮定すると，$e \in (\mathbb{Z}/r\mathbb{Z})^\times$ が $\ell \mid \mathrm{ord}_r(e)$ を満たす確率は $1-1/\ell$ である.

次に，$e \in (\mathbb{Z}/r\mathbb{Z})^\times$ が $r \mid (e^k - 1)$ を満たす必要十分条件は $\mathrm{ord}_r(e) \mid k$ である．また，$r \mid \mathrm{ord}_p(m)$ を満たせば，$r \mid (e^k - 1)$ となることから，$\ell \mid k$ を得る．以上より，r, ℓ は独立に分布しているという仮定から，$e \in (\mathbb{Z}/r\mathbb{Z})^\times$ は少なくとも確率 $(1-1/\ell)(1-1/r)$ で $\ell \mid k$ を満たす. ∎

定理 2.60 より，十分に大きな素数 r, ℓ を選べば周期 k も大きくなるため，再暗号化攻撃は効率的ではない．次の条件を満たす素数 p は strong prime と呼ばれる.

- $r \mid (p-1)$（$p-1$ が大きな素数 r で割れる）
- $\ell \mid (r-1)$（$r-1$ が大きな素数 ℓ で割れる）

一方，暗号で利用される大きなランダムな素数に対して，これらの条件は非常に高い確率で自然に満たされるため再暗号化攻撃は脅威とはならない[140].

2.6.3　低暗号化冪攻撃

暗号化冪 e が極端に小さい場合に，素因数分解することなく平文 m を求

める攻撃が多く知られている。ここでは，基本的な攻撃手法および Coppersmith による格子理論を用いた攻撃を紹介する。

平文 m に対して $m^e < n$ となる場合，m^e は $\bmod\ n$ で割り算されることなく $c = m^e \in \mathbb{Z}$ となる。Newton 法などの近似計算により整数値の e 乗根を求めることで，高速に平文 $m = \sqrt[e]{c}$ を計算できる。

例 2.61 公開鍵 $n = 35$ と $e = 3$ に対して，平文 $m = 3$ を暗号化すると，暗号文は $m^e = 3^3 = 27 \bmod 35 = 27$ となり，$n = 35$ 以下の値となる。 □

低暗号化冪攻撃の対策として，平文 m を乱数 r でパディングする方法がある。$k \in \mathbb{N}$ に対して，$m \in \{0, 1, \ldots, 10^k - 1\}$, $r \in \{0, 1, \ldots, \lfloor n/10^k \rfloor\}$ として，暗号文を $c = (m + 10^k r)^e \bmod n$ により計算する。これにより，小さな暗号化冪 e に対しても上記の攻撃は適用できない。

ただし，乱数 r として時刻などの公開情報を利用すると，次のような攻撃が成り立つ。平文 m に対して時刻 t のパディングにより暗号化したとする。

$$c = \left(m + 10^k t\right)^e \bmod n$$

この場合，暗号文 c と平文 m に対して，公開情報 t から計算される a_i $(i = 0, \ldots, e-1)$ を係数とする方程式 $c = m^e + a_{e-1} m^{e-1} + \cdots + a_1 m + a_0 \bmod n$ が得られる。一般に，$\mathbb{Z}/n\mathbb{Z}$ における多項式

$$f(x) = x^e + a_{e-1} x^{e-1} + \cdots + a_1 x + a_0 \bmod n, \quad a_{e-1}, \ldots, a_0 \in \mathbb{Z}/n\mathbb{Z}$$

に対して，$f(x) = 0 \bmod n$ を満たす解を求めることは n を素因数分解するのと同程度の困難性があることが知られている[151]。一方，方程式 $f(x) = 0 \bmod n$ が小さな解 x_0 をもつ場合，特に，$|x_0| < n^{1/e}$ であれば，格子基底縮約アルゴリズムにより，x_0 を多項式時間で求める Coppersmith 法が知られている[47]。そのため，暗号文 $c = (m + 10^k t)^e \bmod n$, $m < n^{1/e}$ に対して，t が公開情報となる場合は，平文 m を多項式時間で解読されることになる。実用化されている RSA 暗号では，公開情報によらない乱数を生成して特別なパディングを行い，暗号化冪は $e = 2^{16} + 1 = 65537$ などの大きさで選ぶことが多い。

その他の低暗号化冪攻撃としては，同じ平文 m と暗号化冪 e に対して異な

82   2   RSA 暗号

る法を用いた同報通信に対する攻撃[76]，複数の平文 $m, m', \ldots$ の間に代数的な関係式がある場合に対応する暗号文 $c, c', \ldots$ から m を復元する攻撃[48]などが知られている．

2.6.4   低秘密鍵冪攻撃

RSA 暗号の秘密鍵 d が小さい場合に，公開鍵 (e, n) から秘密鍵 d を復元できる攻撃がいくつか知られている．d を小さくした場合，復号における冪乗算 $c^d \bmod n$ が高速に計算できるが，安全性が低下するため注意が必要となる．

Wiener は拡張 Euclid 互除法を用いた攻撃法を提案した[174]．2.2.4 項で述べた，$a, b \in \mathbb{Z}\,(a > b > 0)$ を入力とする拡張 Euclid 互除法において，式 (2.9) の数列 $u_i, v_i\,(i = 1, 2, \ldots)$ に対して，u_i/v_i を b/a の i 次近似分数と呼ぶ．このとき，$a, b \in \mathbb{Z}\,(a > b > 0)$ に対して，$c, d \in \mathbb{N}$ が

$$(2.23) \qquad \left| \frac{b}{a} - \frac{c}{d} \right| < \frac{1}{2d^2}$$

を満たす場合，c/d は b/a の近似分数の 1 つであることが知られている．したがって，与えられた整数の組 a, b から式 (2.23) を満たす $c, d \in \mathbb{N}$ を多項式時間 $\mathrm{O}((\log a)(\log b))$ で求めることができる．

定理 2.62（[174]）   RSA 暗号の公開鍵を (e, n)，秘密鍵を d とする．

$$d < (1/3)n^{1/4}$$

を満たす場合，(e, n) から多項式時間で d を計算できる．   □

[証明]   RSA 暗号の鍵は，$ed = 1 \bmod \varphi(n)$，$\varphi(n) = (p-1)(q-1)$ を満たす．p, q は同じビット長として，一般性を失わずに $q < p < 2q$ とできる．よって，

$$n - \varphi(n) = p + q - 1 < 3\sqrt{n}$$

を満たす．ここで，$k \in \mathbb{Z}$ に対して，$ed = 1 + k\varphi(n)$ とすると，$e < \varphi(n)$ より，$k\varphi(n) = ed - 1 < ed < \varphi(n)d$ を満たし，$k < d$ を得る．よって，

$$\left| \frac{e}{n} - \frac{k}{d} \right| = \left| \frac{ed - kn}{nd} \right| = \left| \frac{k(n - \varphi(n)) - 1}{nd} \right| < \frac{3k\sqrt{n}}{nd} = \frac{3k}{d\sqrt{n}}$$

となる．$d < (1/3)n^{1/4}$ より，

$$\frac{3k}{d\sqrt{n}} < \frac{3d}{d\sqrt{n}} < \frac{n^{1/4}}{d\sqrt{n}} = \frac{1}{dn^{1/4}} < \frac{1}{2d^2}$$

を満たす．以上より，

$$\left| \frac{e}{n} - \frac{k}{d} \right| < \frac{1}{2d^2}$$

となる $k \in \mathbb{Z}$ が存在する．したがって，式(2.23)を満たすため，e, n の拡張 Euclid 互除法より多項式時間で秘密鍵 d を求めることができる． ∎

定理 2.62 より，秘密鍵 d が $d < (1/3)n^{1/4} \approx n^{0.25}$ のときは多項式時間で解読できる．秘密鍵 d の大きさの上限に関しては，格子基底縮約アルゴリズムを利用して，$d < n^{1-1/\sqrt{2}} \approx n^{0.292\cdots}$ まで拡張できる[32]．また，中国剰余定理を用いた高速版の RSA-CRT においては，$d_p, d_q < n^{1/2-1/\sqrt{7}} \approx n^{0.122}$ を満たす低秘密鍵冪に対して攻撃が可能となる[169]．

2.6.5 RSA 暗号に対する実装攻撃

RSA 暗号を実社会で利用する場合，電子商取引でのネット決済などにおいて秘密鍵を用いた署名生成をスマートフォンなどのディバイスで実行している．このときに，ディバイスから漏洩する消費電力の情報や，計算時間の長短の情報を利用した攻撃が提案されている[97, 98]．このような攻撃は，通信路を流れるデータ以外の物理的な暗号システムから漏洩した情報を用いているため，サイドチャネル攻撃と呼ばれている．

サイドチャネル攻撃により，RSA 暗号の公開鍵を素因数分解することなく，秘密鍵を求めることができる．例えば，RSA 暗号の秘密鍵 d を用いた冪乗算 $c^d \bmod n$ に対する電力解析攻撃がある．攻撃者は冪乗算 $c^d \bmod n$ の計算途中に現れる 2 乗算と乗算の消費電力を計測する．冪乗算を left-to-right バイナリ法(Algorithm 2)で実装した場合，Step 3 において 2 乗算(S)は必ず実行され，Step 5 の乗算(M)は i 番目のビット d_i が 1 のときに限り実行される．消費電力の計測結果から得られた 2 乗算(S)と乗算(M)の SM 列より，秘密鍵 d が復元できる．ただし，正確な SM 列を復元するためには，複数回の計測により得られたデータの平均化などの統計処理が必要となる．

図 2.4 RSA-CRT に対するリモートタイミング攻撃

例 2.63 消費電力の SM 列が SSMSMSSSM の場合は，対応するビット列は 1001010001 より秘密鍵は 593 となる． □

SM 列にエラーが発生する場合や Sliding Window 法に対する SM 列から秘密鍵を復元する研究もなされている [26]．冪乗算 $c^d \bmod n$ に対する電力解析攻撃を防ぐ対策としては，秘密鍵 d を十分大きな乱数 r によりランダム化 $d' = d + r\varphi(n)$ する方法がある．ここで，d' による復号 $c^{d'} \bmod n$ は，

$$c^{d'} = c^{d+r\varphi(n)} = c^d (c^{\varphi(n)})^r = c^d \bmod n$$

が成り立つため，正しい復号結果を出力する．一方，攻撃者はランダムな SM 列しか得られないため電力解析攻撃に対して安全となる．

次に，攻撃者がサーバに暗号文を送信して，復号の返答時間から秘密鍵を解読するリモートタイミング攻撃に関して説明する [34]．RSA 暗号の中国剰余定理を用いた RSA-CRT の復号においては，秘密鍵 d_p, p を用いて暗号文 c に対して $c^{d_p} \bmod p$ を計算する（Algorithm 12）．特に，効率的な Montgomery 乗算（Algorithm 9）を利用した場合を考察する．Algorithm 9 の Step 4 において $T \geq p$ に対して $\bmod p$ の計算を行う分岐が発生しており，暗号文 c が p の倍数などの依存性があるときに $\bmod p$ による計算が多く発生する [143]．そのため，暗号文 $c > p$ に対する復号時間は，$c < p$ の場合より僅かであるが増加する（図 2.4）．攻撃者は選択した大きさの暗号文 c をサーバに送信して，その返答時間を計測することにより，次のオラクルとして用いることができる．

$$\mathcal{O}_p = \begin{cases} 1 \text{ if } c < p \\ 0 \text{ else} \end{cases}$$

暗号文 c に対する返答時間はネットワークの遅延などに依存するが，同じ暗号

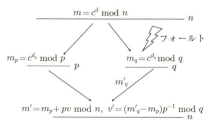

図 2.5 RSA-CRT に対するフォールト攻撃

文を何度も送信することによりオラクル $\mathcal{O}_p$ の精度を上げることができる．このオラクル $\mathcal{O}_p$ から p に対する 2 分探索が可能となり，多項式回のクエリで秘密鍵 p を求めることができる．論文 [34] では，暗号通信ライブラリ OpenSSL に実装された RSA-CRT に対して，リモートタイミング攻撃が可能となることを報告している．リモートタイミング攻撃に対する対策としては，暗号文 c の復号をする前に乱数 $r \in \mathbb{Z}/n\mathbb{Z}$ により $c' = r^e c \bmod n$ とランダム化する方法がある．暗号文 c' を復号するには，$c'^d = (r^e c)^d = rm \bmod n$ が成り立つため，平文を $m = c'^d r^{-1} \bmod n$ により復元できる．さらには，秘密鍵の情報に依存した分岐をもたない固定時間 (constant-time) 実装の研究も進んでいる．

最後に，暗号の計算途中において攻撃者が値を変化させた出力結果を利用して，秘密鍵を復元するフォールト攻撃に関して説明する [31]．暗号を計算するディバイスに対して，規定値以上の電流を発生させるなどしてレジスタの値を変化させることができる．また，暗号実装にバグがあるなど正しい規格に従って演算が実行されない場合，通常とは異なる値で計算された結果を出力することもある．以下では，中国剰余定理を用いた RSA-CRT に対するフォールト攻撃を紹介する [85]．RSA-CRT の復号アルゴリズム (Algorithm 12) において，フォールト攻撃により Step 2 の平文 m_q が異なる値 m'_q に変化したとする (図 2.5)．m'_q に対して，Step 3 では v'，Step 4 では m' となり m' が出力されたとする．また，正常に復号された平文を m とする．このとき，$m = m' \bmod p$ であるが，$m \neq m' \bmod q$ を満たすため，

$$\gcd(m - m', n) = p$$

86   2 RSA 暗号

の計算により公開鍵 n が素因数分解される．この攻撃は，Step 2 において m_q の値が 1 ビット反転するだけで，公開鍵 n の素因数分解が可能となる．RSA-CRT に対するフォールト攻撃を防ぐには，計算結果を出力する前に $(m')^e = c \bmod n$ により正しい値が計算されていることを検証する方法がある．

中国剰余定理を用いた RSA-CRT に対しては，他にもさまざまなタイプのサイドチャネル攻撃やフォールト攻撃が報告されている．例えば，Algorithm 12 において，Step 4 の $m_p + pv \bmod n$ が計算されない場合 $(m_p + pv < n)$ をオラクルとして利用する素因数分解法などがある [126]．

2.6.6 最下位ビットの安全性

暗号文から対応する平文の全体を解読するより，平文の部分情報を求めることの方が多項式時間以上の計算量的差があるかもしれない．例えば，平文において特定の 1 ビットの情報を求めるとき，平文全体の解読と同程度の困難性があるかを知りたいとしよう．

例 2.64 素数 p の巡回群 $(\mathbb{Z}/p\mathbb{Z})^\times$ の生成元 g および，$x \in \{0, 1, \ldots, p-1\}$ に対して $A = g^x \bmod p$ とする．3 章で詳しく説明するが，p, g, A から $x = \log_g A$ を求めることは離散対数問題といわれて，暗号で利用される難しい計算問題となる．しかし，x の最下位ビットに関しては，多項式時間で求めることができる．実際，生成元 g の位数は $p-1$ より $g^{(p-1)/2} = -1 \bmod p$ を満たし，

$$A^{(p-1)/2} = (g^x)^{(p-1)/2} = \left(g^{(p-1)/2}\right)^x = (-1)^x \bmod p$$

が成り立つ．よって，x が偶数である必要十分条件は $A^{(p-1)/2} = 1 \bmod p$ となる．したがって，$A^{(p-1)/2} \bmod p$ の値から x の最下位ビットを求めることができる．□

一方で，RSA 暗号の公開鍵を e, n とし，平文 m に対して $c = m^e \bmod n$ を m の暗号文とする．平文 m の最下位ビット（m の偶奇）の安全性は，RSA 暗号の一方向性の困難性と等価であることが示せる [71]．

定理 2.65 公開鍵 (e, n) の RSA 暗号の暗号文 c から平文 m の最下位ビットを，時間 t で求めるオラクルを $\mathcal{O}_L$ とする．Algorithm 13 を用いて，$\mathcal{O}_L$ に

2.6 RSA暗号のさらなる安全性評価   87

Algorithm 13 オラクル $\mathcal{O}_L$ による RSA 暗号の一方向性の解読

Input: 公開鍵 n, e, 暗号文 $c \in \mathbb{Z}/n\mathbb{Z}$, オラクル $\mathcal{O}_L$, $k = \lfloor \log_2 n \rfloor + 1$
Output: 平文 m s.t. $c = m^e \bmod n$
 1: $c_0 = 2^e \bmod n$, $a = 0$, $b = n$
 2: **for** $j = 0$ to $k - 1$ **do**
 3:     $c = cc_0 \bmod n$, $d = (a+b)/2$
 4:     **if** $\mathcal{O}_L\left(c2^{(j+1)e} \bmod n\right) = 0$ **then**
 5:         $b = d$
 6:     **else**
 7:         $a = d$
 8:     **end if**
 9: **end for**
10: **return** $\lfloor b \rfloor$

対する $\mathrm{O}(\log n)$ 回のクエリ, 時間 $\mathrm{O}\left((\log n)t + (\log n)^3\right)$ で, RSA 暗号の一方向性を解くことができる. □

[**証明**] 平文 m を 2 進展開して

$$m = m_0 2^0 + m_1 2^1 + \cdots + m_{k-1} 2^{k-1}, \quad m_i \in \{0, 1\} \quad (i = 0, 1, \ldots, k-1)$$

とする. 最初に, $m_0 = 0$ となる必要十分条件は $0 \leq m2^{-1} \bmod n < n/2$ である. 実際, $m_0 = 0$ ならば, m は偶数であるため $0 \leq m/2 \bmod n < n/2$ を満たす. 逆に, $m2^{-1} \bmod n$ は, m が偶数の場合は $m2^{-1} \bmod n = m/2 < n/2$ となり, m が奇数の場合は $m2^{-1} \bmod n = (m+n)/2 > n/2$ を満たす.

次に, オラクル $\mathcal{O}_H(c)$ を, 暗号文 c に対する平文 m が $0 \leq m < n/2$ の場合に 0 を出力し, その他の場合は 1 を出力すると定義する. すると, RSA 暗号の乗法性より $c2^{-e} \bmod n = m^e 2^{-e} \bmod n = \left(m2^{-1}\right)^e \bmod n$ を満たすため, $\mathcal{O}_H\left(c2^{-e} \bmod n\right) = \mathcal{O}_L(c)$ が成り立つ. よって, 暗号文 $c2^e \bmod n$ に対しては, 関係式

$$\mathcal{O}_L\left(c2^e \bmod n\right) = 0 \Leftrightarrow \mathcal{O}_H(c) = 0 \Leftrightarrow m \in [0, n/2)$$

を得る.

さらに, $j = 0, 1, \ldots, k-1$ に対して,

88   2 RSA暗号

$$\mathcal{O}_L\left(c2^{(j+1)e} \bmod n\right) = 0 \Leftrightarrow \mathcal{O}_H\left(c2^{je} \bmod n\right) = 0$$

$$\Leftrightarrow 0 \leqq m2^j \bmod n < n/2$$

$$\Leftrightarrow m \in \bigcup_{\ell=0}^{2^j-1}\left[\ell\frac{n}{2^j}, \ell\frac{n}{2^j} + \frac{n}{2^{j+1}}\right)$$

が成り立つ. 以上より, オラクル $\mathcal{O}_L$ を用いて, 平文 m の2分探索が可能となる. Algorithm 13 では, Step 1 において $c_0 = 2^e \bmod n$ を計算し, 検索範囲の下限 $a=0$ と上限 $b=n$ を初期化する. Step 2 では, 下位ビット $j=0$ から上位ビット $j=k-1$ まで **for** ループを動かす. Step 3 では, オラクルに対するクエリ $c2^{(j+1)e} \bmod n$ および上限と下限の平均値 d を計算する. Step 4 において, オラクル $\mathcal{O}_L\left(c2^{(j+1)e} \bmod n\right)$ の返答が 0 の場合は上限 b を平均値 d に下げて, その他の場合は下限値 a を平均値 d に上げる. Step 10 で上限値を下に丸めた整数値 $\lfloor b \rfloor$ を出力する. Algorithm 13 では, $\lfloor \log_2 n \rfloor + 1$ 回のオラクル $\mathcal{O}_L$ のクエリ, $\lfloor \log_2 n \rfloor + 1$ 回の乗算, 1 回の冪乗算 $2^e \bmod n$ を用いているため, 定理の主張を得る. ∎

　ここで, Algorithm 13 では, オラクル $\mathcal{O}_L$ が 100% 正しい結果を返す(perfect)と仮定している. non-perfect なオラクルの場合でも平文が復元できる方法が提案されており, $\log n$ の多項式 $\mathrm{poly}(\log n)$ に対して, 最下位ビットが $1/2 + 1/\mathrm{poly}(\log n)$ の確率で判定できれば平文全体が復元可能となる[11]. さらに, 平文の最下位ビットだけでなく他のビットを求めるオラクルに対する安全性も調べられている[77].

2.7 分散署名と準同型暗号

　RSA暗号をベースにした高機能な暗号プロトコルが多く提案されている. 本節は, 分散して所有する秘密鍵により署名を行う分散 RSA 署名, および, 加法に関して準同型性が成り立つ Paillier 暗号とその電子投票への応用に関して説明する.

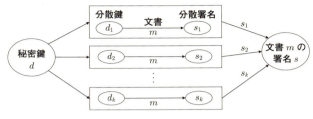

図 2.6 k 人による分散署名

2.7.1 分散署名

ディジタル署名の秘密鍵 d を分割して,複数人(k 人)の参加者で分散鍵 d_i ($i=1,2,\ldots,k$) として保管して,個別の分散鍵 d_i からは秘密鍵を推測できないようにする.また,各参加者が保管している分散鍵 d_i を用いて,文書 m に対して分散署名 $s_i (i=1,2,\ldots,k)$ を生成し,これら k 個の分散署名から文書 m の署名 s を作成する.このようなディジタル署名を分散署名と呼ぶ(図 2.6).秘密鍵 d を復元することなく,参加者が保管する分散鍵 d_i のみから署名を作成するため安全性が高い.

以下に RSA 署名をベースとした分散 RSA 署名を説明する.

- 鍵生成:異なる素数 p,q に対して $n=pq$ とし,$ed=1 \bmod (p-1)(q-1)$ を満たす $e,d \in \mathbb{N}$ を生成する.剰余群 $\mathbb{Z}/(p-1)(q-1)\mathbb{Z}$ のランダムな整数 $d_1, d_2, \ldots, d_{k-1}$ に対して,

$$d_k = d - (d_1 + d_2 + \cdots + d_{k-1}) \bmod (p-1)(q-1)$$

とする.公開鍵を (n,e),i 番目の参加者の分散鍵を d_i $(i=1,\ldots,k)$ とする.

- i 番目の参加者の署名生成:文書 $m \in \{0,1,\ldots,n-1\}$ に対して,分散鍵 d_i を用いて $s_i = m^{d_i} \bmod n$ を計算し,s_i を分散署名とする.
- 署名検証:公開鍵 (n,e) により,k 個の分散署名 $(s_1,\ldots,s_k)$ に対して,

$$s = \prod_{i=1}^{k} s_i \bmod n$$

90   2   RSA 暗号

を文書 m の署名とし，$m = s^e \bmod n$ が成り立つ場合，署名は正しいとする．

ここで，$m^d = m^{d_1 + \cdots + d_k} = \prod_{i=1}^{k} m^{d_i} = \prod_{i=1}^{k} s_i = s \bmod n$ より，署名検証の正当性が成り立つ．また，分散 RSA 署名は以下の安全性を満たす．

定理 2.66 k 個全ての分散鍵から秘密鍵 d を復元できるが，任意の $k - 1$ 個の分散鍵からは秘密鍵 d の情報は復元できない． $\square$

[証明] k 個の分散鍵 $d_1, \ldots, d_k$ から $k - 1$ 個の分散鍵を選ぶと，$j = 1, 2, \ldots, k$ に対して，

$$d_1, \ldots, d_{j-1}, d_{j+1}, \ldots, d_k$$

の形となる．最初の $k - 2$ 個は剰余群 $\mathbb{Z}/(p-1)(q-1)\mathbb{Z}$ のランダムな値であり，これらの $k - 2$ 個の和を $d - d_j$ から引いたものが d_k であるため，$d - d_j$ の値を計算できる．一方，d_j も剰余群 $\mathbb{Z}/(p-1)(q-1)\mathbb{Z}$ からランダムに生成したため，秘密鍵 d の情報は復元できない． ∎

上記の分散 RSA 署名は，さまざまな形で拡張されている．例えば，鍵生成において分散鍵を生成する管理者が必要となるが，管理者を置かずに各参加者がお互いに通信して分散鍵を生成する方式もある[33]．上記の方式では honest-but-curious といわれる受動的攻撃者を想定しているが，通信データを改竄するような能動的攻撃者にも安全となる robust な方式も知られている[69]．また，k 人の参加者の全ての分散情報が必要となる方式から，k 人より少ない t 人までの分散情報で署名が生成できるが，$t - 1$ 人以下では生成できない (t, k)-閾値秘密分散がある（1.4.3 項参照）．さらに，同じ分散鍵を長期間にわたり利用するのではなく，定期的に分散鍵を更新できる proactive と呼ばれる方式も知られている[60]．

2.7.2 準同型暗号

RSA 暗号を変形して平文に対して加法的な準同型性をもたせた Paillier 暗号を紹介する[127]．ここで，数学的な意味での準同型性とは異なり，準同型暗号における暗号文の演算回数には制限があることに注意が必要である．

2.7 分散署名と準同型暗号　91

- 鍵生成：異なる素数 p, q に対して $n = pq$ とする. $\gcd(n, (p-1)(q-1))$ $= 1$ より, $d = n^{-1} \bmod (p-1)(q-1)$ を計算する. 公開鍵 n, 秘密鍵 d とする.
- 暗号化：平文 $m \in \mathbb{Z}/n\mathbb{Z}$ に対して, 乱数 $r \in (\mathbb{Z}/n\mathbb{Z})^\times$ を生成して, 暗号文を $c = r^n(1 + mn) \bmod n^2$ とする.
- 復号：$r = c^d \bmod n$ に対して, $m = (cr^{-n} \bmod n^2 - 1)/n \in \mathbb{Z}$ とする.

Paillier 暗号の復号において, $dn = 1 + k(p-1)(q-1)$ となる $k \in \mathbb{Z}$ に対して, $r \in (\mathbb{Z}/n\mathbb{Z})^\times$ より Euler 定理（定理 2.19）から,

$$c^d = (r^n(1+mn))^d = r^{nd} = r^{1+k(p-1)(q-1)} = r \bmod n$$

が成り立ち, 乱数 r が復元できる. また, 関係式 $cr^{-n} = 1 + mn \bmod n^2$ より, 復号において平文 m を正しく求めることができる.

$\mathbb{Z}/n^2\mathbb{Z}$ の元 a は n 進展開により, $a = a_0 + a_1 n \, (a_0, a_1 \in \mathbb{Z}/n\mathbb{Z})$ と書ける. Paillier 暗号では, a_0 の部分に乱数を入れて, a_1 を平文として, 乱数の桁上がりにより暗号化している. ただし, 平文 $a_1 \in \mathbb{Z}/n\mathbb{Z}$ が復号できるように, 乱数 $a_0 \in \mathbb{Z}/n\mathbb{Z}$ を用いて $a_0^n(1 + a_1 n) \bmod n^2$ という形で暗号化している.

さらに, Paillier 暗号は, 次の補題のように, 平文に対して加法的な準同型性, 乱数 r に対して乗法的な準同型性が成り立つ特徴をもつ. このような暗号を（加法的）準同型暗号と呼ぶ.

補題 2.67 Paillier 暗号の暗号化関数を, $f(m, r) = (1 + mn)r^n \bmod n^2$ とする. 平文 $m_1, m_2 \in \mathbb{Z}/n\mathbb{Z}$ および乱数 $r_1, r_2 \in (\mathbb{Z}/n\mathbb{Z})^\times$ に対して,

$$f(m_1 + m_2 \bmod n, \ r_1 r_2 \bmod n) = f(m_1, r_1)f(m_2, r_2) \bmod n^2$$

が成り立つ. □

[証明] 最初に,

$$f(m_1, r_1)f(m_2, r_2) \bmod n^2 = (r_1^n(1 + m_1 n))(r_2^n(1 + m_2 n)) \bmod n^2$$
$$= (r_1 r_2)^n(1 + (m_1 + m_2)n) \bmod n^2$$

と変形できる. ここで, $r_1 r_2 \bmod n^2 = (r_1 r_2 \bmod n) + sn$ を満たす $s \in \mathbb{Z}/n\mathbb{Z}$ に対して,

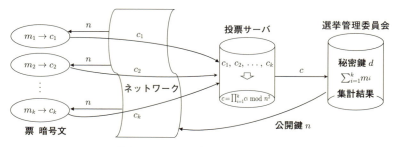

図 2.7 Paillier 暗号による電子投票

$$(r_1 r_2)^n \bmod n^2 = ((r_1 r_2 \bmod n) + sn)^n \bmod n^2$$
$$= (r_1 r_2 \bmod n)^n \bmod n^2$$

となる．これにより，補題の主張の左辺を得る． ∎

以上により，平文 m_1, m_2 の暗号文を c_1, c_2 とすると，$c' = c_1 c_2 \bmod n^2$ は $m_1 + m_2 \bmod n$ の暗号文となる．つまり，平文を暗号化したままの状態で，復号することなく平文の加法が実行できる．例えば，選挙システムにおいて，平文 $m \in \{0,1\}$ を個人の票とすると，m を暗号化した状態で(個人の投票を秘密にしたまま)，投票結果を集計することができる．

Paillier 暗号を利用した電子投票システムを説明する(図 2.7)．k 人の投票者は選挙管理委員会に登録されており，Yes/No の 1 票 $m_1, m_2, \ldots, m_k \in \{0,1\}$ を投票できるとする．投票者 i は，選挙管理委員会の公開鍵 n を利用して，個人の票 m_i を暗号化 $c_i = f(m_i, r_i)$ $(i = 1, 2, \ldots, k)$ し，ネットワーク経由で投票サーバに送信する．送信時に投票者を認証することにより，二重投票などの不正を防止する．ここで，投票サーバは選挙管理委員会により安全に運営されており，暗号文の積 $c = \prod_{i=1}^{k} c_i \bmod n^2$ を過不足なく計算して，その結果 c を選挙管理委員会へ送信する．この時点までの作業は秘密鍵 d は必要とせず，公開鍵 n と暗号文 c_i $(i = 1, 2, \ldots, k)$ のみにより計算することができる．

最後に，選挙管理委員会は，秘密鍵 d を用いて暗号文 c を復号する．

$$c = \prod_{i=1}^{k} c_i = f\left(\sum_{i=1}^{k} m_i \bmod n, \prod_{i=1}^{k} r_i \bmod n\right)$$

より，集計結果 $\sum_{i=1}^{k} m_i$ (Yes が何票あったか) を知ることができる．c_i に対する個人の投票 $m_i\,(i=1,2,\ldots,k)$ を知ることなく，総和 $\sum_{i=1}^{k} m_i$ の情報が得られる．

注意 2.68 電子投票システムでは，投票者を認証することによる二重投票の防止だけでなく，他にも多くのセキュリティ要件が求められる．例えば，集計結果が投票システムで正しく計算されていることを，個人の暗号文を復号することなく検証できる方法などが望まれる．

3 | 離散対数問題ベース暗号

本章では，RSA 暗号と同じように広く普及している離散対数問題ベースの暗号に関して説明する．最初に DH 鍵共有方式と ElGamal 暗号を述べた後に，それらの安全性根拠となっている離散対数問題の困難性を解説する．さらに，楕円曲線上の離散対数問題の困難性を利用した楕円曲線暗号の安全性評価方法を考察し，RSA 暗号と比較して短い鍵長が実現できることを説明する．最後に，楕円曲線上の双線形ペアリングを利用した ID ベース暗号も紹介する．

3.1 DH 鍵共有方式と ElGamal 暗号

最初に，1976 年に，Diffie と Hellman によって提案された DH 鍵共有方式 [52] の構成方法を紹介する．

DH 鍵共有方式は，素数 p に対して，有限体 $\mathbb{Z}/p\mathbb{Z}$ を用いて構成される．2 章で説明したように，乗法群 $(\mathbb{Z}/p\mathbb{Z})^\times$ は位数 $p-1$ の巡回群であり（定理 2.8），その生成元 g は p を法とする原始根といわれ $(\mathbb{Z}/p\mathbb{Z})^\times = \{g, g^2, \ldots, g^{p-1} = 1\}$ を満たす．

DH 鍵共有方式において，素数 p と p を法とする原始根 g は，参加者の全員が所有する共通の公開パラメータとする．また，暗号分野の慣例により，鍵を共有する 2 者をアリスおよびボブとして説明を行う．

図 3.1 のように，アリスは，ランダムな値 $a \in \{1, 2, \ldots, p-1\}$ を生成して，$A = g^a \bmod p$ を計算して，A をボブに送る．同様に，ボブは，ランダムな値 $b \in \{1, 2, \ldots, p-1\}$ を生成して，$B = g^b \bmod p$ を計算して，B をアリスに送

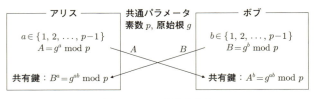

図 3.1 DH 鍵共有方式

る．アリスは a を用いて，ボブから受け取った B に対して，$B^a \bmod p$ を計算する．同様に，ボブは b を用いて，アリスから受け取った A に対して，$A^b \bmod p$ を計算する．すると，B^a および A^b は，

$$A^b = B^a = g^{ab} \bmod p$$

と一致するため，アリスとボブは $g^{ab} \bmod p$ を共有鍵として利用できる．

以下に，DH 鍵共有方式の安全性を考察する．共通パラメータとなる p, g の情報およびアリスがボブに送信する情報 $A = g^a \bmod p$ から，アリスが所有する $a \in \{1, 2, \ldots, p-1\}$ を求めることができる場合，攻撃者は $B^a \bmod p$ を計算することにより共有鍵 $g^{ab} \bmod p$ を計算することができる．

定義 3.1 素数 p を法とする原始根を g とする．与えられた $A \in (\mathbb{Z}/p\mathbb{Z})^\times$ および p, g から，$A = g^a \bmod p$ を満たす $a \in \{1, 2, \ldots, p-1\}$ を求める問題を，有限体 $\mathbb{Z}/p\mathbb{Z}$ 上の離散対数問題 (Discrete Logarithm Problem: DLP) という． □

巡回群 $(\mathbb{Z}/p\mathbb{Z})^\times$ において生成元 g が与えられた場合，$A = g^a \bmod p$ の値から $a = \log_g A$ を計算するため，離散対数問題といわれている．また，定理 2.11 (2.1 節) から p を法とする原始根は $\varphi(p-1)$ 個存在する．p を法とする別の原始根に対しても離散対数問題は同等の困難性をもつ．

定理 3.2 素数 p を法とする原始根を g とする．ランダムな $A \in (\mathbb{Z}/p\mathbb{Z})^\times$ に対する離散対数問題 (p, g, A) を解くオラクルを $\mathcal{O}_g$ とする．素数 p を法とする別の原始根 g' とランダムな $B \in (\mathbb{Z}/p\mathbb{Z})^\times$ に対する離散対数問題 (p, g', B) を，$\mathcal{O}_g$ により多項式時間で解くことができる．ただし，十分に大きな p に対して，$x \in \{1, \ldots, p-1\}$ が $\gcd(x, p-1) = 1$ となる確率は $6/\pi^2$ と仮定

する. □

[証明] $\mathcal{O}_g$ は,入力 $p, g, B \in (\mathbb{Z}/p\mathbb{Z})^\times$ に対する離散対数 $\log_g B$ を出力する.次に,$\mathcal{O}_g$ は,別の原始根 g' に対して,ランダムな $z \in \{1, \dots, p-1\}$ を生成して,入力 $p, g, g'^z \in (\mathbb{Z}/p\mathbb{Z})^\times$ に対する離散対数 $\log_g g'^z$ を出力する.ここで,g'^z は $\{1, \dots, p-1\}$ においてランダムな値となる.$\gcd(\log_g g'^z, p-1) = 1$ を満たす場合,原始根 g' の離散対数 $\log_{g'} B$ は,

$$\log_{g'} B = (\log_g B)\,(\log_g g'^z)^{-1}\,z \bmod (p-1)$$

と求めることができる.仮定より,$\gcd(\log_g g'^z, p-1) = 1$ を満たす確率は $6/\pi^2$ となる.$\gcd(\log_g g'^z, p-1) \neq 1$ の場合は,$z \in \{1, \dots, p-1\}$ を取り直して繰り返せば,高い確率で $\log_{g'} B$ を求めることができる. ∎

DH 鍵共有方式を解読するには,共通パラメータ p, g およびアリスとボブが送信した値 A, B を用いて,共有鍵 $g^{ab} \bmod p$ を求める必要がある.

定義 3.3 素数 p を法とする原始根を g とする.$a, b \in \{1, 2, \dots, p-1\}$ に対して,$A = g^a \bmod p$,$B = g^b \bmod p$ とする.与えられた p, g, A, B から $g^{ab} \bmod p$ を求める問題を,有限体 $\mathbb{Z}/p\mathbb{Z}$ 上の Diffie-Hellman 問題(Diffie-Hellman Problem: DHP)という. □

離散対数問題を効率的に計算できるアルゴリズムがあれば,DHP を解くことができるため DH 鍵共有方式は解読されることになる.一方,DHP を解くアルゴリズムを用いて DLP を計算可能かは,暗号学上の重要な未解決問題である.また,離散対数問題を経由せずに DHP を高速に解く方法は知られておらず,DHP は計算困難であるとして暗号方式の構成に利用されている.

次に,DH 鍵共有方式の共有鍵 $g^{ab} \bmod p$ は $(\mathbb{Z}/p\mathbb{Z})^\times$ においてランダムな値をとるため,アリスやボブが共有鍵 $g^{ab} \bmod p$ の値を自由に決めることはできない.以下に DH 鍵共有方式を基にした公開鍵暗号方式となる ElGamal 暗号[57]を説明する.

素数 p を法とする原始根を g とする.ランダムな $s \in \{1, 2, \dots, p-1\}$ に対して,$h = g^s \bmod p$ とする.公開鍵を (p, g, h) として,秘密鍵を s とする.

平文 $m \in (\mathbb{Z}/p\mathbb{Z})^\times = \{1, 2, \dots, p-1\}$ に対して,乱数 $r \in \{1, 2, \dots, p-1\}$ を用いて,

$$(3.1) \qquad (c_1, c_2) = (g^r \bmod p, \ mh^r \bmod p)$$

により暗号化を行う．復号では，秘密鍵 s を用いて

$$(3.2) \qquad m = c_2 c_1^{-s} \bmod p$$

により平文 m を求める．ここで，

$$c_2 c_1^{-s} = (mh^r)(g^r)^{-s} = mg^{rs}g^{-rs} = m \bmod p$$

より，平文 m を正しく復号できる．

以下，ElGamal 暗号の安全性に関して考察する．最初に公開鍵 (p, g, h) から秘密鍵 s を求める完全解読は，(p, g, h) に対する DLP(離散対数問題)そのものである．また，ElGamal 暗号の一方向性は，与えられた公開鍵 (p, g, h) および暗号文 (c_1, c_2) に対して，対応する平文 m を求める問題となる．次の定理を示すことができる．

定理 3.4 ElGamal 暗号の一方向性を破る．$\Leftrightarrow$ DHP を解く． □

[証明] ($\Rightarrow$) Alg A を，ElGamal 暗号の一方向性を破るアルゴリズムとする．つまり，Alg A は，p, g, h, c_1, c_2 ($h = g^s$, $c_1 = g^r$, $c_2 = mh^r$) に対して，平文 m を出力する．Alg A を用いて，DHP を解くことができる Alg B を構成する．Alg B では，DHP 問題の組 p, g, g^a, g^b が入力として与えられる．最初に，$h = g^a$, $c_1 = g^b$ として，ランダムな $c_2 \in (\mathbb{Z}/p\mathbb{Z})^\times$ を生成する．すると，(p, g, h) は ElGamal 暗号の正当な公開鍵であり，(c_1, c_2) は正当な暗号文となる．そのため，Alg A は，$c_2 = mh^b \bmod p$ を満たす平文 $m \in (\mathbb{Z}/p\mathbb{Z})^\times$ を出力する．よって，

$$c_2 m^{-1} = \left(mh^b\right)m^{-1} = h^b = g^{ab} \bmod p$$

を満たし，Alg B は DHP の答えを出力する．

($\Leftarrow$) DHP を解く Alg C を用いて，ElGamal 暗号の一方向性を破る Alg D を構成する．Alg D は，入力 p, g, h, c_1, c_2 に対して，$p, g, h = g^s$, $c_1 = g^r$ を DHP として Alg C に問合せをして w を得る．そして，Alg D は，$c_2 w^{-1} \bmod p$ を出力する．すると，$w = g^{rs} \bmod p$ を満たすため，

$$c_2 w^{-1} = (mh^r)\, w^{-1} = mg^{rs}g^{-rs} = m \bmod p$$

より，Alg D は，ElGamal 暗号の平文 m を出力する． ∎

3.1.1 ElGamal 署名

離散対数問題の困難性に基づくディジタル署名である ElGamal 署名を説明する[57]．

鍵生成は ElGamal 暗号と同様にして，以下のように行う．p を素数として p を法とする原始根を g とする．ランダムな $a \in \{1, 2, \ldots, p-1\}$ に対して，$h = g^a \bmod p$ とする．公開鍵を (p, g, h)，秘密鍵を a とする．

署名生成では，文書 $m \in \{1, 2, \ldots, p-1\}$ に対して，$\gcd(k, p-1) = 1$ を満たす乱数 $k \in \{1, 2, \ldots, p-1\}$ を生成する．秘密鍵 a を用いて，

$$(3.3) \qquad r = g^k \bmod p, \quad s = k^{-1}(m - ar) \bmod (p-1)$$

を計算し，(r, s) を文書 m の署名とする．

署名検証では，文書 m と署名 (r, s) に対して

$$(3.4) \qquad\qquad h^r r^s = g^m \bmod p$$

が成り立つとき，署名 (r, s) が正しいとする．

正しく生成された署名 (r, s) に対しては，$h^r r^s = g^{ar} g^{kk^{-1}(m-ar)} = g^m \bmod p$ が成り立つため，正しく署名検証できる．また，$h^r r^s = g^m \bmod p$ が成り立つときは $g^{ar+ks} = g^m \bmod p$ となり，g は原始根より $ar + ks = m \bmod (p-1)$ を得る．$\gcd(k, p-1) = 1$ より，$s = k^{-1}(m - ar) \bmod (p-1)$ を満たすため，署名検証が成り立つ組 (r, s) は署名生成で得られる以外にはない．

離散対数問題 (p, g, h) が解けると秘密鍵 a が求まるため，ElGamal 署名の完全解読は (p, g, h) に対する DLP そのものである．ElGamal 署名の署名 (r, s) を偽造するアルゴリズムにより，離散対数問題を解くことができるかは未解決問題となる．また，ElGamal 署名に対して存在的偽造は可能となる．例えば，$\gcd(v, p-1) = 1$ となる整数 u, v に対して

$$r = g^u h^v \bmod p, \quad s = -rv^{-1} \bmod (p-1), \quad m = su \bmod (p-1)$$

とすると, $h^r r^s = h^r g^{su} h^{sv} = h^r g^{su} h^{-r} = g^m \bmod p$ を満たすため, 文書 m に対する署名 (r, s) が生成できる. ハッシュ関数を用いて ElGamal 署名を変形した方式がいくつかあり, ランダムオラクルモデルにおいて離散対数問題の困難性の下で選択文書攻撃に対する存在的偽造不可能性(EUF-CMA)を満たす方式も知られている.

次に, 米国標準技術研究所 NIST により標準化されたディジタル署名 DSA (Digital Signature Algorithm)に関して説明する. DSA は ElGamal 署名の変形であり, 署名長を短くできることが特徴となる.

素数 p に対して $(\mathbb{Z}/p\mathbb{Z})^\times$ の原始根を x とする. $q \mid (p-1)$ を満たす素数 q を求め, $g = x^{(p-1)/q} \bmod p$ とする. g は $(\mathbb{Z}/p\mathbb{Z})^\times$ において位数 q の元となる. ランダムな $a \in \{1, 2, \dots, q\}$ に対して, $h = g^a \bmod p$ とする. 公開鍵を (p, g, q, h), 秘密鍵を a とする.

署名生成では, 文書 $m \in \mathbb{Z}/q\mathbb{Z} = \{0, 1, \dots, q-1\}$ に対して, $\gcd(k, q) = 1$ を満たす乱数 $k \in \{1, 2, \dots, q-1\}$ を生成して,

$$(3.5) \qquad r = (g^k \bmod p) \bmod q, \quad s = k^{-1}(m + ar) \bmod q$$

を計算し, (r, s) を文書 m の署名とする.

署名検証では, 文書 m と署名 (r, s) に対して

$$(3.6) \qquad r = \left(\left(g^{s^{-1}m \bmod q} h^{rs^{-1} \bmod q} \right) \bmod p \right) \bmod q$$

が成り立つとき, 署名 (r, s) が正しいとする.

ここで, $g^{s^{-1}m \bmod q} h^{rs^{-1} \bmod q} = g^{s^{-1}(m+ra)} = g^k \bmod p$ により, 署名 (r, s) の検証は正しい.

3.2 節で議論するように (p, q, g, A) の離散対数問題は, $(\mathbb{Z}/p\mathbb{Z})^\times$ の指数計算法による p に対する準指数時間のアルゴリズムが知られている. 一方, 位数 q の部分群 $\{g, g^2, \dots, g^q = 1\}$ に対する離散対数問題は, 準指数時間のアルゴリズムを適用する方法が知られておらず, Pollard ρ 法による指数時間 $O(\sqrt{q})$ の解法が漸近的に最も高速となる. そのため, 例えば, p と q のビッ

3.1 DH 鍵共有方式と ElGamal 暗号　101

Algorithm 14 2 個の底に対する冪乗算

Input: $g_1, g_2 \in G$, $d_1, d_2 \in \mathbb{N}$, $d_1[i], d_2[i]$ $(i = 0, \ldots, n-1)$ $(d_1, d_2$ の第 i ビット$)$
Output: 冪乗算 $g_1^{d_1} g_2^{d_2} \in G$
1: $g_{12} = g_1 \cdot g_2$
2: $t = e$ $(G$ の単位元$)$
3: **for** $i = n - 1$ to 0 **do**
4: 　　$t = t^2$
5: 　　**if** $(d_1[i], d_2[i]) = (1, 0)$ **then** $t = t \cdot g_1$
6: 　　**if** $(d_1[i], d_2[i]) = (0, 1)$ **then** $t = t \cdot g_2$
7: 　　**if** $(d_1[i], d_2[i]) = (1, 1)$ **then** $t = t \cdot g_{12}$
8: **end for**
9: **return** t

トサイズとして，$(\log_2 p, \log_2 q) \approx (2048, 224), (3072, 256)$ などを選ぶことができる．素数 q は p と比較して小さくなるため，DSA の署名長は ElGamal 署名より短くなる．

3.1.2 高速冪乗算

ElGamal 署名および DSA では，群 G において 2 個の異なる底 $g_1, g_2 \in G$ と冪 $d_1, d_2 \in \{1, 2, \ldots, |G|\}$ に対する冪乗算 $g_1^{d_1} g_2^{d_2} \in G$ を計算する必要がある．素朴な計算方法として，$g_1^{d_1}$ と $g_2^{d_2}$ を個別に計算した後に掛け合わせることで求めることができる．この方法は，d_1, d_2 が共に n ビットである場合は，left-to-right バイナリ法（Algorithm 2）により，約 $3n$ 回の G の乗算が必要となる．

以下に，1 個の G の元を計算途中のメモリに保存することにより，より高速に $g_1^{d_1} g_2^{d_2} \in G$ を計算する方法を述べる（Algorithm 14）．この方法は Shamir トリックと呼ばれている．

Step 1 において，$g_{12} = g_1 \cdot g_2$ を計算してメモリに保存する．Step 2 では，$t = 1$ と初期化する．Step 3 において，**for** ループを left-to-right バイナリ法のように $i = n - 1$ から $i = 0$ まで計算する．Step 4 では，常に t^2 を計算する．Step 5～7 において，$(d_1[i], d_2[i]) = (1, 0), (0, 1)$ の場合はそれぞれ，$t \cdot g_1$, $t \cdot g_2$ を計算し，$(d_1[i], d_2[i]) = (1, 1)$ の場合は Step 1 で保存しておい

た g_{12} に対して $t \cdot g_{12}$ を計算する．Step 9 で $t = g_1^{d_1} g_2^{d_2}$ を出力する．

　ここで，Step 5〜7 は確率 $3/4$ で発生するため，Algorithm 14 は約 $1.75n$ 回の乗算により計算可能となる．1 個の G の元をメモリに保存することにより，素朴な方法より約 $1.7 \, (\approx 3/1.75)$ 倍高速となる．

　次に，ElGamal 署名および DSA では，群 G において固定した $g \in G$ とランダムな $d \in \{1, \dots, |G|\}$ に対して冪乗算 g^d を計算する．$|G|$ が n ビットである場合，$k = \lfloor n/2 \rfloor$ に対して，冪を $d = f2^{k+1} + e$, $0 \leqq e < 2^{k+1}$ と分割する．このとき，g は固定であるため $g^{2^{k+1}}$ を予備計算することにより，冪乗算 g^d を分割して

$$g^d = g^e \cdot \left(g^{2^{k+1}} \right)^f$$

と表現することより，Algorithm 14 を用いて高速に計算可能となる [104]．

　実際，冪 d を 2 進展開して，$d[i] \in \{0, 1\} \, (i = 0, 1, \dots, n-1)$ に対して，

$$
\begin{aligned}
d &= d[n-1]2^{n-1} + d[n-2]2^{n-2} + \cdots + d[1]2^1 + d[0]2^0 \\
&= 2^{k+1} \left(f[k]2^k + f[k-1]2^{k-1} + \cdots + f[0]2^0 \right) \\
&\quad + \left(e[k]2^k + e[k-1]2^{k-1} + \cdots + e[0]2^0 \right)
\end{aligned}
$$

とする．ただし，$j = 0, 1, \dots, k-1$ に対して $e[j] = d[j]$, $f[j] = d[j+k]$, n が偶数の場合は $e[k] = d[k]$, $f[k] = 0$, n が奇数の場合は $e[k] = f[k] = 0$ とする．ここで，$g^e \cdot \left(g^{2^{k+1}} \right)^f$ を Algorithm 14 により計算すると，十分大きな n に対して約 $1.75k \approx 0.875n$ 回の乗算により計算可能となる．$g^{2^{k+1}}$ はオフラインで予備計算しておき，異なる冪 $d \in \{1, 2, \dots, |G|\}$ に対して，冪乗算 g^d を計算する際に再利用可能である．実際の冪乗算 $g^e \cdot \left(g^{2^{k+1}} \right)^f$ の計算では，$g^{2^{k+1}}$ に加えて $g^{2^{k+1}} \cdot g = g^{2^{k+1}+1}$ の値も保存するメモリが必要となる．以上より，2 個の G の元をメモリに追加で保存することにより，バイナリ法より約 1.7 倍高速となる．

　さらに，冪 d の分割数を一般の $w > 1$ とした場合は，$w-1$ 個の G の元をオフラインで予備計算し，オンラインでは合計 $2^w - 1$ 個の元のメモリを用いると，$(2 - 1/2^w)(1/w)n$ 回の演算により計算可能となる．分割数 w に対して

メモリが指数関数的に増加するため，比較的小さな w に対して有効な方式となる．

3.1.3 乱数 k の安全性

DSA の署名生成では，乱数 $k \in \{1, 2, \ldots, q-1\}$ に対して

$$(3.7) \qquad s = k^{-1}(m + ar) \bmod q$$

を署名の一部としていた．ここで，m は文書，a は秘密鍵，$r = (g^k \bmod p) \bmod q$ であった．以下では乱数 k の安全性に関して考察する．

最初に，異なる文書 m と m' に対して同じ乱数 k を用いて署名した場合，対応する r も同じ値となるため，m と m' の署名は，

$$s = k^{-1}(m + ar) \bmod q, \quad s' = k^{-1}(m' + ar) \bmod q$$

を満たし，a と k の連立 1 次方程式から秘密鍵 a が復元される．そのため，乱数 k を再利用することは避けなければならない．

さらに，乱数 k の下位ビットが漏洩した場合に，複数の署名を集めることにより，秘密鍵 a が復元できることが知られている[81]．乱数 k の下位 ℓ ビットを c とし，$k = 2^\ell b + c$ と表示すると $0 \leqq b < q/2^\ell$ を満たす．ここで，式 (3.7) に代入すると，

$$b = at - u \bmod q, \quad t = 2^{-\ell} r s^{-1} \bmod q, \quad u = 2^{-\ell}\left(c - s^{-1}m\right) \bmod q$$

を得る．ここで，t, u は，文書 m，署名 (r, s)，下位 ℓ ビット c から計算されるため，攻撃者が入手できる情報となる．このとき，$0 \leqq b < q/2^\ell$ が成り立つため，公開情報から得られる整数 t と有理数 $v = u + q/2^{\ell+1}$ に対して，秘密鍵 a の近似式 $|at - v + qz| \leqq q/2^{\ell+1}$ を満たす整数 z が存在する．同様にして，攻撃者は合計で d 個の署名を集めることができたとする．そのとき，秘密鍵 a は，公開情報から得られる $v_i \in \mathbb{Q}$ と $t_i \in \mathbb{Z}$ に対して，ある $z_i \in \mathbb{Z}$ が存在して近似式

$$(3.8) \qquad |at_i - v_i + qz_i| \leqq q/2^{\ell+1}$$

を満たす $(i = 1, \ldots, d)$.

次の行列の行ベクトルで張られる $d+1$ 次元の格子を L とする(格子の正確な定義は 5.1.1 項参照).

$$\begin{pmatrix} q & 0 & \cdots & 0 & 0 \\ 0 & q & \ddots & \vdots & \vdots \\ \vdots & \ddots & \ddots & 0 & \vdots \\ 0 & \cdots & 0 & q & 0 \\ t_1 & \cdots & \cdots & t_d & 1/2^\ell \end{pmatrix}$$

ベクトル $\mathbf{c} = (at_1 + qz_1, \ldots, at_d + qz_d, a/2^\ell)$ は,行列の最後の行を a 倍して,他の行を上から $z_1, \ldots, z_d$ 倍して加えたものより,格子 L に含まれる.式 (3.8) からベクトル $\mathbf{c}$ は,ベクトル $\mathbf{v} = (v_1, \ldots, v_d, 0) \in \mathbb{Q}^{d+1}$ に近いベクトルとなる.5.2.3 項で説明する Babai 最近平面法を用いると,パラメータ q, ℓ, d が適切に選ばれた場合に,多項式時間でベクトル $\mathbf{c}$ を復元することができる.これにより,秘密鍵 a を求めることができる.

以上より,乱数 k の下位ビットの漏洩には注意が必要であり,例えば下位ビットを定数値に固定することなども避けなければならない.

3.1.4 否認不可署名

ディジタル署名は公開鍵により誰もが検証可能となるため,署名の一人歩きが問題となる.また,署名の一人歩きを防止する方式を構成した場合,署名者が文書に署名したことを後になってから否認する問題も考えられる.

否認不可署名では,検証者が署名者と対話することにより,署名の正当性および否認不可性を確認する.以下に離散対数問題ベースの方式を述べる[40].

- 鍵生成:素数位数 q の巡回群 G を選び,G の生成元を g とする.ランダムな $a \in \{1, 2, \ldots, q\}$ に対して,$A = g^a$ とする.公開鍵を (G, q, g, A),秘密鍵を a とする.
- 署名生成:文書 $m \in G$ と秘密鍵 a に対して,$s = m^a$ を署名とする.秘密鍵 a は離散対数 $\log_g A$ であるため,署名者の助けなしでは,文書に対して署名 s を検証することはできない.

3.1 DH 鍵共有方式と ElGamal 暗号　　105

- 署名検証：署名者は検証者に対して，s は文書の $a\,(=\log_g A)$ 乗であることを，対話(Challenge & Response)により証明する．

  Challenge：検証者はランダムな $u, v \in \{1, 2, \ldots, q\}$ に対して，$z = s^u A^v$ を計算して，z を署名者に送る．

  Response：署名者は秘密鍵 a により，$w = z^{a^{-1} \bmod q}$ を計算して，w を検証者に送る．

  検証者は $w = m^u g^v$ が成立するときに，署名 s が正しいとする．

  署名検証の正しさに関して次が成り立つ．

補題 3.5　署名 s が文書 m の署名でない$(s \neq m^a)$にもかかわらず，検証者が署名を正しいと判断する確率は $1/q$ となる．　　　　　　　　　□

[証明]　$m, s, z, w \in G$ に対して，

$$k = \log_g m, \quad \ell = \log_g s, \quad j = \log_g z, \quad i = \log_g w$$

とする．任意の $z \in G$ に対して $s^u A^v = z$ となる $(u, v) \in \{1, 2, \ldots, q\}^2$ は，g が巡回群 G の生成元より $\ell u + av = j \bmod q$ を満たす．ここで，$\gcd(a, q) = 1$ より a は可逆元であるため，$s^u A^v = z$ は，$(u, v) \in \{1, 2, \ldots, q\}^2$ において q 個の解がある．次に，$m^u g^v = w$ かつ $s^u A^v = z$ となる $(u, v) \in \{1, 2, \ldots, q\}^2$ は，

$$\begin{cases} ku + v = i \bmod q \\ \ell u + av = j \bmod q \end{cases}$$

を満たす．ここで，署名 s が文書の署名でないときは $s \neq m^a$ より，$\ell \neq ka \bmod q$ となる．この場合，上の (u, v) の連立 1 次方程式の行列式は $ka - \ell \neq 0 \bmod q$ を満たし，解は 1 個のみとなる．以上より，$s \neq m^a$ の場合に，$w^a = z$ となる確率は $1/q$ である．　　　　　　　　　■

　署名検証において $w \neq m^u g^v$ の場合は，署名 s は文書 m の署名としては正しくない$(s \neq m^a)$と判定される．この場合に，上の署名検証に続けて，以下に示す署名否認の対話(Challenge & Response)により，a の情報を開示することなく署名 s が正しくないことが証明できる．

- 署名否認：署名者は検証者に対して，s は文書の $a\,(=\log_g A)$ 乗でないこ

とを，対話(Challenge & Response)により証明する．

Challenge：検証者はランダムな $u', v' \in \{1, 2, \ldots, q\}$ に対して，$z' = s^{u'} A^{v'}$ を計算して，z' を署名者に送る．

Response：署名者は秘密鍵 a により，$w' = z'^{a^{-1} \bmod q}$ を計算して，w' を検証者に送る．

検証者は $(wg^{-v})^{u'} = (w'g^{-v'})^u$ が成立するときに，署名 s が正しくないとする．

署名否認の正しさに関して次が成り立つ．

補題 3.6 署名 s が文書 m の署名である($s = m^a$)にもかかわらず，検証者が署名を正しくないと判断する確率は $1/q$ となる． □

[証明] 署名 s が正しく($s = m^a$)，署名検証が正しくない($w \neq m^u g^v$)とする．$w' \in G$ に対して

$$(wg^{-v})^{u'} = (w'g^{-v'})^u$$

が成り立つ $(u', v') \in \{1, 2, \ldots, q\}^2$ は 1 個のみである．実際，この等式の両辺の u 乗根を計算すると，$m' = (wg^{-v})^{1/u}$ に対して $w' = m'^{u'} g^{v'}$ を満たす．ここで，$s = m'^a$ が成り立つとすると，$\gcd(a, q) = 1$ より $m = m'$ が成り立つため，$w = m^u g^v$ を満たし矛盾する．よって，$s \neq m'^a$ となるが，署名検証での署名と同様に，$z' = s^{u'} A^{v'}$ および $w' = m'^{u'} g^{v'}$ を満たす $(u', v') \in \{1, 2, \ldots, q\}^2$ は 1 個のみである．

次に，署名否認の対話において，Challenge の z' に対して，$s^{u'} A^{v'} = z'$ を満たす $(u', v') \in \{1, 2, \ldots, q\}^2$ は q 通りある．そのなかで，

$$s = m^a, \quad w \neq m^u q^v, \quad (wg^{-v})^{u'} = (w'g^{-v'})^u$$

が成り立つ $(u', v') \in \{1, 2, \ldots, q\}^2$ は 1 個のみであるため，求める確率は $1/q$ である．

また，署名検証と署名否認の対話での関係式 $w = (s^u A^v)^{a^{-1}}$，$w' = (s^{u'} A^{v'})^{a^{-1}}$ および公開鍵が $A = g^q$ を満たすことから，以下が成り立つ．

$$(wg^{-v})^{u'} = (s^u A^v)^{u'a^{-1}} g^{-vu'} = s^{uu'} = (s^{u'} A^{v'})^{ua^{-1}} g^{-v'u} = (w'g^{-v'})^u$$

したがって，署名が正しくない場合には，署名否認の検証は正当性が成り立つ．

以上より，署名者は $s = m^a$ が成り立つ正しい署名 s に対しては嘘の $\bar{w}$ を Response として答えることにより，署名検証が正しくない（$\bar{w}^a \neq z$）と主張することはできない（否認不可となる）．

3.2 離散対数問題の困難性

本節では離散対数問題を解く高速なアルゴリズムに関して説明する．

有限体 $\mathbb{Z}/p\mathbb{Z}$ 上の離散対数問題 $(p, g, A = g^a \bmod p)$ を解く最も素朴な方法としては，a に $1, 2, \ldots, p-1$ を順に代入して，$g^a \bmod p$ が A と一致するかを確認すればよい．この方法は，a が取りうる可能性を全て試すことから，鍵の総当たり攻撃といわれる．この総当たり攻撃は平均して $(p-1)/2$ 回の試行，つまり $\mathrm{O}(p)$ 回の乗算が必要であり，計算量は $\mathrm{O}(p(\log p)^2)$ である．ここで，$(\log p)$ の多項式時間を省略する $\tilde{\mathrm{O}}$-記法を用いると，この総当たりの計算量は $\tilde{\mathrm{O}}(p)$ となる．以下，計算量が $\tilde{\mathrm{O}}(p)$ より効率的となるアルゴリズムを考察する．

3.2.1 Pohlig-Hellman 法

Pohlig-Hellman 法は，巡回群 $(\mathbb{Z}/p\mathbb{Z})^\times$ の位数 $p-1$ が小さな素数の冪の積となる場合に高速となる方法である[131]．

$p-1$ の素因数分解を $p-1 = \prod_q q^{e_q}$ として，$n_q = (p-1)/q^{e_q}$ に対して

$$g_q = g^{n_q} \bmod p, \quad A_q = A^{n_q} \bmod p$$

とする．離散対数問題 $(p, g_q, A_q = g_q^a \bmod p)$ における a の取りうる範囲は，元 g_q の位数が q^{e_q} であるから，$a \in \{0, 1, \ldots, q^{e_q} - 1\}$ となる．よって，$p-1$ の各素因数 q に対して $a \bmod q^{e_q}$ を求めた場合，中国剰余定理 $\mathbb{Z}/(p-1)\mathbb{Z} \cong \prod_q \mathbb{Z}/q^{e_q}\mathbb{Z}$ により，$a \bmod (p-1)$ が求まる．

次に，$e = e_q$ として，a の q 進展開

$$a = a_0 + a_1 q + \cdots + a_{e-1} q^{e-1} \quad (a_i \in \{0, 1, \ldots, q-1\}, \ i = 0, 1, \ldots, e-1)$$

により, 離散対数の検索範囲をさらに削減できる. 実際, A_q, g_q を q^{e-1} 乗すると,

$$A_q^{q^{e-1}} = (g_q^a)^{q^{e-1}} = g_q^{a_0 q^{e-1} + a_1 q^e + \cdots + a_{e-1} q^{2e-2}} = \left(g_q^{q^{e-1}}\right)^{a_0} \bmod p$$

を満たし, $a_0 \in \{0, 1, \ldots, q-1\}$ における総当たり攻撃から a_0 を求めることができる. 同様にして, A_q, g_q を q^{e-2} 乗した関係式 $A_q^{q^{e-2}} = \left(g_q^{q^{e-2}}\right)^{a_0 + a_1 q}$ $\bmod p$ から, $a_1 \in \{0, 1, \ldots, q-1\}$ が求まる. これを繰り返して, $i = e-1$, $e-2, \ldots, 1, 0$ に対する a_i の検索範囲は $\{0, 1, \ldots, q-1\}$ となり, 離散対数 $a \bmod q^{e_q}$ を求める計算量は $\tilde{O}(eq)$ となる. 以上より, $p-1$ の素因数分解 $\prod_q q^{e_q}$ の最大の素数を q とすると, 有限体 $\mathbb{Z}/p\mathbb{Z}$ の離散対数問題は, 上記の総当たり攻撃により $\tilde{O}(q)$ の計算量で求めることができる.

以上より, $(\mathbb{Z}/p\mathbb{Z})^\times$ の離散対数問題を困難とするためには, $p-1$ は大きな素数 q で割れる必要がある. 特に, 素数 p に対して, $q = (p-1)/2$ も素数となる Sophie Germain 素数(暗号分野で p は Strong Prime と呼ばれる)を利用すると, 上記の総当たり攻撃の計算量は $\tilde{O}(q) = \tilde{O}(p)$ となる.

また, $(\mathbb{Z}/p\mathbb{Z})^\times$ において素数位数 q の部分群の生成元は $g_q = g^{\frac{p-1}{q}} \bmod p$ となる. 乱数 a_q を $\{0, 1, \ldots, q-1\}$ から選び, 離散対数問題 $(p, g_q, A = g_q^{a_q}$ $\bmod q)$ の困難性を安全性の根拠として, 暗号方式を構成する場合も多い.

3.2.2 Baby-step-Giant-step (BSGS)法

離散対数問題 $(p, g, A = g^a \bmod p)$ をより高速に解くアルゴリズムとなる Baby-step-Giant-step (BSGS)法[157]を説明する.

BSGS 法では, $\sqrt{p}$ を超える最小の整数を k として, a を k で割った商を q, 余りを r とした関係式 $a = qk + r$, $0 \leqq q$, $r < k$ を利用する. 最初に, Baby-step では, $r \in \{0, 1, \ldots, k-1\}$ に対して

$$(r, g^r \bmod p)$$

表 3.1 BSGS 法の例($p = 107$, $g = 2$, $A = 96$)

$(r, g^r \bmod p)$	$(q, A(g^{-k})^q \bmod p)$
(0, 1)	(0, 96)
(1, 2)	(1, 92)
(2, 4)	(2, 106)
(3, 8)	(3, 57)
(4, 16)	(4, 68)
(5, 32)	(5, 83)
(6, 64)	(6, **84**)
(7, 21)	(7, 27)
(8, 42)	(8, 66)
(9, **84**)	(9, 90)
(10, 61)	(10, 6)

を計算してリストに保存する．次に，Giant-step では，$q \in \{0, 1, \ldots, k-1\}$ に対して

$$A(g^{-k})^q \bmod p$$

の値を計算する．この場合，関係式 $A = g^a = (g^k)^q g^r \bmod p$ により，Giant-step の値の中で，Baby-step のリストの右側の値と一致するものが存在する．実際，Giant-step の q_0 に対して $A(g^{-k})^{q_0} = g^{r_0} \bmod p$ を満たす場合，Baby-step のリストの左側 r_0 の値から，$a = q_0 k + r_0$ として離散対数問題の答えを見つけることができる．ここで，メモリ内のマッチングを探索する計算量は，$\log p$ の多項式時間となる．以上より，BSGS 法の計算量とメモリは以下となる．

定理 3.7 有限体 $\mathbb{Z}/p\mathbb{Z}$ の離散対数問題を解く BSGS 法の計算量は $\tilde{\mathrm{O}}(\sqrt{p})$ となる．また，BSGS 法は $\mathrm{O}(\sqrt{p})$ 個の元を記録するメモリが必要となる．　□

例 3.8 素数 $p = 107$ と p を法とする原始根 $g = 2$ に対して，離散対数問題

$$A = g^a \bmod p = 96$$

を考える．$k = \lceil \sqrt{p} \rceil = 11$ に対して，$p = qk + r$ を満たす整数として $q = 9$，$r = 8$ を得る．すると，Baby-step では表 3.1 の 1 列目のリストを生成する．Giant-step では，表 3.1 の 2 列の値を計算し，$q_0 = 6$ のときに，Baby-step

のリストの右側の値 84 と一致している. これから, $r_0 = 9$ を求め, 離散対数の値として $a = q_0 k + r_0 = 75$ を得る. □

3.2.3 Pollard ρ 法

素因数分解法の 2.4.1 項で説明した Pollard ρ 法と同じ原理により, 誕生日パラドックスを利用して, BSGS 法の計算量 $\tilde{O}(\sqrt{p})$ を保ったままメモリ量 $O(1)$ で離散対数問題を解くことができる [133].

有限体 $\mathbb{Z}/p\mathbb{Z}$ 上をランダムウォークする関数 f を考える. まず, $\mathbb{Z}/p\mathbb{Z}$ を,

$$G_1 = \left\{ 0, 1, \ldots, \left\lfloor \frac{p}{3} \right\rfloor \right\},$$

$$G_2 = \left\{ \left\lfloor \frac{p}{3} \right\rfloor + 1, \left\lfloor \frac{p}{3} \right\rfloor + 2, \ldots, \left\lfloor \frac{2p}{3} \right\rfloor \right\},$$

$$G_3 = \left\{ \left\lfloor \frac{2p}{3} \right\rfloor + 1, \left\lfloor \frac{2p}{3} \right\rfloor + 2, \ldots, p - 1 \right\}$$

を用いて $\mathbb{Z}/p\mathbb{Z} = G_1 \sqcup G_2 \sqcup G_3$ と分割する. 離散対数問題 $(p, g, A = g^a \bmod p)$ に対して, 関数 f を

$$f(z) = \begin{cases} gz \bmod p, & z \in G_1 \\ z^2 \bmod p, & z \in G_2 \\ Az \bmod p, & z \in G_3 \end{cases}$$

と定義する. 初期値 $x_0 \in \{1, 2, \ldots, p-1\}$ に対して, $z_0 = g^{x_0} \bmod p$ として,

$$z_{i+1} = f(z_i) \quad (i = 0, 1, 2, \ldots)$$

とおく. ここで, $i = 0, 1, 2, \ldots$ に対して,

$$x_{i+1} = \begin{cases} x_i + 1 \bmod (p-1), & z_i \in G_1 \\ 2x_i \bmod (p-1), & z_i \in G_2 \\ x_i \bmod (p-1), & z_i \in G_3 \end{cases}$$

$$y_{i+1} = \begin{cases} y_i \bmod (p-1), & z_i \in G_1 \\ 2y_i \bmod (p-1), & z_i \in G_2 \\ y_i + 1 \bmod (p-1), & z_i \in G_3 \end{cases}$$

と定義すると，$z_i = g^{x_i} A^{y_i} \bmod p$ を満たすため，ランダムウォークにおいて g, A の冪の情報も利用できる．また，$x_j \neq x_k \bmod (p-1)$ を満たす衝突が求まったとすると，$g^{x_j} A^{y_j} = g^{x_k} A^{y_k} \bmod p$ より，$g^{x_j - x_k} = A^{y_k - y_j} = g^{a(y_k - y_j)} \bmod p$ を満たす．よって，g は原始根より，

$$(3.9) \qquad x_j - x_k = a(y_k - y_j) \bmod (p-1)$$

を得る．$\gcd(y_k - y_j, p-1) = 1$ の場合，$a = (x_j - x_k)(y_k - y_j)^{-1} \bmod (p-1)$ が求まる．$\gcd(y_k - y_j, p-1) = m > 1$ の場合は，式(3.9)の解は一意的でなく，$\bmod (p-1)/m$ により解を求めた後に，$\bmod m$ による総当たりの検索により離散対数 a を求める．m が大きい場合は，初期値 x_0 を取り直して計算する．

衝突 x_j, x_k を求めるアルゴリズムは，素因数分解の ρ 法(Algorithm 8：2.4.1 項)と同様に，各 $h = 1, 2, \ldots$ において $k = 2^h - 1$ に対応する z_k のみを保存し $j = 2^h, \ldots, 2^{h+1} - 1$ に対して z_j との比較を行うものが構成可能である．そのため，Pollard ρ 法で利用するメモリ量は O(1) となり，衝突を求める計算量は誕生日パラドックスから $\tilde{\mathrm{O}}(\sqrt{p})$ となる．

定理 3.9 有限体 $\mathbb{Z}/p\mathbb{Z}$ における離散対数問題は，Pollard ρ 法により計算時間 $\tilde{\mathrm{O}}(\sqrt{p})$，メモリ量 O(1) により解くことができる． $\qquad\square$

離散対数問題を解く Pollard ρ 法は巡回群 $(\mathbb{Z}/p\mathbb{Z})^\times$ の構造には依存していないことに注意する．つまり，位数 n の巡回群 G 上の離散対数問題に対して Pollard ρ 法は適用できて，メモリ量は O(1) であり，計算時間としては群 G の乗算およびサイズ $|G|$ の gcd を $\mathrm{O}(\sqrt{|G|})$ 回計算する必要がある．

3.2.4 指数計算法

有限体 $\mathbb{Z}/p\mathbb{Z}$ における離散対数問題を，指数時間を下回る計算量の準指数時間で解くことが可能なアルゴリズムとして指数計算法がある[2]．指数計算法は，素因数分解法の 2.4.3 項で説明したランダム 2 乗法と同じ原理となる．

指数計算法では，B 以下の素数を因子基底 $\mathcal{F}(B) = \{2, 3, \ldots, q_t\}$ として準備する．最初のステップでは，$i = 1, 2, \ldots$ に対して，$\{1, 2, \ldots, p-1\}$ からランダムな値 k_i を選び，$g^{k_i} \bmod p$ が $\mathcal{F}(B)$ の元で素因数分解できるものを B-

112   3 離散対数問題ベース暗号

smooth な関係式

(3.10)
$$g^{k_i} = \prod_{j=1}^{t} q_j^{e_{ij}} \bmod p$$

として保存する.B-smooth でない場合は k_i を取り直して,合計で $s\ (\geqq t)$ 個の関係式を集める.

ここで,式 (3.10) の両辺の $\log_g$ を取ると,巡回群 $(\mathbb{Z}/p\mathbb{Z})^{\times}$ の位数 $p-1$ を法として次の式を満たす.

$$k_i = \sum_{j=1}^{t} e_{ij} \log_g q_j \bmod (p-1) \quad (i = 1, 2, \ldots, s)$$

よって,次の連立 1 次方程式を解くことにより,因子基底 $\mathcal{F}(B)$ に含まれる素数 q の離散対数 $\log_g q$ を求めることができる.

$$\begin{pmatrix} e_{11} & e_{12} & \cdots & e_{1t} \\ e_{21} & e_{22} & \cdots & e_{2t} \\ \vdots & \vdots & \ddots & \vdots \\ e_{s1} & e_{s2} & \cdots & e_{st} \end{pmatrix} \begin{pmatrix} \log_g q_1 \\ \log_g q_2 \\ \vdots \\ \log_g q_t \end{pmatrix} = \begin{pmatrix} k_1 \\ k_2 \\ \vdots \\ k_s \end{pmatrix} \bmod (p-1)$$

この連立 1 次方程式の係数行列のランクが t とならない場合は,関係式 (3.10) を追加で選び直す必要がある.前もってランクが t となるような $s \geqq t$ を選択する(計算機実験で解く場合は $s \approx 1.2t$ などが選ばれる).

次に,離散対数問題 $A = g^a \bmod p$ を解く場合は,$\{1, 2, \ldots, p-1\}$ からランダムな値 r を選び,

$$g^r A = \prod_{i=1}^{t} q_i^{r_i} \bmod p$$

のように素因数が B 以下となれば,前もって求めていた $\log_g q_1, \log_g q_2, \ldots,$ $\log_g q_t$ から,目的とする離散対数

$$\log_g A = \sum_{i=1}^{t} r_i \log_g q_i - r \bmod (p-1)$$

を求めることができる.

例 3.10 3.2.2 項の BSGS 法と同じ離散対数問題 $p = 107$,$g = 2$,$A = 96$ を考える.また,$B = 7$ として,因子基底 $\mathcal{F}(B) = \{2, 3, 5, 7\}$ を選ぶ.この場

合，$k = 11, 46, 75, 91$ に対して $g^k \bmod p$ を計算すると，関係式 $g^{11} \bmod p = 3 \cdot 5$，$g^{46} \bmod p = 2^3 \cdot 7$，$g^{75} \bmod p = 2^5 \cdot 3$，$g^{91} \bmod p = 2 \cdot 5 \cdot 7$ が得られる．これらの関係式から，$p - 1$ を法とする次の連立 1 次方程式を解くことにより，因子基底 $\mathcal{F}(B)$ の離散対数を求めることができる．

$$\begin{pmatrix} 0 & 1 & 1 & 0 \\ 3 & 0 & 0 & 1 \\ 5 & 1 & 0 & 0 \\ 1 & 0 & 1 & 1 \end{pmatrix} \begin{pmatrix} \log_g 2 \\ \log_g 3 \\ \log_g 5 \\ \log_g 7 \end{pmatrix} = \begin{pmatrix} 11 \\ 46 \\ 75 \\ 91 \end{pmatrix} \bmod (p - 1)$$

実際に解を求めると，$\log_g 2 = 1$，$\log_g 3 = 70$，$\log_g 5 = 47$，$\log_g 7 = 43$ となる．また，$r = 2$ に対して $g^2 A \bmod p = 3^2 \cdot 7$ となるため，A の離散対数として $a = 2 \log_g 3 + \log_g 7 - r \bmod (p - 1) = 75$ を求めることができる． □

次に，指数計算法の計算量を考察する．素因数分解法の 2.4.3 項で述べたランダム 2 乗法の計算量の評価と同じように以下の定理を証明できる．

定理 3.11 有限体 $\mathbb{Z}/p\mathbb{Z}$ の離散対数問題は，指数計算法により計算量

$$\mathrm{O}\left(e^{(2+\mathrm{o}(1))\sqrt{\log p \log \log p}}\right)$$

により解くことができる． □

[証明] 関係式 (3.10) を求める計算量は，系 2.50 より，p 以下の自然数が B-smooth となる確率から評価できる．$B = L_p[1/2, \alpha]$ として，$\mathrm{O}(B)$ 個の関係式を求める計算量は，$f(\alpha) = 2\alpha + 1/2\alpha$ に対して，$\mathrm{O}(L_p[1/2, f(\alpha) + \mathrm{o}(1)])$ となる．また，(s, t) 型の連立 1 次方程式を解く計算量は，$s, t = \mathrm{O}(B)$ より Gauss 消去法を用いて $\mathrm{O}(L_p[1/2, 3\alpha])$ となる．$f(\alpha)$ は $\alpha = 1/2$ で最小値 2 を取る．以上より，有限体 $\mathbb{Z}/p\mathbb{Z}$ の離散対数問題を求める指数計算法の計算量は，準指数時間 $\mathrm{O}(L_p[1/2, 2 + \mathrm{o}(1)])$ となる． ∎

3.2.5 数体篩法

高速な素因数分解アルゴリズムである数体篩法 (2.4.4 項) を，有限体 $\mathbb{Z}/p\mathbb{Z}$ の離散対数問題に適用することが可能である．

以下，$\ell \mid (p - 1)$ を満たす十分に大きな素数位数 ℓ の部分群の離散対数を

114   3   離散対数問題ベース暗号

求めるとする. 位数 ℓ の元 $g \in \mathbb{Z}/p\mathbb{Z}$ および $x \in \{1, 2, \ldots, \ell\}$ に対して $g^x = A \bmod p$ とし, 入力 p, g, A に対して $x = \log_g A$ を求める離散対数問題を考える. ここで, ある元 $y \in \mathbb{Z}/p\mathbb{Z}$ に対して,

$$g^t A = y^\ell \bmod p$$

を満たす $t \in \{1, 2, \ldots, \ell\}$ を求めることができたとする. この場合, 両辺の $\log_g$ を計算すると, $t = -\log_g A \bmod \ell$ により離散対数問題を解くことができる. 以下, $g^t A \bmod p$ が y^ℓ の形となる t を求める方法を考察する.

2.4.4 項で述べた素因数分解と同様に数体篩法と多くの類似点がある. 最初に代数体の構成法を述べる. 小さな冪 $d = 3, 4, \ldots$ に対して, $M = \lfloor p^{1/d} \rfloor$ とする. p の M 進展開から, 整数係数の既約多項式

(3.11) $$f(x) = x^d + c_{d-1} x^{d-1} + \cdots + c_1 x + c_0$$

において, $f(M) = p$ かつ $|c_i| < n^{\frac{1}{d}}$ $(i = 0, 1, \ldots, d-1)$ を満たすものを求める. また, 方程式 $f(x) = 0$ の $\mathbb{C}$ における解を $f(\theta) = 0$ として, 代数体 $K = \mathbb{Q}(\theta)$ の整数環 $\mathcal{O}_K$ は, $\mathcal{O}_K = \mathbb{Z}[\theta]$ を満たすとする. ここで, 環準同型写像

$$\phi : \mathbb{Z}[\theta] \to \quad \mathbb{Z}/p\mathbb{Z}$$
$$\cup \qquad\qquad \cup$$
$$\theta \quad \mapsto M \bmod p$$

と定義する.

2.4.4 項で説明したように, $\mathbb{Z}[\theta]$ の 1 次の素イデアル $\mathfrak{q}$ は, 素数 $q \in \mathbb{P}$ と $f(t) = 0 \bmod q$ を満たす t を用いて, $\mathfrak{q} = (q, t - \theta)$ と表すことができる. ノルムが B 以下となる 1 次の素イデアルの集合を

$$\mathcal{P}(B) = \{(q, t - \theta) \mid q \in \mathbb{P}, \ q \leqq B, \ f(t) \equiv 0 \bmod q\}$$

と定義する. また, 整数の組 $(a, b) \in \mathbb{Z}^2$ に対して, $\mathbb{Z}[\theta]$ のイデアル $(a - b\theta)$ のノルム $N(a - b\theta)$ を, 多項式 f を用いて $N(a - b\theta) = b^d f(a/b)$ と定義する. $N(a - b\theta)$ が B 以下の素数で素因数分解されるとき, $a - b\theta$ は B-smooth であるという.

$F, G \in \mathbb{N}$ に対して，整数の組 $(a, b) \in \mathbb{Z}^2$ が，$\gcd(a, b) = 1$ を満たし，$a - bM$ が F-smooth であり $(a - b\theta)$ が G-smooth となるとき double-smooth と呼ぶ．つまり，$\mathcal{F}(F)$ を F 以下の素数の集合とすると，double-smooth の組 (a, b) は

$$a - bM = \prod_{q \in \mathcal{F}(F)} q^{e(q)}, \quad (a - b\theta) = \prod_{\mathfrak{q} \in \mathcal{P}(G)} \mathfrak{q}^{e(\mathfrak{q})}$$

を満たす．また，$C \in \mathbb{N}$ に対して，$|a|, |b| \leqq C$ の範囲で組 (a, b) が double-smooth となるもの全体の集合を

$$S = \{(a_1, b_1), (a_2, b_2), \ldots, (a_r, b_r)\}$$

とする．一般に，smooth のパラメータ F, G を固定した場合，組 (a, b) を検索する範囲 C を大きくすると $r = |S|$ は増加する．

また，アルゴリズムの記述を簡潔化するため，離散対数問題 (p, g, A) に対して条件を付ける．最初に，A は F-smooth と仮定できる．実際，$r \in \{1, \ldots, \ell - 1\}$ に対して $A' = Ag^r \bmod p$ の離散対数から，$\log_g A = \log_g A' - r \bmod \ell$ を求めることができる．ここで，数体篩法では $F = L_p[1/3, *]$ として計算するが，ランダムな $r \in \{1, \ldots, \ell - 1\}$ に対して $A' = Ag^r \bmod p$ が F-smooth となる A' を求める計算量は数体篩法よりも小さくなる．同様に，g も F-smooth と仮定できる．実際，ランダムな $r \in \{1, \ldots, \ell - 1\}$ に対して，$\gcd(r, \ell) = 1$ より，$g' = g^r \bmod p$ は位数 ℓ の元となる．位数 ℓ の元 g' に対して $\log_g A = (\log_{g'} A)(\log_{g'} g)^{-1} \bmod \ell$ を満たす．ここで，ランダムな $r \in \{1, \ldots, \ell - 1\}$ に対して $g' = g^r \bmod p$ が F-smooth となる g' を求める計算量は数体篩法よりも小さくなる．以上より，g, A は共に F-smooth と仮定する．

次に，$i = 1, 2, \ldots, r$ に対して，$a_i - b_i\theta$ の Schirokauer 指標を

$$\lambda(a_i - b_i\theta) = (\lambda_{i,1}, \ldots, \lambda_{i,d}) \in \mathbb{F}_\ell^d$$

とする [144]．Schirokauer 指標が $\lambda(a_i - b_i\theta) = (0, \ldots, 0) \in \mathbb{F}_\ell^d$ を満たす場合，代数体の局所単数に関する Leopoldt 予想の仮定の下で，ある元 $\delta \in \mathbb{Z}[\theta]$ が存在して $\lambda(a_i - b_i\theta) = \delta^\ell$ となる．さらに，任意の $a - b\theta$，$a' - b'\theta \in S$ に対して，

116   3   離散対数問題ベース暗号

$$\lambda((a - b\theta)(a' - b'\theta)) = \lambda(a - b\theta) + \lambda(a' - b'\theta)$$

を満たす.

$i = 1, 2, \ldots, r$ に対して, r 個の double-smooth となる関係式

$$a_i - b_i M = \prod_{j=1}^{|\mathcal{F}|} q_j^{e_i(q_j)}, \quad (a_i - b_i\theta) = \prod_{j=1}^{|\mathcal{G}|} \mathfrak{q}_j^{e_i(\mathfrak{q}_j)}$$

に対して, 指数冪と Schirokauer 指標の列ベクトルを

$$\mathbf{e}_i = \big(e_i(q_1), \ldots, e_i(q_{|\mathcal{F}|}), e_i(\mathfrak{q}_1), \ldots, e_i(\mathfrak{q}_{|\mathcal{G}|}), \lambda_{i,1}, \ldots, \lambda_{i,d}\big)^\top$$
$$\in \mathbb{F}_\ell^{(|\mathcal{F}|+|\mathcal{G}|+d) \times 1}$$

とする. 目標としていた離散対数問題の基底 g は F-smooth で, $g = \prod_{j=1}^{|\mathcal{F}|} q_j^{e_g(q_j)}$ と素因数分解できる. これに対応する列ベクトルを

$$\mathbf{e}_g = \big(e_g(q_1), \ldots, e_g(q_{|\mathcal{F}|}), 0, \ldots, 0\big)^\top \in \mathbb{F}_\ell^{(|\mathcal{F}|+|\mathcal{G}|+d) \times 1}$$

とする. このとき, 行列 $\mathbf{M} \in \mathbb{F}^{(|\mathcal{F}|+|\mathcal{G}|+d) \times (r+1)}$ を, 第 1 列は $\mathbf{e}_g$ として, 第 2 列から第 $r+1$ 列までを $\mathbf{e}_1, \ldots, \mathbf{e}_r$ とした次の行列と定める.

$$\mathbf{M} = \begin{pmatrix} e_g(q_1) & e_1(q_1) & e_2(q_1) & \cdots & e_r(q_1) \\ \vdots & \vdots & \vdots & \vdots & \vdots \\ e_g(q_{|\mathcal{F}|}) & e_1(q_{|\mathcal{F}|}) & e_2(q_{|\mathcal{F}|}) & \cdots & e_r(q_{|\mathcal{F}|}) \\ 0 & e_1(\mathfrak{q}_1) & e_2(\mathfrak{q}_1) & \cdots & e_r(\mathfrak{q}_1) \\ \vdots & \vdots & \vdots & \vdots & \vdots \\ 0 & e_1(\mathfrak{q}_{|\mathcal{G}|}) & e_2(\mathfrak{q}_{|\mathcal{G}|}) & \cdots & e_r(\mathfrak{q}_{|\mathcal{G}|}) \\ 0 & \lambda_{1,1} & \lambda_{2,1} & \cdots & \lambda_{r,1} \\ \vdots & \vdots & \vdots & \vdots & \vdots \\ 0 & \lambda_{1,d} & \lambda_{2,d} & \cdots & \lambda_{r,d} \end{pmatrix}$$

また, 目標としていた離散対数問題の $A = \prod_{j=1}^{|\mathcal{F}|} q_j^{e_A(q_j)}$ の冪のベクトルを

$$\mathbf{a} = (e_A(q_1), \ldots, e_A(q_{|\mathcal{F}|}), 0, \ldots, 0)^\top \in \mathbb{F}_\ell^{(|\mathcal{F}|+|\mathcal{G}|+d)\times 1}$$

として，$\mathbf{x} \in \mathbb{F}_\ell^{(r+1)\times 1}$ に関する連立 1 次方程式を

$$\mathbf{M}\mathbf{x} = -\mathbf{a} \bmod \ell$$

とする．$\mathrm{rank}(\mathbf{M}) \geqq |\mathcal{F}| + |\mathcal{G}| + d$ を満たす場合，連立 1 次方程式の解が存在する．その解を $\mathbf{w} = (w_0, w_1, \ldots, w_r)^\top \in \mathbb{F}_\ell^{r+1}$ とおく．

すると，$\prod_{i=1}^{r}(a_i - b_i\theta)^{w_i}$ の Schirokauer 指標の各成分の値は ℓ で割り切れるため，

$$(3.12) \qquad g^{w_0}A\prod_{i=1}^{r}(a_i - b_iM)^{w_j} = u^\ell, \quad \prod_{i=1}^{r}(a_i - b_i\theta)^{w_j} = \delta^\ell$$

となる元 $u \in \mathbb{Z}$, $\delta \in \mathbb{Z}[\theta]$ が存在する．ここで，環準同型写像 ϕ から，

$$\phi\left(\prod_{i=1}^{r}(a_i - b_i\theta)^{w_j}\right) = \prod_{i=1}^{r}(a_i - b_iM)^{w_j} \bmod p$$

が成り立ち，$\phi(\delta) \in \mathbb{Z}/p\mathbb{Z}$ に対して，$g^{w_0}A\phi(\delta)^\ell = u^\ell \bmod p$ となる．以上より，$g^{w_0}A$ は $\mathbb{Z}/p\mathbb{Z}$ において ℓ 乗となるため，$w_0 = \log_g a$ を満たす．数体篩法の計算量は以下のように評価できる．

定理 3.12　十分大きな $p \in \mathbb{P}$ に対して，有限体 $\mathbb{Z}/p\mathbb{Z}$ の離散対数問題を数体篩法で解く計算量は，準指数時間 $\mathrm{O}\left(e^{((\frac{64}{9})^{\frac{1}{3}}+o(1))(\log p)^{\frac{1}{3}}(\log\log p)^{\frac{2}{3}}}\right)$ である．　□

[証明]　素因数分解の数体篩法の計算量を証明した定理 2.52 の証明と同様に示すことができる．定理 2.52 の証明において，$\lambda = (1/3)^{1/3}$ とすると，$C = L_p[1/3, (8/9)^{1/3}]$, $F = G = L_p[1/3, (8/9)^{1/3}]$, $d = ((3\log p)/(\log\log p))^{1/3}$ が最も高速となる．この場合，double-smooth を求める計算量および連立 1 次方程式を解く計算量は，$L_p[1/3, (64/9)^{1/3}]$ となる．　∎

以上より，有限体 $\mathbb{Z}/p\mathbb{Z}$ の離散対数問題を数体篩法により解くアルゴリズムの計算量は，合成数 n を数体篩法により素因数分解する計算量と同じとなる．そのため，有限体 $\mathbb{Z}/p\mathbb{Z}$ の Diffie-Hellman 鍵共有法や ElGamal 暗号では，RSA 暗号の公開鍵 n と同じサイズの素数 p とする必要がある．2.4.5 項で述べたように，2030 年までは数体篩法でも解読が困難となる 2048 ビット

(617 桁)の素数 p を利用する必要がある.

有限体の離散対数問題を求める数体篩法はさまざまな拡張が知られている.Schirokauer は,素数 p の符号付き 2 進展開 $p = \sum_{i=1}^{w} e_i 2^{c_i}$ $(e_i \in \{-1, 0, 1\})$ の非零ビットが w 個となる場合の高速化を提案した[145].特に,$w = 2$ の場合の計算量は式 (2.22) の特殊数体篩法(SNFS)と同じ $L_p[1/3, (32/9)^{1/3}]$ となり,$w \leqq 5$ となる 100 ビットの素数に対する高速化の実験データが報告されている[78].また,標数 p の拡大体 $\mathbb{F}_{p^n}$ に対する離散対数問題を求める数体篩法は,p が中程度の大きさ(定数 c_p と $1/3 \leqq l_p < 2/3$ に対して $p \approx L_{p^k}[l_p, c_p]$)の場合は計算量 $L_{p^k}[1/3, (32/9)^{1/3}]$ となる[88].最後に,標数 p が十分に小さい場合の拡大体 $\mathbb{F}_{p^n}$ に対する離散対数問題は,準多項式時間となることが知られている[17].

3.3 楕円曲線暗号

有限体 $\mathbb{Z}/p\mathbb{Z}$ 上の DH 鍵共有方式は,別の群を利用して構成することができる.特に,楕円曲線に関係する群を利用する楕円曲線暗号(Elliptic Curve Cryptography: ECC)は,高速実装が可能であるため広く普及している[95, 118].以下では,楕円曲線暗号の基本的な性質を述べるに留めて,より詳しい内容は参考書[28, 63]などを薦める.

$p > 3$ を満たす素数 p に対して,有限体 $\mathbb{F}_p$ 上の楕円曲線 $E(\mathbb{F}_p)$ とは,曲線

$$(3.13) \qquad y^2 = x^3 + ax + b \quad (a, b \in \mathbb{F}_p, \ 4a^3 + 27b^2 \neq 0)$$

上の $\mathbb{F}_p$-有理点に無限遠点 ∞ を加えたものと定義される.3 次式 $x^3 + ax + b$ の判別式が $4a^3 + 27b^2 \neq 0$ より重根をもたず,$E(\mathbb{F}_p)$ は非特異な曲線となる.

楕円曲線 $E(\mathbb{F}_p)$ は,無限遠点 ∞ を単位元とし,点 $P = (x, y) \in E(\mathbb{F}_p)$ の逆元を $-P = (x, -y)$ とする加法群となる.図 3.2 に示すように,無限遠点 ∞ とは異なる 2 点 $P = (x_P, y_P)$,$Q = (x_Q, y_Q) \in E(\mathbb{F}_p)$ に対して,P, Q を通る直線が曲線と交わる点が存在し,それを x 軸で対称に折り返した点を $R = (x_R, y_R)$ とする.このとき,点 R が P, Q の加法 $P + Q$ となり,以下のように計算される.

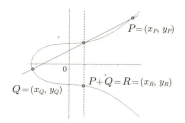

図 3.2 楕円曲線の加法演算

$$(3.14) \quad \begin{cases} x_R = s^2 - x_P - x_Q \\ y_R = y_P + s(x_R - x_P) \end{cases}$$

ここで，$P \neq \pm Q$ の場合は $s = \dfrac{y_P - y_Q}{x_P - x_Q}$，$P = Q$ の場合は $s = \dfrac{3x_P^2 - a}{2y_P}$ として計算する．ただし，$P = -Q$ の場合には $P + Q = \infty$ とする．$P + Q$ ($P \neq \pm Q$) を楕円加算 (ECADD)，$2P$ を楕円2倍算 (ECDBL) と呼ぶ．したがって，楕円曲線 $E(\mathbb{F}_p)$ における群としての加算は，有限体 $\mathbb{F}_p$ 上の四則演算を数回計算することにより実装可能である．$d \in \mathbb{N}$ に対して，d 個の点 $P \in E(\mathbb{F}_p)$ を ECADD で計算したものを $dP = \underbrace{P + \cdots + P}_{d\,個}$ と書き，これをスカラー倍算という．

楕円曲線 $E(\mathbb{F}_p)$ の位数 $\#E(\mathbb{F}_p)$ は，Hasse 定理から

$$|\#E(\mathbb{F}_p) - p - 1| \leqq 2\sqrt{p}$$

を満たすため，素数 p と同じ程度の大きさになる．また，楕円曲線 $E(\mathbb{F}_p)$ の位数 $\#E(\mathbb{F}_p)$ を高速に計算する方法として，Schoof アルゴリズム [150] などが知られている．暗号で利用する場合は，楕円曲線 $E(\mathbb{F}_p)$ の部分群として素数位数 $\ell \approx \#E(\mathbb{F}_p)$ となるものを利用する．

楕円曲線 $E(\mathbb{F}_p)$ の群構造を用いて，楕円曲線版の ECDH 鍵共有方式やディジタル署名 ECDSA が実現できる．ECDH や ECDSA を利用する場合は，素数 p，楕円曲線の係数 a, b，部分群の素数位数 ℓ，部分群の生成元 G が共通パラメータとして公開される．米国標準技術研究所 NIST が標準化した 256 ビ

表 3.2 楕円曲線の共通パラメータの例（NIST P-256）

$p = 115792089210356248762697446949407573530086143415290314195533631308867097853951$
$\ell = 115792089210356248762697446949407573529996955224135760342422259061068512044369$
$a = 115792089210356248762697446949407573530086143415290314195533631308867097853948$
$b = 41058363725152142129326129780047268409114441015993725553483525631403946740129$
$G = (48439561293906451759052585252797914202762949526041747995844080717082404635286,$
$\qquad 36134250956749795798585127915878819566111066729850150718771982535684144051$09$)$

ットの素数 p 上の楕円曲線 $E(\mathbb{F}_p)$ となる P-256 の例を表 3.2 に示す.

以下に，共通パラメータ $p, E(\mathbb{F}_p), \ell, G$ に対して，アリスとボブで鍵共有を行う ECDH の構成方法を示す.

- アリス：ランダムな $a \in \{1, 2, \ldots, \ell\}$ と生成元 G に対して，

$$A = aG \in E(\mathbb{F}_p)$$

を計算してボブに送信する.

- ボブ：ランダムな $b \in \{1, 2, \ldots, \ell\}$ と生成元 G に対して，

$$B = bG \in E(\mathbb{F}_p)$$

を計算してアリスに送信する.

- アリス：ボブから受信した B に対して，$aB = abG \in E(\mathbb{F}_p)$ を共有鍵とする.

- ボブ：アリスから受信した A に対して，$bA = abG \in E(\mathbb{F}_p)$ を共有鍵とする.

ECDH 鍵共有方式の安全性は，以下の問題による.

定義 3.13 楕円曲線 $E(\mathbb{F}_p)$ において，素数位数 ℓ の元を $G \in E(\mathbb{F}_p)$ とする．$a, b \in \{1, 2, \ldots, \ell\}$ に対して，$A = aG$, $B = bG \in E(\mathbb{F}_p)$ とする．与えられた G, A, B から $abG \in E(\mathbb{F}_p)$ を求める問題を，楕円曲線 $E(\mathbb{F}_p)$ 上の Diffie-Hellman 問題（Elliptic Curve Diffie-Hellman Problem: ECDHP）という. □

定義 3.14 楕円曲線 $E(\mathbb{F}_p)$ において，素数位数 ℓ の元を $G \in E(\mathbb{F}_p)$ とする．与えられた $A \in E(\mathbb{F}_p)$ から，$A = aG$ を満たす $a \in \{1, 2, \ldots, \ell\}$ を求める問題を，楕円曲線 $E(\mathbb{F}_p)$ 上の離散対数問題（ECDLP: Elliptic Curve Discrete Logarithm Problem）という. □

ECDLP を効率的に計算できるアルゴリズムがあれば，ECDHP を解くことができ ECDH 鍵共有方式は解読されることになる. 一方，ECDHP を解く

アルゴリズムを用いて ECDLP を計算可能かは，有限体上の離散対数問題と同様に暗号学上の重要な未解決問題である．

次に，共通パラメータ $p, E(\mathbb{F}_p), \ell, G$ に対して，ディジタル署名 ECDSA の構成方法を示す．

- 鍵生成：ランダムな $a \in \{1, 2, \ldots, \ell\}$ と生成元 G に対して，$H = aG \in E(\mathbb{F}_p)$ を計算する．公開鍵を H，秘密鍵を a とする．
- 署名生成：文書 $m \in \{0, 1, \ldots, \ell - 1\}$ に対して，$\gcd(k, \ell) = 1$ を満たす乱数 $k \in (\mathbb{Z}/\ell\mathbb{Z})^\times$ を生成して，$(x, y) = kG \in E(\mathbb{F}_p)$ に対して，$r = x$ とする．次に，

$$s = k^{-1}(m + ar) \bmod \ell$$

を計算し，(r, s) を文書 m の署名とする．
- 署名検証：文書 m と署名 (r, s) に対して，

$$(x', y') = (s^{-1}m \bmod \ell)G + (rs^{-1} \bmod \ell)\, H \in E(\mathbb{F}_p)$$

を計算して，$r = x'$ が成り立つとき，署名 (r, s) が正しいとする．

ここで，$(s^{-1}m \bmod \ell)G + (rs^{-1} \bmod \ell)\, H = (s^{-1}(m + ra) \bmod \ell)G = kG$ より，正しく生成された署名 (r, s) は正しく検証される．

3.3.1 楕円曲線暗号の安全性

楕円曲線上の離散対数問題（ECDLP）の困難性に関して考察する．

有限体 $\mathbb{F}_p$ 上の楕円曲線 $E(\mathbb{F}_p)$ において，$G \in E(\mathbb{F}_p)$ を素数位数 ℓ の元とする．$a \in \{1, 2, \ldots, \ell\}$ に対して $A = aG \in E(\mathbb{F}_p)$ とする．ECDLP は与えられた A, G に対して a を求める問題となる．3.2 節で述べた BSGS 法や Pollard ρ 法は巡回群の構造だけに依存するため，ECDLP に適用することが可能である．暗号で利用する場合の素数位数 ℓ は p と同じ程度の大きさとなり，BSGS 法や Pollard ρ 法の計算量は $\mathrm{O}(\sqrt{p})$ となる．

一方，有限体 $\mathbb{Z}/p\mathbb{Z}$ の離散対数問題に対する指数計算法（3.2.4 項）や数体篩法（3.2.5 項）では，$\mathbb{Z}/p\mathbb{Z}$ の元を整数値として B-smooth な因子基底で素因数分解する性質を利用していた．ところが，楕円曲線 $E(\mathbb{F}_p)$ の点に対しては

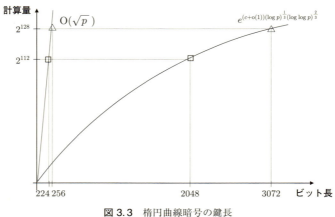

図 3.3 楕円曲線暗号の鍵長

B-smooth の概念がなく，指数計算法を ECDLP に直接適用することはできない[*1]．そのため，ECDLP に対する準指数時間を実現する高速なアルゴリズムは知られておらず，ECDLP を解く最も高速な計算量は指数時間 $O(\sqrt{p})$ となる．以上より，224 ビット（256 ビット）の素数 p を用いた楕円曲線 $E(\mathbb{F}_p)$ の ECDLP は，2048 ビット（3072 ビット）の有限体 $\mathbb{Z}/p\mathbb{Z}$ の DLP と同程度の困難性と見積もられている（図 3.3）．楕円曲線暗号は短い鍵長で高いセキュリティが達成できるため，高速な暗号演算が可能となる．

また，離散対数問題の計算量が低下する特別な曲線の種類が知られている．有限体 $\mathbb{F}_p$ 上の楕円曲線 $\#E(\mathbb{F}_p)$ に対して，Frobenius トレースを

$$t = p + 1 - \#E(\mathbb{F}_p)$$

と定義する．楕円曲線 $E(\mathbb{F}_p)$ の Frobenius トレースが $t=0$ の場合，つまり，位数 $\#E(\mathbb{F}_p) = p + 1$ を満たす場合，E は超特異楕円曲線と呼ばれる．有限体 $\mathbb{F}_p$ 上の超特異曲線における ECDLP を，有限体 $\mathbb{F}_{p^2}$ の DLP に帰着するこ

[*1] Semaev の summation 多項式[154]を利用した指数計算法により ECDLP を求める方法がいくつか提案されている[64]．これら 2010 年代後半に提案されたアイディアはその後に検証されてきたが，2023 年までに報告されている計算実験によると，暗号で利用されるサイズの ECDLP に対する有望な高速化の手法は知られていない．

とができる[112]. 例えば, $p = 3 \bmod 4$ を満たす有限体 $\mathbb{F}_p$ 上において $y^2 = x^3 + x$ で定義される楕円曲線 $E^0(\mathbb{F}_p)$ は超特異楕円曲線となる. $\ell \mid \#E^0(\mathbb{F}_p) = p + 1$ を満たす素数 ℓ に対して, $P, Q \in E^0(\mathbb{F}_p)$ を位数 ℓ の異なる元とする. 3.4.2 項で説明するように, 楕円曲線 $E^0(\mathbb{F}_p)$ において, 整数値 a と元 P, Q に対して

$$\hat{e}(aP, Q) = \hat{e}(P, aQ) = \hat{e}(P, Q)^a \in \mathbb{F}_{p^2}^{\times}/(\mathbb{F}_{p^2}^{\times})^{\ell}$$

を満たす, 双線形ペアリング写像 $\hat{e}$ を定義できる. 超特異楕円曲線 $E(\mathbb{F}_p)$ における DLP を $G, A = aG$ とすると, 双線形ペアリング写像により有限体の乗法群 $\mathbb{F}_{p^2}^{\times}$ の DLP となる $\hat{e}(G) = \hat{e}(A)^a$ に変換できる. 群 $\mathbb{F}_{p^2}^{\times}$ の位数は $p^2 - 1$ であり準指数時間の数体篩法が適用できるため, 超特異楕円曲線 $E(\mathbb{F}_p)$ における DLP の解法より高速に離散対数 a を求めることができる. 楕円曲線 E の位数を計算する際に, $\#E(\mathbb{F}_p) = p + 1$ となる超特異曲線は避けるべきである.

次に, 有限体 $\mathbb{F}_p$ 上の楕円曲線 $E(\mathbb{F}_p)$ の Frobenius トレースが $t = 1$ の場合, すなわち, 位数 $\#E(\mathbb{F}_p) = p$ を満たす場合, E は anomalous 曲線と呼ばれる. 独立した論文として, Semaev[152], Smart[163], Satoh-Araki[142]は, anomalous 曲線における ECDLP を p-進数体 $\mathbb{Q}_p$ にもち上げることにより, 加法群 $\mathbb{F}_p^+$ の DLP に帰着させるアルゴリズムを提案した. 著者らの名前を取って SSSA 攻撃と呼ばれる. SSSA 攻撃の帰着写像 λ により, anomalous 曲線 $E(\mathbb{F}_p)$ における ECDLP $(A = aG)$ は, 加法群 $\mathbb{F}_p^+$ の DLP となる $\lambda(G) = a\lambda(A) \bmod p$ に変換でき, 離散対数 $a = \lambda(G)\lambda(A)^{-1} \bmod p$ を求めることができる. 楕円曲線 E の位数を計算する際に, $\#E(\mathbb{F}_p) = p$ となる anomalous 曲線は避けるべきである.

3.3.2 効率的な計算座標

楕円曲線暗号の実装において最も計算量が多い演算はスカラー倍算となる. 以下では, スカラー倍算の高速化を目的として, アフィン座標とは異なる射影座標と Jacobian 座標を説明する[45].

$d \in \mathbb{N}$ と点 P に対するスカラー倍算 dP は, d を 2 進展開したバイナリ法に

124   3   離散対数問題ベース暗号

より n ビットの d に対して $n-1$ 回の楕円 2 倍算（ECDBL）と $(n-1)/2$ 回の
楕円加算（ECADD）により計算可能である．ECDBL/ECADD の計算は，有
限体 $\mathbb{F}_p = \mathbb{Z}/p\mathbb{Z}$ の四則演算を数回用いて計算できるが，2.2.4 項の表 2.4 の
ように加減算は $\mathrm{O}(\log p)$，乗算と逆元は $\mathrm{O}\left((\log p)^2\right)$ の計算量となる．ここ
で，$x \cdot y + x \cdot z$ の計算は乗算 2 回と加算 1 回が必要となるが，$x \cdot (y+z)$ に
変換すると乗算 1 回と加算 1 回のみで計算ができる．このような変形により，
乗算の回数を削減する実装方法は有効となる．また，有限体上の 2 乗算は乗
算と比較して高速に実装できることが知られており，乗算 M，2 乗算 S，逆
元 I の回数を用いて計算量が評価される．式 (3.14) を用いたアフィン座標で
は，ECADD が $2M + 1S + 1I$，ECDBL が $2M + 2S + 1I$ の計算量で実装
可能となる．

　次に，楕円曲線暗号で利用する数百ビットの素数 p に対しては，有限体上
の逆元は乗算より数十倍の時間がかかる．そのため，逆元の計算を用いない
射影座標による計算は効率的となる．楕円曲線を定義する式 (3.13) に対して，
$x = X/Z$, $y = Y/Z$ の変換により射影座標 $(X : Y : Z)$ で，楕円曲線

$$Y^2 Z = X^3 + aXZ^2 + bZ^3$$

を表示できる．この射影座標では，2 点 $(X : Y : Z)$, $(X' : Y' : Z')$ の同値関係
を，ある $c \in \mathbb{F}_p^\times$ に対して $X = cX'$, $Y = cY'$, $Z = cZ'$ により定義する．射影
座標において同値な 2 点はアフィン座標で同じ点を表し，射影座標の無限遠
点は $(0 : 1 : 0)$ となる．このとき，射影座標における加法公式は以下のように
なる．無限遠点とは異なる $P = (X_1 : Y_1 : Z_1)$, $Q = (X_2 : Y_2 : Z_2)$ $(P \neq \pm Q)$
に対して，楕円加算 $P + Q = (X_3 : Y_3 : Z_3)$ は，

$$
\begin{aligned}
&U_1 = Y_2 Z_1, \quad U_2 = Y_1 Z_2, \quad V_1 = X_2 Z_1, \quad V_2 = X_1 Z_2, \\
&U = U_1 - U_2, \quad V = V_1 - V_2, \quad W = Z_1 Z_2, \quad A = U^2 W - V^3 - 2V^2 V_2, \\
&X_3 = VA, \quad Y_3 = U(V^2 V_2 - A) - V^3 U_2, \quad Z_3 = V^3 W
\end{aligned}
$$

と計算できる．また，無限遠点とは異なる $P = (X : Y : Z)$ に対して，射影座
標における楕円 2 倍算 $2P = (X' : Y' : Z')$ は，

$$W = 3X^2 + aZ^2, \quad S = YZ, \quad B = XYS, \quad H = W^2 - 8B,$$
$$X' = 2HS, \quad Y' = W(4B - H) - 8Y^2S^2, \quad Z' = 8S^3$$

となる．上記の計算は逆元の計算が無く，ECADD は $12M + 2S$，ECDBL は $7M + 5S$ の計算量となる．

ここで，left-to-right バイナリ法（Algorithm 2）でスカラー倍算を計算する場合は，入力する点 P はアフィン座標（$Z_1 = 1$）であると仮定して良く，この場合の ECADD$^{Z_1=1}$ は $9M + 2S$ の計算量となる．さらには，$a = -3$ の場合，$3X^2 + aZ^2 = 3(X + Z)(X - Z)$ を満たすため，この場合の楕円 2 倍算 ECDBL$^{a=-3}$ は $7M + 3S$ の計算量となる．

スカラー倍算の最後に，射影座標の点 $(X : Y : Z)$ からアフィン座標 (x, y) を復元するには，$x = X/Z$，$y = Y/Z$ を計算するため，逆元計算が必要となり $2M + 1I$ の計算量で可能となる．

また，射影座標に重みを付けた Jacobian 座標は更なる効率化が可能となる．楕円曲線を定義する式(3.13)に対して，$x = X/Z^2$，$y = Y/Z^3$ の変換による Jacobian 座標 $(X : Y : Z)$ を用いて楕円曲線

$$Y^2 = X^3 + aXZ^4 + bZ^6$$

を表示する．2 点 $(X : Y : Z), (X' : Y' : Z')$ の同値関係を，ある $c \in \mathbb{F}_p^{\times}$ に対して $X = c^2 X'$，$Y = c^3 Y'$，$Z = cZ'$ により定義する．無限遠点は $c \in \mathbb{F}_p^{\times}$ に対して $(c^3 : c^2 : 0)$ となる．このとき，Jacobian 座標における加法公式は以下のようになる．

無限遠点とは異なる $P = (X_1 : Y_1 : Z_1)$，$Q = (X_2 : Y_2 : Z_2)$ $(P \neq \pm Q)$ に対して，楕円加算 $P + Q = (X_3 : Y_3 : Z_3)$ は，

$$U_1 = X_1 Z_2^2, \quad U_2 = X_2 Z_1^2, \quad S_1 = Y_1 Z_2^3, \quad S_2 = Y_2 Z_1^3,$$
$$H = U_2 - U_1, \quad R = S_2 - S_1,$$
$$X_3 = R^2 - H^3 - 2U_1 H^2, \quad Y_3 = R\left(U_1 H^2 - X_3\right) - S_1 H^3, \quad Z_3 = HZ_1 Z_2$$

となる．$P = (X : Y : Z)$ $(P \neq \infty)$ に対して楕円 2 倍算 $2P = (X' : Y' : Z')$ は，

表 3.3 ECADD と ECDBL の計算量

	ECADD		ECDBL	
	$Z \neq 1$	$Z = 1$	$a \neq -3$	$a = -3$
アフィン座標	$2M + 1S + 1I$		$2M + 2S + 1I$	
射影座標	$12M + 2S$	$9M + 2S$	$7M + 5S$	$7M + 3S$
Jacobian 座標	$12M + 4S$	$8M + 3S$	$4M + 6S$	$4M + 4S$

$$S = 4XY^2, \quad M = 3X^2 + aZ^4, \quad T = M^2 - 2S,$$
$$X' = T, \quad Y' = -8Y^4 + M(S - T), \quad Z' = 2YZ$$

と計算できる．Jacobian 座標の計算量は，ECADD は $12M + 4S$，ECDBL は $4M + 6S$，ECADD$^{Z_1=1}$ は $8M + 3S$，ECDBL$^{a=-3}$ は $4M + 4S$ となる．Jacobian 座標の点 $(X : Y : Z)$ からアフィン座標 $(x, y) = (X/Z^2, Y/Z^3)$ の復元には，逆元計算が必要となり $3M + 1S + 1I$ の計算量で可能となる．

　以上より，アフィン座標，射影座標，Jacobian 座標の計算量を表 3.3 にまとめた．ここで，表 3.2 で例示した NIST P-256 の楕円曲線 $E(\mathbb{F}_p)$ におけるスカラー倍算 dP の計算量を評価する．256 ビットの d に対する left-to-right バイナリ法（Algorithm 2）により，NIST P-256 は $a = -3$ から，255 回の ECDBL$^{a=-3}$ と 127.5 回の ECADD$^{Z_1=1}$ を用いて計算したとする．また，各座標どうしの計算量を比較するために，文献[83]のように，$S = 0.8M$，$I = 20M$ と仮定して，乗算 M の回数により評価する．この場合の計算量は，アフィン座標への復元計算を含めた場合，アフィン座標は $765M + 637.5S + 382.5I = 8925M$，射影座標は $2934.5M + 1020S + 1I = 3770.5M$，Jacobian 座標 $2043M + 1403.5S + 1I = 3185.8M$ となり，Jacobian 座標を用いたスカラー倍算が最も高速となる．

　楕円曲線の効率的な加法公式に関しては多くの論文が発表されており，Explicit-Formulas Database において高速な公式に関して詳しい説明がある（http://www.hyperelliptic.org/EFD/）．

3.3 楕円曲線暗号   127

Algorithm 15 left-to-right 符号付きバイナリ法

Input: $P \in E(\mathbb{F}_p)$, $d \in \mathbb{N}$
　　$(d_{n-1} = 1,\ d_i \in \{-1, 0, 1\},\ d = d_{n-1}2^{n-1} + \cdots + d_1 2^1 + d_0)$
Output: スカラー倍算 $dP \in E(\mathbb{F}_p)$
 1: $Q = P$
 2: **for** $i = n - 2$ to 0 **do**
 3:　　$Q = \mathrm{ECDBL}(Q)$
 4:　　**if** $d_i = 1$ **then** $Q = \mathrm{ECADD}(Q, P)$
 5:　　**if** $d_i = -1$ **then** $Q = \mathrm{ECADD}(Q, -P)$
 6: **end for**
 7: **return** Q

3.3.3　符号付きバイナリ法

　楕円曲線における加法演算の逆元は高速に計算可能であるため，スカラー倍算において符号付き 2 進展開によるバイナリ法は有効である．

　楕円曲線 $E(\mathbb{F}_p)$ の点 $P = (x, y)$ の逆元は $-P = (x, -y)$ より乗算を用いずに計算できる．スカラー $d \in \mathbb{N}$ を，

$$(3.15) \qquad d = \sum_{i=0}^{n-1} d_i 2^i, \quad d_i \in \{-1, 0, 1\}, \ d_{n-1} = 1$$

と符号付き 2 進展開する．このとき，スカラー倍算 dP は，以下の符号付きバイナリ法(Algorithm 15)により計算できる．

　符号付きバイナリ法の計算は，符号付き 2 進展開において非零桁($d_i \neq 0$)の個数が少ないほど高速となる．以下，d の符号付き 2 進展開において，非零桁の個数が最小となる非隣接形式(Non-Adjacent Form: NAF)を説明する[138]．

　式(3.15)の $d \in \mathbb{N}$ の符号付き 2 進展開において，連続する 2 つの桁の少なくとも片方が 0 になるものを，d の非隣接形式(NAF)と呼ぶ．最初に，d の NAF は一意的であることを示す．

補題 3.15　任意の $d \in \mathbb{N}$ に対して，d の NAF は一意的である．　　　□

　[証明]　最初に，$d = 1$ の場合は，$d_1 = 1$ 以外に NAF は存在しない．異なる NAF をもつ最小の自然数を d_{min} とする．以下，異なる NAF をもつ d_{min}

128   3 離散対数問題ベース暗号

Algorithm 16   非隣接形式の生成アルゴリズム

Input: $d \in \mathbb{N}$
Output: d の非隣接形式
 1: $i = 0$
 2: **while** $d > 0$ **do**
 3:     **if** $d = 1 \bmod 4$ **then** $d_{i+1} = 0$, $d_i = 1$, $d = (d-1)/4$, $i = i+2$
 4:     **if** $d = 3 \bmod 4$ **then** $d_{i+1} = 0$, $d_i = -1$, $d = (d+1)/4$, $i = i+2$
 5:     **if** $d = 0 \bmod 2$ **then** $d_i = 0$, $d = d/2$, $i = i+1$
 6: **end while**
 7: **return** $d = (d_{i-2}, \ldots, d_0)$

より小さい自然数が存在することを示して矛盾を導く.

d_{min} が奇数の場合,d_{min} の非隣接形式 $d_{min} = d_0 2^0 + d_1 2^1 + \ldots$ の下位桁は $d_0 = \pm 1$, $d_1 = 0$ を満たす.$\bar{d} = (d_{min} \mp 1)/4$ とすると,$\bar{d}$ は異なる NAF をもつが,$\bar{d} < d_{min}$ より矛盾する.d_{min} が偶数の場合,$\bar{d} = d_{min}/2$ とすると,$\bar{d}$ は異なる NAF をもつが,$\bar{d} < d_{min}$ より矛盾する. ∎

与えられた $d \in \mathbb{N}$ の 2 進展開に対して,

$$1 \cdot 2^i + 1 \cdot 2^{i-1} = 1 \cdot 2^{i+1} + 0 \cdot 2^i - 1 \cdot 2^{i-1} \quad (i = 1, 2, \ldots)$$

が成り立つため,d の下位桁からみて非隣接桁 $(1,1)$ が現れた場合は,$(1,0,-1)$ と変換することができる.3 桁目の 1 をキャリーとして,上位桁に加える操作をすれば,d の NAF となる(Algorithm 16).

Step 1 では桁の添え字を $i = 0$ で初期化する.Step 3 で,隣接桁が $(0,1)$,つまり $d = 1 \bmod 4$ の場合は,$(d_{i+1}, d_i) = (0,1)$ を決定して,$d = (d-1)/4$ によりキャリーなしで上位 2 桁$(i = i+2)$に進む.Step 4 で,隣接桁が $(1,1)$,つまり $d = 3 \bmod 4$ の場合は,$(d_{i+1}, d_i) = (0,-1)$ に変換して,$d = (d+1)/4$ により 1 のキャリーを加えて上位 2 桁$(i = i+2)$に進む.Step 5 で,桁が (0),つまり偶数 $d = 0 \bmod 2$ の場合は,$d = d/2$ で上位 1 桁$(i = i+1)$に進む.最後に,Step 7 で停止するのは $d = 1$ となり Step 3 を実行した後であり,キャリーがなく $(d_i, d_{i-1}, d_{i-2}) = (0,0,1)$ となるため,上位の 2 桁を削除して出力する.

この構成法から,n ビットの $d \in \mathbb{N}$ に対して,NAF は $n+1$ 桁または n 桁

となる。Algorithm 16 で生成される n ビットの $d \in \mathbb{N}$ の NAF を $d = (d_n, \ldots, d_0)$ または $d = (d_{n-1}, \ldots, d_0)$ と記述するとき，以下の定理が成り立つ。

定理 3.16 d を n ビットのランダムな自然数とする。Algorithm 16 で生成される d の非隣接形式 $d = (d_n, \ldots, d_0)$ または $d = (d_{n-1}, \ldots, d_0)$ において，非零桁の個数は，十分に大きな n に対して $n/3$ となる。また，$d \in \mathbb{N}$ の任意の符号付き 2 進展開において，d の NAF の非零桁の個数は最小となる。□

[証明] Algorithm 16 で生成される NAF において，Step 3 で隣接桁 $(0, 1)$，Step 4 で隣接桁 $(0, -1)$，Step 5 で桁 (0) が生成される。これらの桁列の遷移行列は以下のようになる。

$$
\begin{array}{c}
(0, 1) \\
(0, -1) \\
(0)
\end{array}
\begin{pmatrix}
1/2 & 1/4 & 1/4 \\
1/2 & 1/4 & 1/4 \\
1/2 & 1/4 & 1/4
\end{pmatrix}
$$

極限分布は $(1/2, 1/4, 1/4)$ となり，十分に大きな n に対して，非零桁の割合は $(1 \cdot (1/4) + 1 \cdot (1/4))/(1 \cdot (1/2) + 2 \cdot (1/4) + 2 \cdot (1/4)) = 1/3$ となる。

次に，d の任意の符号付き 2 進展開を

$$(3.16) \qquad d = \sum_{i=0}^{m-1} s_i 2^i, \quad s_i \in \{-1, 0, 1\}$$

とする。ここで，最上位桁は $s_{m-1} = 0$ となる場合も許す。d の任意の符号付き 2 進展開 $(s_{m-1}, \ldots, s_0)$ を選んだとしても，d の NAF となる $d = (d_n, \ldots, d_0)$ に対して，

$$\#\{s_i \neq 0 \mid i = 0, \ldots, m-1\} \geqq \#\{d_i \neq 0 \mid i = 0, \ldots, n\}$$

を満たすことを示せばよい。以下，式 (3.16) の符号付き 2 進展開 $(s_{m-1}, \ldots, s_0)$ を NAF に変換するアルゴリズムを構成して，$s_i = 0$ となる桁の変化する状態を調べる。下位桁からみて，隣接非零桁が現れた場合は，

$$(\pm 1, \pm 1) \rightarrow (\pm 1, 0, \mp 1), \quad (\pm 1, \mp 1) \rightarrow (0, \mp 1)$$

の変換を行う。最初の変換において 3 桁目に現れる ± 1 はキャリーとして上位桁に加える。この変換により得られる符号付き 2 進展開は，隣接桁が共に非

零となることが無いため NAF が得られる．キャリーのため 1 桁増加する場合があり，得られた NAF を $(d_m, \ldots, d_0)$ とする．次に，式 (3.16) の零桁 $s_i = 0$ となる場合は，d_i に下位ビットからのキャリーが足されていない場合には $d_i = 0$ となる．また，キャリーがある場合には上記変換から $d_{i-1} = 0$ かつ $s_{i-1} \neq 0$ であることがわかる．以上より，

$$\#\{s_i = 0 \mid i = 0, \ldots, m-1\} \leqq \#\{d_i = 0 \mid i = 0, \ldots, m\}$$

を得る．ここで，NAF が $d_m = 1$ と 1 桁長くなるのは，$s_{m-1} = 1$ かつ s_{m-1} が下位ビットからのキャリーの影響により $(d_m, d_{m-1}) = (1, 0)$ となる場合と，$(s_{m-1}, s_{m-2}) = (1, 1)$ かつ s_{m-2} にキャリーがあり $(d_m, d_{m-1}, d_{m-2}) = (1, 0, -1)$ となる場合のみとなる．いずれの場合も非零桁の数は増加していない．よって，$i = 0, \ldots, m-1$ の $s_i \neq 0$ となる個数は，$i = 0, \ldots, m-1$ の $d_i \neq 0$ となる個数以上となる． ∎

　この定理から，$d \in \mathbb{N}$ の NAF は非零桁の割合が $1/3$ となるため，通常の 2 進展開より高速なスカラー倍算 dP が可能となる．また，d の任意の符号付き 2 進展開において最小の非零桁をもつため，NAF は符号付き 2 進展開の高速化で最適な表現となる．

　NAF を一般の幅 $w > 2$ に拡張した wNAF がいくつか考察されている [125, 146]．wNAF においては，テーブル

$$\mathcal{T}_w := \left\{3P, \ 5P, \ldots, \left(2^{w-1} - 1\right) P\right\}$$

を利用したスカラー倍算を計算する．n ビットの $d \in \mathbb{N}$ に対する NAF の非零桁の割合は，十分大きな n に対して $n/(w+1)$ となることが示せる．wNAF を用いたスカラー倍算 dP の計算量は，十分大きな n に対して

$$n\mathrm{ECDBL} + \left(2^{w-2} - 1 + n/(w+1)\right) \mathrm{ECADD}$$

となる．計算量およびテーブル $\mathcal{T}_w$ の大きさは，幅 w に対して指数関数的に増加するため，幅 w が比較的に小さな場合に有効な方法である．

3.3.4 実装攻撃に対するランダム化

RSA 暗号に対する実装攻撃(2.6.5 項)は楕円曲線暗号に対しても適用でき，90 年代後半からサイドチャネル攻撃[49]やフォールト攻撃[27]などが発表されてきた．

基本的なサイドチャネル攻撃としては，楕円曲線 $E(\mathbb{F}_p)$ の点 P と秘密鍵 d に対するスカラー倍算 dP において，left-to-right 符号付きバイナリ法(Algorithm 15)で計算した場合に $d_i = 0$ となるビットを求めるものがある．秘密鍵をランダム化する方法には，乱数 r により $d' = d + r\#E$ とし，スカラー倍算 $d'P = dP$ を計算する方法がある．また，秘密鍵 d_i の情報による分岐をもたないスカラー倍算として，2 乗算と乗算を同時に計算する Montgomery ladder を用いた方法が知られている[83]．

楕円曲線暗号に特有のサイドチャネル攻撃としては，x 座標が 0 となる点を利用する方法がある[73]．楕円曲線 $E(\mathbb{F}_p)$ に $(0,y) \in E(\mathbb{F}_p)$ となる点が存在するとき，点 $(0,y)$ は射影座標において常に $(0:Y:Z)$ を満たすため，スカラー倍の途中でも X-座標のレジスタ値は零となる．有限体 $\mathbb{F}_p$ において零との乗算の消費電力は，他の乗算とは大きく異なるためサイドチャネル攻撃により識別することができる．そのため，攻撃者が選んだスカラー値 c に対して点 $P = (c^{-1} \bmod \#E)(0,y)$ を生成し，ディバイスに送ってスカラー倍算 dP を計算する際，点 $cP = (0,y)$ が途中で現れるかを識別できる．スカラー倍算 dP を left-to-right バイナリ法で計算する際に，攻撃者は上位ビットからの情報に対して適切に c を選ぶことにより秘密鍵 d のビット情報を得ることができる．このような零値レジスタの値を利用したサイドチャネル攻撃を回避するために，同種写像で移した曲線によるスカラー倍算が提案されている[6]．

次に，楕円曲線暗号に対するフォールト攻撃の 1 つを説明する[27]．楕円曲線暗号で用いる共通パラメータ p, ℓ, a, b, G がディバイスに保管されており，$E(\mathbb{F}_p)$ において秘密鍵 d を用いたスカラー倍算 dG を計算するとする．攻撃者は，点 $G = (x,y)$ にフォールトを発生させて $G' = (x',y')$ に対するスカラー倍の結果を得たとする．この際にフォールト (x',y') は (x,y) から 1 ビットだけ異なるとする(図 3.4)．

132

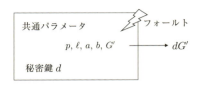

図 3.4 楕円曲線暗号に対するフォールト攻撃

ここで，スカラー倍算 dG' の計算で利用する ECDBL/ECADD は，楕円曲線 $E(\mathbb{F}_p)$ の定義方程式の係数 a だけに依存している．正しい a に対して，1 ビットのフォールトを含む点 $G' = (x', y')$ によるスカラー倍算 dG' を出力することになる．そこで，出力した点 $dG' = (x'_d, y'_d)$ は，定義方程式が $y_d'^2 = x_d'^3 + ax'_d + b'$ となる別の楕円曲線 $E'(\mathbb{F}_p)$ 上の点となる．Schoof アルゴリズムにより，a, b' を定義方程式の係数とする楕円曲線 $E'(\mathbb{F}_p)$ の位数 $\#E'$ を計算できる．次に，点 G から 1 ビットだけ異なる点 $G' = (x', y')$ に対して，曲線 $E'(\mathbb{F}_p)$ 上の離散対数問題 G', dG' を解く．位数 $\#E'$ が smooth となる場合は，Pollard ρ 法と中国剰余定理を組み合わせることにより秘密鍵 d（の一部）を求めることができる．

このフォールト攻撃を防ぐためには，スカラー倍算 $dG = (x_d, y_d)$ を計算した後に，$y_d^2 = x_d^3 + ax_d + b \bmod p$ より，a, b を定義方程式とする楕円曲線 $E(\mathbb{F}_p)$ 上に dG があることをチェックする方法がある．

3.4 ID ベース暗号

RSA 暗号や ElGamal 暗号の公開鍵は大きなランダムな整数値であり，名前などの ID を公開鍵に埋め込むことはできない．公開鍵を ID として選ぶことができる ID ベース暗号の基本的アイディアは，1984 年に Shamir により提案されたが，具体的な構成方法は未解決問題であった[156]．2000 年頃に楕円曲線を用いた双線形ペアリングにより構成が可能となった[141]．

ℓ を大きな素数とし，G_1 と G_2 を位数 ℓ の加法群（零元 0）とし，G_T を位数 ℓ の乗法群（単位元 1）とする．写像 $e : G_1 \times G_2 \to G_T$ が，任意の元 $P, P' \in G_1$ と任意の元 $Q, Q' \in G_2$ に対して，

$$e(P + P', Q) = e(P, Q)e(P', Q) \text{ および } e(P, Q + Q') = e(P, Q)e(P, Q')$$

を満たす場合に，e は双線形ペアリング写像といわれる．任意の元 $P \in G_1 \setminus \{0\}$ に対して $e(P, Q) \neq 1$ となる $Q \in G_2$ が存在し，任意の元 $Q \in G_2 \setminus \{0\}$ に対して $e(P, Q) \neq 1$ となる $P \in G_1$ が存在する場合に，e は非退化であるという．$G_1 = G_2$ の場合，$P, Q \in G_1$ に対して $e(P, Q) = e(Q, P)$ が成り立つとき，e は対称な双線形ペアリングといわれる．

以下に，ID をもつユーザに対して平文 m を暗号化して送信する ID ベース暗号の最も基本的な構成方法を述べる．

- 共通パラメータ生成：非退化で対称な双線形ペアリング写像 e をもつ素数位数 ℓ の群を G_1, G_T とする．マスター秘密鍵 $s \in \{1, 2, \ldots, \ell - 1\}$ を生成して，$P \in G_1 \setminus \{0\}$ に対して $Q = sP$ とする．共通パラメータとして G_1, G_T, ℓ, P, Q をユーザ全体で共有する．ユーザ ID を群 G_1 に埋め込む単射写像も公開する．
- 公開鍵および秘密鍵：ユーザの ID に対応する点 $Q_{ID} \in G_1$ を公開単射写像により計算して，マスター秘密鍵 s によりユーザの秘密鍵 $S_{ID} = sQ_{ID}$ を計算する．秘密鍵 S_{ID} は ID に対応するユーザのみが安全に所有する．
- 暗号化：平文 m を G_T の元とする．送信先の ID に対応するユーザの公開鍵 Q_{ID} を公開単射写像により計算する．乱数 $r \in \{1, 2, \ldots, \ell - 1\}$ を生成して，共通パラメータ P, Q および公開鍵 Q_{ID} に対して，$C_1 = rP$ および $c_2 = me(Q_{ID}, Q)^r$ を計算する．$(C_1, c_2) \in G_1 \times G_T$ を暗号文とする．
- 復号：受理した暗号文 (C_1, c_2) に対して，ID に対応するユーザの秘密鍵 $S_{ID} \in G_1$ を用いて，$m = c_2 e(S_{ID}, C_1)^{-1}$ により復号し，平文 m を得る．

ここで，ペアリング写像 e の双線形性から，

$$c_2 e(S_{ID}, C_1)^{-1} = me(Q_{ID}, P)^{rs} e(Q_{ID}, P)^{-rs} = m$$

が成り立つため，平文 m は一意的に復号可能である．

ID ベース暗号では各ユーザの ID の点 Q_{ID} に対して秘密鍵 S_{ID} を生成するため，公開鍵 Q_{ID} を自由なビット列として選ぶことが可能となる．一方，従来の公開鍵暗号の場合，RSA 暗号では 2 個のランダムな素数の積を，楕円曲

線暗号では曲線上のランダムな点を公開鍵として利用するため，安全性を低下させることなく ID を埋め込むことは困難であった．

3.4.1 ID ベース暗号の安全性と数学問題

$P, Q \in G_1$ から $Q = sP$ を満たす最小非負の整数 s を求める問題は，加法群 G_1 の離散対数問題といわれ，同様に乗法群 G_T に対しても離散対数問題が定義できる．ID ベース暗号の安全性は，加法群 G_1 および乗法群 G_T の離散対数問題の困難性を基にしている．実際，共通パラメータ P, Q に対して $Q = sP$ を満たすマスター鍵 s を求める問題は，G_1 の離散対数問題そのものである．また，$e(P, Q) = e(P, sP) = e(P, P)^s$ となるため，乗法群 G_T 上の $e(P, Q)$，$e(P, P)$ に対する離散対数問題が解読されてもマスター鍵 s を求めることができる．

次に，暗号文 $(C_1, c_2) \in G_1 \times G_T$ から平文 $m \in G_T$ が計算できたとすると，$Q_{ID} = tP$ を満たす $t \in \{1, 2, \ldots, \ell - 1\}$ に対して

$$c_2/m = e(Q_{ID}, Q)^r = e(P, P)^{rst} \in G_T$$

を求めることができる．$P, rP, sP, tP \in G_1$ から $e(P, P)^{rst} \in G_T$ を計算する問題を，双線形 Diffie-Hellman（Bilinear Diffie-Hellman: BDH）問題と呼ぶ．この BDH 問題が計算できたとすると，ID ベース暗号の公開情報 P，$rP = C_1$，$sP = Q$，$tP = Q_{ID}$ だけから平文 $m = c_2 e(P, P)^{-rst} = c_2 e(Q_{ID}, Q)^{-r}$ を解読することができる．つまり，ID ベース暗号の一方向性は BDH 問題の困難性と計算量的に同値である．

ここで，G_1 または G_T における離散対数問題を計算するアルゴリズムが存在する場合，そのアルゴリズムを利用して $P, rP, sP, tP \in G_1$ から r, s, t を計算することができ，また $e(P, P)^{rst} \in G_T$ も計算できるため，BDH 問題を簡単に解くことができる．しかし，この逆となる，BDH 問題を解くアルゴリズムを利用して離散対数問題を多項式時間で求めることができるかどうかは，ID ベース暗号における重要な未解決な問題となっている．

さらに，ID ベース暗号の安全性を考える上で，もう 1 つの重要な問題は，双線形ペアリング写像 e の一方向性である．ペアリング逆問題とは，$z \in G_T$

と $P \in G_1$ から，$e(Q, P) = z$ を満たす $Q \in G_1$ を求める問題である．ID ベース暗号では $e(S_{ID}, P) = e(Q, Q_{ID})$ を満たすため，ペアリング逆問題が計算できたとすると，公開情報 P, Q, Q_{ID} だけからユーザの秘密鍵 S_{ID} を求めることができる．ペアリング逆問題を解くアルゴリズムにより，G_1, G_T の DH 問題が解けることが知られている[172]．ここで，G_1 の DH 問題とは，$rP, sP \in G_1$ に対して $rsP \in G_1$ を求める問題であり，G_T に対しても同様に定義できる．なお，DH 問題から離散対数問題へ多項式時間の帰着アルゴリズムが存在するかも未解決の問題となっている．

最後に，上では ID ベース暗号の安全性を支える数論的な問題に関して述べたが，任意の ID（ターゲット ID 以外）に対して秘密鍵 S_{ID} を返答するオラクルを利用した攻撃も考えられる．このような攻撃に対する安全性モデルの定義や安全となる構成方法は，2009 年 3 月に出版された CRYPTREC「ID ベース暗号に関する調査報告書」に詳しい解説がある（`https://www.cryptrec.go.jp/tech_reports.html`）．

3.4.2 双線形ペアリング写像の計算法

標数 $p > 3$ の有限体上の超特異楕円曲線を利用した Tate ペアリングについて説明する．一般の楕円曲線を用いた双線形ペアリング写像の構成は文献[61]などに詳しい説明がある．

$b = 0, 1$ に対して，有限体 $\mathbb{F}_p$ 上の定義方程式 $y^2 = x^3 + (1-b)x + b$ により定義される楕円曲線を E^b とする．$b = 0$ に対しては $p = 3 \bmod 4$ のとき，$b = 1$ に対しては $p = 2 \bmod 3$ のとき，超特異楕円曲線となる．以下，E^b は超特異であると仮定する．$\mathbb{F}_p$ の拡大体 K に対して，楕円曲線 E^b の K-有理点を

$$E^b(K) = \{(x, y) \in K^2 \mid y^2 = x^3 + (1-b)x + b\} \cup \{\infty\}$$

とする．$\mathbb{F}_p$-有理点 $E^b(\mathbb{F}_p)$ の位数は $\#E^b(\mathbb{F}_p) = p + 1$ を満たす．ℓ を標数 p と異なる素数で，$\ell \mid \#E^b(\mathbb{F}_p)$ を満たすとする．$\ell \mid (p^2 - 1)$ より，拡大体 $\mathbb{F}_{p^2}$ は 1 の原始 ℓ 乗根を含む．$\mathbb{F}_p$-有理点 $E^b(\mathbb{F}_p)$ の位数 ℓ の部分群を $E^b(\mathbb{F}_p)[\ell]$ とする．ここで，Tate ペアリングは，

$$e : E^b(\mathbb{F}_p)[\ell] \times E^b(\mathbb{F}_{p^2})/\ell E^b(\mathbb{F}_{p^2}) \to \mathbb{F}_{p^2}^\times/(\mathbb{F}_{p^2}^\times)^\ell$$

により定義される非退化な双線形写像 e である．点 $P \in E^b(\mathbb{F}_p)$ に対して，関数 $f_P^{(\ell)}(x, y)$ を，その因子 $\left(f_P^{(\ell)} \right)$ が $\ell(P) - \ell(\infty)$ に一致するものとする．ここで，点 $R = (x, y) \in E^b(\mathbb{F}_{p^2})/\ell E^b(\mathbb{F}_{p^2})$ に対して，$e(P, R) = f_P^{(\ell)}(R)^{(p^2-1)/\ell}$ により Tate ペアリングは計算される．

次に，$p = 3 \bmod 4$ のとき，$i^2 = -1$ を満たす $i \in \mathbb{F}_{p^2}$ に対して，拡大体 $\mathbb{F}_{p^2}$ の $\mathbb{F}_p$ 基底を $\{1, i\}$ とする．この基底を用いて，点 $Q = (x, y) \in E^0(\mathbb{F}_p)$ に対して，distortion 写像を $\psi(x, y) = (-x, iy) \in E^0(\mathbb{F}_{p^2})$ により定義する．また，曲線 $E^1(\mathbb{F}_{p^2})$ に対しては，$p = 2 \bmod 3$ のとき $\omega^2 + \omega + 1 = 0$ を満たす $\omega \in \mathbb{F}_{p^2}$ に対して，拡大体 $\mathbb{F}_{p^2}$ の $\mathbb{F}_p$ 基底を $\{1, \omega\}$ とする．点 $Q = (x, y) \in E^1(\mathbb{F}_p)$ に対しては，distortion 写像を $\psi(x, y) = (\omega x, y) \in E^1(\mathbb{F}_{p^2})$ により定義する．

このときに，剰余群 $E^b(\mathbb{F}_{p^2})/\ell E^b(\mathbb{F}_{p^2})$ の点 R に対して $R = \psi(Q)$ となる点 $Q \in E^b(\mathbb{F}_p)[\ell]$ が存在するため，Tate ペアリング $e(P, \psi(Q))$ は点 $P, Q \in E^b(\mathbb{F}_p)[\ell]$ に対して定義できる．$e(P, \psi(Q)) = \hat{e}(P, Q)$ と書くと，楕円曲線 $E^0(\mathbb{F}_p)$ 上の Tate ペアリング $\hat{e}$ は，整数値 a に対して双線形性 $\hat{e}(aP, Q) = \hat{e}(P, aQ) = \hat{e}(P, Q)^a$ を満たし，非退化で対称な双線形ペアリング写像となる．

以降では超特異楕円曲線 $E^b(\mathbb{F}_p)$ 上の双線形ペアリング写像 $\hat{e}$ を利用した ID ベース暗号の安全性に関して考察する．3.4.1 項でみたように，双線形ペアリング写像を暗号で安全に利用するには，離散対数問題や関係する他の問題が計算困難となるセキュリティパラメータを選択する必要がある．

以下，$G_1 = E^b(\mathbb{F}_p)[\ell]$ および $G_T = \mathbb{F}_{p^2}^\times/(\mathbb{F}_{p^2}^\times)^\ell$ とする．考察対象となる ID ベース暗号は，楕円曲線 $E^b(\mathbb{F}_p)$ および有限体 $\mathbb{F}_{p^2}$ 上の離散対数問題の困難性を基にしている．楕円曲線 $E^b(\mathbb{F}_p)$ 上の離散対数問題を解く最も高速なアルゴリズムは，誕生日パラドックスを利用した Pollard ρ 法である [133]．その計算量は G_1 の位数 ℓ のビット長に対して漸近的に指数時間 $\mathrm{O}(\sqrt{\ell})$ である．現在の計算機では，2^{112} 以上の空間の総当たり攻撃は現実的な時間で計算困難であるため，ℓ は 224 ビット以上とする必要がある．次に，有限体 $\mathbb{F}_{p^2}$ 上の離散対数問題を解読する最も高速なアルゴリズムは数体篩法であり，準指数時

3.4 ID ベース暗号　137

Algorithm 17　超特異楕円曲線 $E^b(\mathbb{F}_p)$ 上の Tate ペアリングの計算

Input: $P = (x_p, y_p), \ Q = (x_q, y_q) \in E^b(\mathbb{F}_p)[\ell], \ \ell = \sum_{j=0}^{t-1} \ell_j 2^j, \ \ell_{t-1} = 1$

Output: $\hat{e}(P, Q) \in \mathbb{F}_{p^2}^{\times}/(\mathbb{F}_{p^2}^{\times})^{\ell}$

1: $f = 1$ and $V = P$
2: **for** $j = t-2$ to 0 **do**
3: 　　Set the lines l, h for V and V
4: 　　$f = f^2 \, g_l(\psi(Q))/g_h(\psi(Q)) \in \mathbb{F}_{p^2}$
5: 　　$V = V + V \in E^b(\mathbb{F}_p)$
6: 　　**if** $\ell_j = 1$ **then**
7: 　　　　Set the lines l, h for V and P
8: 　　　　$f = f \, g_l(\psi(Q))/g_h(\psi(Q)) \in \mathbb{F}_{p^2}$
9: 　　　　$V = V + P \in E^b(\mathbb{F}_p)$
10: 　　**end if**
11: **end for**
12: **return** $f^{(p^2-1)/\ell}$

間 $\mathrm{O}\left(\exp\left(\left((64/9)^{1/3} + o(1)\right)\left(\log p^2\right)^{1/3}\left(\log\log p^2\right)^{2/3}\right)\right)$ で計算可能である [144]．この漸近的計算量は，素因数分解アルゴリズムで用いられる数体篩法と同じであり，RSA 暗号と同等の安全性となる．現在のところ，2048 ビット以上の位数の有限体 $\mathbb{F}_{p^2}$ が推奨されている．

Tate ペアリングを効率的に計算する方法である Miller アルゴリズム[119] を説明する．楕円曲線 $E^b(\mathbb{F}_p)$ 上の点 P_1, P_2 を通る直線を l として，直線 l と楕円曲線の交点 P_3 と無限遠点を通る直線を h とする．g_l, g_h は，それぞれ l, h に対応する $\mathbb{F}_p$ 上の 1 次式とする．関数 $f_P^{(\ell)}$ は，点 $P_1, P_2 \in E^b(\mathbb{F}_p)$ に対して

$$(3.17) \qquad f_{P_1+P_2}^{(\ell)} = f_{P_1}^{(\ell)} \, f_{P_2}^{(\ell)} \, \frac{g_l}{g_h}$$

を満たす[29, Chapter IX]．関係式 (3.17) により，位数 ℓ を 2 進展開することで，$\mathrm{O}(\log p)$ 回の関数の計算によりペアリング $\hat{e}(P, Q)$ を計算することができる．Algorithm 17 に具体的な計算方法を記述する．

Algorithm 17 の Step 2 の **for** ループの各ステップは，有限体 $\mathbb{F}_p$ の演算（加算，乗算，逆元）を定数回行うことにより実装でき，$\mathrm{O}\left((\log p)^2\right)$ 回のビット演算で計算できる．また，最終冪 $f^{(p^2-1)/\ell}$ も $(p^2-1)/\ell$ の 2 進展開により，$\mathbb{F}_{p^2}$ の $\mathrm{O}(\log p)$ 回の乗算により計算できるため，Miller アルゴリズムは p の

ビット長に対する多項式時間 $\mathrm{O}\left((\log p)^3\right)$ で計算可能である.

超特異楕円曲線 $E^0(\mathbb{F}_p)$ 上のペアリングを計算するライブラリとして,Pairing-Based Cryptography Library がある(`https://crypto.stanford.edu/pbc/`).超特異楕円曲線ではない通常曲線の場合に,ペアリング暗号に適した楕円曲線の構成方法も知られている[61].

3.4.3 高機能暗号

双線形ペアリングを利用すると ID ベース暗号だけでなく,更なる高機能を実現する暗号化方式やディジタル署名が構成可能となる.暗号化方式では,検索可能暗号,属性ベース暗号,放送型暗号などが知られており,ディジタル署名では,ブラインド署名,グループ署名,リング署名なども知られている.2023 年 3 月に出版された「CRYPTREC 暗号技術ガイドライン(高機能暗号)」に,高機能暗号に関する詳しい技術動向が紹介されている(`https://www.cryptrec.go.jp/tech_guidelines.html`).

4 | 耐量子計算機暗号

RSA暗号および楕円曲線暗号の安全性は素因数分解問題や離散対数問題の困難性に支えられているが，これらの問題に対しては Shor による量子多項式時間のアルゴリズムが知られている．本章では，量子計算機に耐性のある数学問題の困難性に基づく耐量子計算機暗号（Post-Quantum Cryptography: PQC）に関して解説をする．

4.1 耐量子性を有する数学問題

本書で解説してきた RSA 暗号は，素因数分解問題の困難性を安全性の根拠としている．2.4.5 項で説明したように，現在最も漸近的に高速なアルゴリズムは数体篩法となり，合成数 n の桁長に対して準指数時間の計算量

$$\mathrm{O}\left(e^{((64/9)^{1/3}+\mathrm{o}(1))(\log n)^{1/3}(\log\log n)^{2/3}}\right)$$

が必要となる．例えば，2024 年現在において利用される 2048 ビットの合成数を数体篩法で素因数分解するためには，10^{27} FLOPS（1 秒間に計算可能な浮動小数点演算回数）のスーパーコンピュータを 1 年間占有する計算資源が必要と見積もられている．最も高速なスーパーコンピュータの LINPACK ベンチマーク性能は 10^{18} FLOPS であり，ムーアの法則を仮定しても 2048 ビットの素因数分解が可能となるのは数十年以上先と考えられる．

ところが，1994 年に Shor は，量子コンピュータを用いることにより，合成数 n を $\mathrm{O}\left((\log n)^3\right)$ の多項式時間で素因数分解できるアルゴリズムを発表した[159]．つまり，量子コンピュータを用いると，合成数 n の桁長を大きく

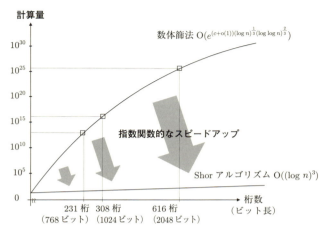

図 4.1 Shor アルゴリズムによる素因数分解の高速化

したとしても，素因数分解問題の困難性は大きく増加しないことになる．このような状態は暗号の危殆化といわれて，RSA 暗号は量子コンピュータにより理論的には解読された状態とみなされている(図 4.1)．Shor の論文では，(EC) DH 鍵共有方式の安全性を支える離散対数問題に対しても，量子コンピュータを用いて高速に解読可能となるアルゴリズムを発表している．つまり，大規模な量子コンピュータが実現すると，現在普及している RSA 暗号および楕円曲線暗号が危殆化する状況に陥る．

Shor アルゴリズムは，RSA 暗号の公開鍵を $n = pq$ とするとき，乗法群 $\mathbb{Z}_n^\times$ の元 a に対して，$a^k \bmod n = 1$ を満たす隠れた位数 k を求めることができる．定理 2.24 (2.2.1 項)に示したように，この位数 k の情報から公開鍵 n を素因数分解することが可能となる．$a \in \mathbb{Z}_n^\times$ の位数 k を求めるために，a の冪乗を量子状態で表現して，逆量子フーリエ変換により隠れた位数に対応する情報の観測が行われる．また，離散対数問題 $g^a = A$ に対しては，関数 $f(x, y) = g^x A^{-y}$ が満たす 2 重周期 (r, s) (s.t. $f(x+r, y+s) = f(x, y)$) を高速に求める量子アルゴリズムが提案された．このような 2 重周期 (r, s) が求まると，$g^r = A^s$ を満たすため，離散対数問題は $a = rs^{-1}$ として解読可能となる．

このような状況から，新たな数学問題を利用した公開鍵暗号の構成に関す

表 4.1　主な耐量子計算機暗号と数学問題

暗号方式	数学問題
格子暗号	最短ベクトル問題
多変数多項式暗号	多変数多項式求解問題
同種写像暗号	楕円曲線の同種写像問題
符号暗号	誤り訂正符号に関する問題
ハッシュ関数署名	ハッシュ関数の衝突困難性

る研究が活発に行われている[167, 168]．これらの素因数分解とは異なる数学問題を利用した暗号方式の研究は，素因数分解問題の困難性を安全性の根拠とする RSA 暗号が発表された 1970 年代後半から既に開始されていた（表4.1）．実際，誤り訂正符号の性質を利用した McEliece 暗号は 1978 年に提案されている[111]．1979 年には，ハッシュ関数の一方向性や衝突困難性を安全性の根拠とする Merkle 署名が発表された[113]．また，1980 年代前半から，有限体上の多変数多項式の求解（Multivariate Quadratic: MQ）問題の困難性を基にした多変数多項式暗号が研究されるようになる[110]．さらには，1990年代後半から，NTRU 暗号など格子理論を利用した暗号が提案され，その安全性は与えられた格子の基底に対して長さが非零の最短ベクトルを求める問題（Shortest Vector Problem: SVP）に基づいている[4]．また，2006 年には，超特異楕円曲線の同種写像の列で構成される Ramanujan グラフの計算困難性を基にした暗号も提案された[39]．

　これらの流れを受けて，2006 年から耐量子計算機暗号を専門とする国際会議 Post-Quantum Cryptography (PQCrypto)がスタートした．2015 年 4 月には，耐量子計算機暗号の標準化に向けた NIST Workshop on Cybersecurity in a Post-Quantum World が行なわれた．2015 年以降は，耐量子計算機暗号に特化したワークショップや国際会議が数多く開催されるようになる．特に，2016 年 2 月には，著者がプログラム委員長を務め，九州大学西新プラザにおいて第 7 回目の PQCrypto 2016 を主催した[166]．PQCrypto 2016 では，米国標準技術研究所 NIST から耐量子計算機暗号の標準化の具体的な計画が示されて，参加者が 240 名を超えるなど，会場は熱気に包まれた状態であった．

4.2 NIST PQC 標準化プロジェクト

2015 年 8 月にアメリカ国家安全保障局 NSA は耐量子計算機暗号への移行を表明し，2016 年 2 月には米国標準技術研究所 NIST が耐量子計算機暗号の標準化計画を発表した．

NIST による耐量子計算機暗号に関する報告書 NISTIR 8105 では，代表的な耐量子計算機暗号の候補として，格子暗号（Lattice-based Cryptography），符号暗号（Code-based Cryptography），多変数多項式暗号（Multivariate Polynomial Cryptography），ハッシュ関数署名（Hash-based Signature），同種写像暗号（Isogeny-based Cryptography）を挙げている [42]．

NIST の耐量子計算機暗号の標準化では，公開鍵暗号プリミティブを対象として，暗号方式（Public-Key Encryption），鍵共有方式（Key Exchange），ディジタル署名（Digital Signature）の公募を行なった．応募者は，安全性自己評価と性能評価データの提出を求められる．安全性モデルとしては，暗号方式では選択暗号文攻撃に対する識別不可能性（IND-CCA），ディジタル署名では選択文書攻撃に対して存在的偽造不可能性（EUF-CMA）を満たすことが求められる．

Grover 型の量子アルゴリズム [74] は，N 個の要素をもつ空間に対して，検索問題を $\mathrm{O}\left(N^{1/2}\right)$ の計算量で解くこと（共通鍵暗号の総当たり攻撃）ができ，ハッシュ関数の衝突攻撃は $\mathrm{O}\left(N^{1/3}\right)$ のオーダーで計算可能となる [176]．このことより，NIST は耐量子計算機暗号の安全性強度カテゴリとして，表 4.2 のように 5 段階を設定している．その他の安全性条件として，完全前方秘匿性（perfect forward secrecy）やサイドチャネル攻撃に対する耐性などをオプションとしている．

NIST による PQC 標準化プロジェクトの公募は 2017 年 11 月に締め切られ，公募条件を満たした方式は 69 件となった．そのうち，格子暗号 25 件，符号暗号 18 件，多変数多項式暗号 10 件，ハッシュ関数署名 2 件，同種写像暗号 1 件であった．提案暗号を機能別に分類すると，鍵共有方式を含む暗号化方式は 49 件，ディジタル署名方式は 20 件となった．2019 年 1 月に PQC 標準化プロジェクトの第 2 ラウンドへ進む 26 方式が発表され，2020 年 7 月

表 4.2 NIST の耐量子計算機暗号の安全性強度カテゴリ

カテゴリ	安全性強度	（攻撃法）
1	長さ 128 ビット以上の共通鍵暗号	（総当たり攻撃）
2	長さ 256 ビット以上のハッシュ関数	（衝突攻撃）
3	長さ 192 ビット以上の共通鍵暗号	（総当たり攻撃）
4	長さ 384 ビット以上のハッシュ関数	（衝突攻撃）
5	長さ 256 ビット以上の共通鍵暗号	（総当たり攻撃）

には第 3 ラウンドの方式が選出された．そして，2022 年 7 月に最初の標準化方式が発表され，暗号化・鍵共有方式は格子暗号の CRYSTALS-Kyber，ディジタル署名は格子暗号の CRYSTALS-Dilithium と FALCON，そしてハッシュ関数署名の SPHINCS+が選定された．同時に，第 4 ラウンドの方式も発表され，符号暗号の 3 方式 BIKE，HQC，Classic McEliece，同種写像暗号の SIKE が選出されている．さらには，ディジタル署名は，2023 年 6 月締切で再公募されることになった．ただし，構造化された格子に基づく方式は既に CRYSTALS-Dilithium や FALCON が選定されているため，それ以外の計算問題に基づく方式で，署名長が短く署名検証が高速な方式（例として多変数多項式署名 UOV：4.4 節参照）を募集している．2023 年 7 月に公募条件を満たした方式が公開され，40 件のディジタル署名の応募があった．

最後に，現在利用されている暗号システムの移行措置として，2030 年までは SP 800-57 Part I で規定されている古典的安全性で 128，192，256 ビットの安全性強度も利用可能としている．

NIST による耐量子計算機暗号の標準化に関する最新情報は，NIST Post-Quantum Cryptography Project のホームページで入手可能である（`https://nist.gov/pqcrypto`）．

4.3 格子暗号

格子暗号の詳しい内容に関しては 5 章で説明を行うとして，本節では 1998 年に発表された効率的な格子暗号である NTRU を紹介する[79]．

144   4 耐量子計算機暗号

NTRU 暗号は, $n \in \mathbb{N}$ に対して多項式環 $R = \mathbb{Z}[x]/(x^n - 1)$ 上で構成される. ここで, R の元は整数係数の $n - 1$ 次の多項式

$$\mathbf{a} = a_0 + a_1 x + \cdots + a_{n-1} x^{n-1}, \quad a_0, a_1, \ldots, a_{n-1} \in \mathbb{Z}$$

として表現される. 以下では, 多項式 $\mathbf{a} \in R$ をベクトル $(a_0, a_1, \ldots, a_{n-1}) \in \mathbb{Z}^n$ と同一視する. $\mathbf{a}, \mathbf{b} \in R$ に対して, 和 $\mathbf{a} + \mathbf{b}$ は多項式の通常の加算として, 積 $\mathbf{a}\mathbf{b}$ は多項式 $\mathbf{a}$ と $\mathbf{b}$ の通常の乗算を多項式 $x^n - 1$ で割った余りとして定義される. 具体的には, $\mathbf{a} = \sum_{i=0}^{n-1} a_i x^i$, $\mathbf{b} = \sum_{i=0}^{n-1} b_i x^i \in R$ に対して, 積 $\mathbf{a}\mathbf{b} \in R$ は

$$(4.1) \qquad \mathbf{a}\,\mathbf{b} = \sum_{i=0}^{n-1} c_i x^i, \quad c_i = \sum_{i = j + k \bmod n} a_j b_k$$

と計算できる. また, $d_1, d_2 \in \mathbb{N}$ $(d_1 + d_2 \leqq n)$ に対して, 3 進展開を係数にもつ多項式の集合 $\mathcal{T}(d_1, d_2)$ を, 多項式 $\mathbf{a} \in R$ において, d_1 個の係数が 1, d_2 個の係数が -1, 残りの $n - d_1 - d_2$ 個の係数が 0 となる多項式の全体と定義する.

次に, 異なる奇素数 p, q に対して, 2 つの剰余環を

$$R_p = (\mathbb{Z}/p\mathbb{Z})[x]/(x^n - 1), \quad R_q = (\mathbb{Z}/q\mathbb{Z})[x]/(x^n - 1)$$

と定義する. 以下, $\mathbb{Z}/p\mathbb{Z}$ と $\mathbb{Z}/q\mathbb{Z}$ の代表系を

$$\mathbb{Z}/p\mathbb{Z} = \left\{ -\left\lfloor \frac{p}{2} \right\rfloor, \ldots, \left\lfloor \frac{p}{2} \right\rfloor \right\}, \quad \mathbb{Z}/q\mathbb{Z} = \left\{ -\left\lfloor \frac{q}{2} \right\rfloor, \ldots, \left\lfloor \frac{q}{2} \right\rfloor \right\}$$

とする. 多項式 $\mathbf{a} \in R$ の係数に対して p (または q) を法とする剰余を計算する演算を $\mathbf{a} \bmod p$ (または $\mathbf{a} \bmod q$) と書く. 剰余環 R_p において, $\mathbf{a} \in R_p$ に対して $1 = \mathbf{a}\mathbf{b} \bmod p$ を満たす $\mathbf{b} \in R_p$ が存在するとき $\mathbf{b} := \mathbf{a}^{-1} \bmod p$ と書き, $\mathbf{b}$ を $\mathbf{a} \in R_p$ の逆元と呼ぶ. 同様に, 剰余環 R_q に対しても逆元を定義する.

以下, $\gcd(n, q) = 1$, $q > (6d + 1)p$ を満たす $d \in \mathbb{N}$ に対して, (n, p, q, d) をパラメータとする NTRU 暗号の構成方法を説明する.

• 鍵生成:R_q, R_p において可逆な 3 進展開係数の多項式 $\mathbf{f} \in \mathcal{T}(d + 1, d)$ に対して, $\mathbf{f}_q = \mathbf{f}^{-1} \bmod q$, $\mathbf{f}_p = \mathbf{f}^{-1} \bmod p$ とする. また, 3 進展開係数の多項式 $\mathbf{g} \in \mathcal{T}(d, d)$ に対して, $\mathbf{h} = \mathbf{f}_q \mathbf{g} \bmod q$ とする. 公開鍵を $\mathbf{h}$ とし,

秘密鍵を $\mathbf{f}, \mathbf{f}_p$ とする.

- 暗号化：乱数としてランダムな多項式 $\mathbf{r} \in \mathcal{T}(d,d)$ を生成して，公開鍵 $\mathbf{h}$ により，平文 $\mathbf{m} \in R_p$ に対して，暗号文を

$$\mathbf{c} = p\,\mathbf{h}\,\mathbf{r} + \mathbf{m} \bmod q$$

とする.

- 復号：暗号文 $\mathbf{c}$ に対して，秘密鍵 $\mathbf{f}$ を用いて，$\mathbf{d} = \mathbf{f}\,\mathbf{c} \bmod q$ を計算する. 次に，秘密鍵 $\mathbf{f}_p$ により，$\mathbf{m} = \mathbf{d}\,\mathbf{f}_p \bmod p$ から平文 $\mathbf{m} \in R_p$ を復元する.

ここで，以下の等式

$$\mathbf{d} = \mathbf{f}\,\mathbf{c} = \mathbf{f}\,(p\,\mathbf{h}\,\mathbf{r} + \mathbf{m}) = \mathbf{f}\,(p\,\mathbf{f}_q\,\mathbf{g}\,\mathbf{r} + \mathbf{m}) = p\,\mathbf{g}\,\mathbf{r} + \mathbf{f}\,\mathbf{m} \bmod q$$

が成り立つ. また，$\mathbf{g}, \mathbf{r} \in \mathcal{T}(d,d)$ の条件から，積 $\mathbf{g}\,\mathbf{r}$ の係数の絶対値は式 (4.1) より高々 $2d$ となる. 同じように，$\mathbf{f} \in \mathcal{T}(d+1,d)$ および $\mathbf{m}$ の係数は $(-p/2, p/2)$ の区間にあるため，$\mathbf{f}\,\mathbf{m}$ の係数の絶対値は高々 $p(2d+1)/2$ となる. したがって，$p\,\mathbf{g}\,\mathbf{r} + \mathbf{f}\,\mathbf{m}$ を環 R の元として，法 q で係数の剰余をとらずに計算した場合は，条件 $q > (6d+1)p$ より，$p\,\mathbf{g}\,\mathbf{r} + \mathbf{f}\,\mathbf{m}$ の係数の絶対値は高々

$$p(2d) + p(2d+1)/2 = p(6d+1)/2 < q/2$$

となる. そのため，R の元として等式

$$\mathbf{d} = p\,\mathbf{g}\,\mathbf{r} + \mathbf{f}\,\mathbf{m} \in R$$

が成り立つ. 以上より，この等式の両辺の係数を法 p で剰余をとる場合，$\mathbf{m} = \mathbf{d}\,\mathbf{f}^{-1} = \mathbf{d}\,\mathbf{f}_p \bmod p$ を満たし，平文 $\mathbf{m} \in R_p$ を正しく復元することができる.

例 4.1 パラメータ $(n,p,q,d) = (7,3,41,2)$ の場合の NTRU 暗号の例を示す. $41 = q > (6d+1)p = 39$ よりパラメータの条件を満たす. 秘密鍵として

$$\mathbf{f} = x^6 - x^5 + x^3 - x^2 + 1 \in \mathcal{T}(3,2), \quad \mathbf{g} = x^6 - x^3 + x - 1 \in \mathcal{T}(2,2)$$

とする. $\mathbf{f}$ の剰余環 R_p, R_q における逆元は

$$\mathbf{f}_p = x^6 + x^5 + x^4 + x^3 + x^2 - 1 \in R_p,$$

$$\mathbf{f}_q = 8x^6 - 4x^5 + 2x^4 - x^3 - 20x^2 - 10x - 15 \in R_q$$

となり，公開鍵 $\mathbf{h}$ は以下のようになる．

$$\mathbf{h} = \mathbf{f}_q\,\mathbf{g} \bmod q = 15x^6 - 7x^5 + 3x^4 - 2x^3 + x^2 + 20x + 11 \in R_q$$

次に，平文の多項式 $\mathbf{m} = x^6 + x^3 - x^2 - x + 1 \in R_p$ に対して，3進展開係数の多項式となる乱数 $\mathbf{r} = x^6 - x^4 + x^2 - 1 \in \mathcal{T}(d,d)$ を生成して，暗号文は

$$\mathbf{c} = p\,\mathbf{h}\,\mathbf{r} + \mathbf{m} \bmod q = -5x^6 - 19x^4 - 10x^3 + 3x^2 + 19x + 13 \in R_q$$

となる．秘密鍵 $\mathbf{f}$ により，

$$\mathbf{d} = \mathbf{f}\,\mathbf{c} \bmod q = -2x^6 - 5x^5 + 2x^4 + 6x^3 - 6x^2 - 4x + 10 \in R_q$$

を計算し，平文 $\mathbf{m} = \mathbf{d}\,\mathbf{f}_p \bmod p = x^6 + x^3 - x^2 - x + 1 \in R_p$ が復元できる．

□

次に，NTRU 暗号の完全解読に関する安全性を考察する．公開鍵 $\mathbf{h} \in R_q$ から対応する秘密鍵 $\mathbf{f} \in \mathcal{T}(d+1,d)$ を求めるとは，すなわち以下の問題となる．

問題 4.2 公開鍵 $\mathbf{h} \in R_q$ に対して，$\mathbf{g} = \mathbf{f}\,\mathbf{h} \bmod q$ を満たす3進展開係数の多項式 $\mathbf{f} \in \mathcal{T}(d+1,d)$, $\mathbf{g} \in \mathcal{T}(d,d)$ を求めよ． □

ここで，解の1つを $(\mathbf{f}, \mathbf{g}) \in R^2$ とすると，$k = 1, 2, \ldots, n-1$ に対して x^k を $\mathbf{f}, \mathbf{g}$ に掛けた $(x^k\,\mathbf{f}, x^k\,\mathbf{g}) \in R^2$ も解となる．実際，多項式

$$\mathbf{f} = f_0 + f_1 x + \cdots + f_{n-1}x^{n-1} \in R$$

とベクトル $(f_0, f_1, \ldots, f_{n-1}) \in \mathbb{Z}^n$ を同一視する場合，$k = 0, 1, \ldots, n-1$ に対して，多項式 $x^k\,\mathbf{f} \in R$ は，$(f_0, f_1, \ldots, f_{n-1}) \in \mathbb{Z}^n$ を右方向に k 個巡回させたベクトル

$$(f_{k \bmod n}, f_{k+1 \bmod n}, \ldots, f_{k+n-1 \bmod n}) \in \mathbb{Z}^n$$

に対応する．よって，$x^k\,\mathbf{f} \in \mathcal{T}(d+1,d)$ を満たす．同様に，$k = 1, 2, \ldots, n-$

1 に対して $x^k \mathbf{g} \in \mathcal{T}(d, d)$ となる. また, $x^k \mathbf{g} = x^k \mathbf{f} \mathbf{h} \bmod q$ を満たすことから, $(x^k \mathbf{f}, x^k \mathbf{g}) \in R^2$ は問題 4.2 の解となる. $k = 1, 2, \ldots, n-1$ に対して, 多項式 $x^k \mathbf{f} \in R$ は $\mathbf{f} \in R$ の回転と呼ばれる.

次に, 問題 4.2 を解くために, 公開鍵 $\mathbf{h} \in R_q$ に対して, 多項式 $\mathbf{h}$ を R_q ではなく R の元とみた場合における積 $\mathbf{f} \mathbf{h} \in R$ の構造を考察する. ここで, 多項式 $\mathbf{h} = h_0 + h_1 x + \cdots + h_{n-1} x^{n-1}$ を R の元とみて, $k = 1, 2, \ldots, n-1$ に対して回転 $x^k \mathbf{h} \in R$ を計算し, $(2n, 2n)$-行列 $\mathbf{M}_{\mathbf{h}}^{\mathrm{NTRU}}$ を次のように定義する.

$$
\mathbf{M}_{\mathbf{h}}^{\mathrm{NTRU}} = \left(\begin{array}{cccc|cccc} 1 & 0 & \cdots & 0 & h_0 & h_1 & \cdots & h_{n-1} \\ 0 & 1 & \cdots & 0 & h_{n-1} & h_0 & \cdots & h_{n-2} \\ \vdots & \vdots & & \vdots & \vdots & \vdots & \ddots & \vdots \\ 0 & 0 & \cdots & 1 & h_1 & h_2 & \cdots & h_0 \\ \hline 0 & 0 & \cdots & 0 & q & 0 & \cdots & 0 \\ 0 & 0 & \cdots & 0 & 0 & q & \cdots & 0 \\ \vdots & \vdots & \ddots & \vdots & \vdots & \vdots & \ddots & \vdots \\ 0 & 0 & \cdots & 0 & 0 & 0 & \cdots & q \end{array} \right)
$$

左上の (n, n)-行列は単位行列 $\mathbf{I}_n$, 左下の (n, n)-行列は零行列 $\mathbf{0}_n$ とする. 右上の (n, n)-行列は第 k 行 $(k = 1, \ldots, n)$ が回転した多項式 $x^{k-1} \mathbf{h} \in R$ に対応するベクトルからなる行列, 右下の (n, n)-行列は単位行列の q 倍となる行列 $q \mathbf{I}_n$ とする. 次の補題が成り立つ.

補題 4.3 NTRU 暗号の鍵生成において生成した $\mathbf{f}, \mathbf{g} \in R$, 公開鍵 $\mathbf{h} \in R_q$ に対して, $\mathbf{h}$ を R の多項式として $\mathbf{f} \mathbf{h} \in R$ を計算するとき, $\mathbf{g} + q \mathbf{u} = \mathbf{f} \mathbf{h} \in R$ を満たす多項式 $\mathbf{u} \in R$ が存在する. このとき, 行列 $\mathbf{M}_{\mathbf{h}}^{\mathrm{NTRU}}$ は,

$$
(4.2) \qquad (\mathbf{f} \mid -\mathbf{u}) \, \mathbf{M}_{\mathbf{h}}^{\mathrm{NTRU}} = (\mathbf{f} \mid \mathbf{g}) \in \mathbb{Z}^{2n}
$$

を満たす. ただし, 各多項式 $\mathbf{f}, \mathbf{g}, \mathbf{u} \in R$ は, それぞれの係数を並べた $\mathbb{Z}^n$ のベクトルと同一視する. □

[証明] 公開鍵 $\mathbf{h} \in R_q$ は, NTRU の鍵生成から $\mathbf{g} = \mathbf{f} \mathbf{h} \bmod q$ となるため, 多項式 $\mathbf{g} \in R$ に対して $\mathbf{g} + q \mathbf{u} = \mathbf{f} \mathbf{h} \in R$ を満たす多項式 $\mathbf{u} \in R$ が存在する. 行列 $\mathbf{M}_{\mathbf{h}}^{\mathrm{NTRU}}$ の左上は単位行列 $\mathbf{I}_n$ で, 左下は零行列 $\mathbf{0}_n$ であるため, 式

148   4 耐量子計算機暗号

(4.2)の最初のn成分は多項式$\mathbf{f}$に対応するベクトルとなる. 次に, $\mathbf{u},\mathbf{f}$に対応するベクトルを, それぞれ$(u_0,u_1,\ldots,u_{n-1}),(f_0,f_1,\ldots,f_{n-1})$とする. このとき, ベクトル$(\mathbf{f}\mid -\mathbf{u})\in\mathbb{Z}^{2n}$と行列$\mathbf{M}_\mathbf{h}^{\mathrm{NTRU}}$の第$n+1$列から第$2n$列たちとの積は

$$\left(\sum_{0=j+k \bmod n} f_j h_k - qu_0,\ldots,\sum_{n-1=j+k \bmod n} f_j h_k - qu_{n-1}\right)\in\mathbb{Z}^n$$

となる. これは, 式(4.1)より, 多項式$\mathbf{f}\mathbf{h}-q\mathbf{u}\in R$をベクトル表示したものと一致する. また, $\mathbf{g}=\mathbf{f}\mathbf{h}-q\mathbf{u}$を満たすため, 式(4.2)が成り立つ. ∎

以上より, ベクトル$(\mathbf{f}\mid\mathbf{g})\in\mathbb{Z}^{2n}$は, 行列$\mathbf{M}_\mathbf{h}^{\mathrm{NTRU}}$の行ベクトルで生成される格子$L\left(\mathbf{M}_\mathbf{h}^{\mathrm{NTRU}}\right)$に含まれる. また, n次の3進展開係数の多項式$\mathbf{f},\mathbf{g}\in R$の非零係数は$2d$個程度であるため, 対応するベクトル$(\mathbf{f},\mathbf{g})$の長さは$\sqrt{4d}$程度となる. ここで, $d\approx n/3$とすると, $\|(\mathbf{f},\mathbf{g})\|\approx 1.155\sqrt{n}$と十分に小さくなり, 格子$L\left(\mathbf{M}_\mathbf{h}^{\mathrm{NTRU}}\right)$の最短ベクトル問題(Shortest Vector Problem: SVP)を解いて求めたベクトルは秘密鍵$(\mathbf{f},\mathbf{g})$(の回転)と一致すると期待できる. NTRU暗号を安全に利用するためには, 格子$L\left(\mathbf{M}_\mathbf{h}^{\mathrm{NTRU}}\right)$におけるSVPが困難となるパラメータ$(n,p,q,d)$を考察する必要がある.

SVPを求める高速なアルゴリズムおよび格子暗号の安全なパラメータ導出方法に関しては, 5.2節において詳しく説明する.

4.4 多変数多項式暗号

多変数多項式を利用したUnbalanced Oil and Vinegar (UOV)署名といわれるディジタル署名の構成方法と安全性評価に関して解説する[90].

UOV署名は, Oil変数$x_1,x_2,\ldots,x_o$およびVinegar変数$\tilde{x}_1,\tilde{x}_2,\ldots,\tilde{x}_v$を用いた次の有限体$\mathbb{F}_q$上のOil-Vinegar多項式$f$により構成される.

$$\sum_{i=1}^{o}\sum_{j=1}^{v}a_{ij}x_i\tilde{x}_j+\sum_{i=1}^{v}\sum_{j=1}^{v}b_{ij}\tilde{x}_i\tilde{x}_j+\sum_{i=1}^{o}c_i x_i+\sum_{i=1}^{v}d_i\tilde{x}_i+e$$

ただし, Oil-Vinegar多項式fの係数a_{ij},b_{ij},c_i,d_i,eは$\mathbb{F}_q$のランダムな元とする. Oil-Vinegar多項式fの特徴は, v個のVinegar変数$\tilde{x}_1,\tilde{x}_2,\ldots,\tilde{x}_v$には

2 次の項が現れるが，o 個の Oil 変数 $x_1, x_2, \ldots, x_o$ は 1 次の項だけとなることである．また，o 個の Oil-Vinegar 多項式 $f_1, \ldots, f_o$ により，Oil-Vinegar 写像 $F : \mathbb{F}_q^{o+v} \to \mathbb{F}_q^o$ を

$$(4.3) \qquad F(x_1, \ldots, x_o, \tilde{x}_1, \ldots, \tilde{x}_v) = (f_1, \ldots, f_o)$$

により定義する．Oil-Vinegar 写像の逆像を計算する問題は，有限体 $\mathbb{F}_q$ 上において変数の個数が $n = o + v$ で多項式の個数が $m = o$ となる多変数多項式の求解問題となる．

ここで，Oil-Vinegar 多項式の v 個の Vinegar 変数 $\tilde{x}_1, \ldots, \tilde{x}_v$ に定数を代入すると，o 個の Oil 変数 $x_1, \ldots, x_o$ の 1 次多項式となることに注意する．つまり，固定した値 $(y_1', \ldots, y_o') \in \mathbb{F}_q^o$ と固定した Vinegar 変数の値 $(\tilde{x}_1', \tilde{x}_2', \ldots, \tilde{x}_v') \in \mathbb{F}_q^v$ に対して，Oil 変数 $(x_1, x_2, \ldots, x_o) \in \mathbb{F}_q^o$ の値は，o 個の 1 次方程式

$$F\left(x_1, \ldots, x_o, \tilde{x}_1', \ldots, \tilde{x}_v'\right) = (y_1', \ldots, y_o')$$

を解くことにより，確率はおよそ $1 - 1/q$ で求めることができる．

以下に，Oil-Vinegar 写像を用いた UOV 署名の構成法を記述する．

- 鍵生成：q 個の元からなる有限体 $\mathbb{F}_q$ を固定する．$F = (f_1, \ldots, f_o)$ を式 (4.3) の Oil-Vinegar 写像とし，$L : \mathbb{F}_q^{o+v} \to \mathbb{F}_q^{o+v}$ を可逆なアフィン写像とする．合成写像 $\bar{F} : \mathbb{F}_q^{o+v} \to \mathbb{F}_q^o$ を

$$\bar{F} = F \circ L = (\bar{f}_1, \ldots, \bar{f}_o)$$

により計算する．署名検証用の公開鍵を $\bar{F} = (\bar{f}_1, \ldots, \bar{f}_o)$ として署名生成用の秘密鍵を L とする．

- 署名生成：文書 $\mathbf{m} = (y_1', \ldots, y_o') \in \mathbb{F}_q^o$ に対して，Vinegar 変数のランダムな値 $(\tilde{x}_1', \ldots, \tilde{x}_v') \in \mathbb{F}_q^v$ を生成して，連立 1 次方程式

$$F\left(x_1, \ldots, x_o, \tilde{x}_1', \ldots, \tilde{x}_v'\right) = (y_1', \ldots, y_o')$$

の解 $(x_1', \ldots, x_o') \in \mathbb{F}_q^o$ を求める．もし，解が存在しない場合は，Vinegar 変数のランダムな値を変更して，別の連立 1 次方程式を作成し解を求める．秘密鍵 L を用いて，

150   4 耐量子計算機暗号

$$(z'_1, \ldots, z'_{o+v}) = L^{-1} \left(x'_1, \ldots, x'_o, \check{x}'_1, \ldots, \check{x}'_v \right)$$

を計算し，$\mathbf{s} = (z'_1, \ldots, z'_{o+v}) \in \mathbb{F}_q^{o+v}$ を文書 $\mathbf{m}$ に対する署名 $\mathbf{s}$ とする.

・署名検証：与えられた署名 $\mathbf{s} = (z'_1, \ldots, z'_{o+v})$ と文書 $\mathbf{m} = (y'_1, \ldots, y'_o)$ に対して，公開鍵 $\bar{F}$ を用いて

$$\bar{F} \left(z'_1, \ldots, z'_{o+v} \right) = (y'_1, \ldots, y'_o)$$

が成立する場合に署名が正しいと判定する.

例 4.4 パラメータ $q = 7$, $o = 2$, $v = 1$ に対する UOV 署名の例を示す. ここで，有限体 $\mathbb{F}_7$ は，$\mathbb{F}_7 = \{-3, -2, -1, 0, 1, 2, 3\}$ と表現する.

鍵生成において，Oil-Vinegar 多項式 $F(x_1, x_2, \check{x}_1) = (f_1, f_2)$ として

$$f_1(x_1, x_2, \check{x}_1) = \check{x}_1^2 - \check{x}_1 x_1 - 2\check{x}_1 x_2 - 2\check{x}_1 + 2x_1 + 3x_2 - 1,$$

$$f_2(x_1, x_2, \check{x}_1) = 2\check{x}_1^2 - 2\check{x}_1 x_1 - \check{x}_1 x_2 - \check{x}_1 + x_1 + 2x_2 - 1$$

を生成する. また，可逆なアフィン写像 $L : \mathbb{F}_7^3 \to \mathbb{F}_7^3$ を

$$\begin{cases} x_1 = x + y - z \\ x_2 = x - y + z \\ \check{x}_1 = x + y + z \end{cases}$$

とする. 合成写像 $\bar{F} = F \circ L = (\bar{f}_1, \bar{f}_2)$ は，

$$\bar{f}_1(x, y, z) = -2x^2 - 2xz + 2y^2 + 2yz + 3x - 3y - z - 1,$$

$$\bar{f}_2(x, y, z) = -x^2 + 2xz + y^2 + 4yz + 3z^2 + 2x - 2y - 1$$

となる. 公開鍵を $\bar{F}(x, y, z) = (\bar{f}_1, \bar{f}_2)$，秘密鍵を L とする.

署名生成では，文書 $\mathbf{m} = (-3, 3) \in \mathbb{F}_7^2$ に対して，Vinegar 変数 $\check{x}_1 = 1 \in \mathbb{F}_7^1$ を生成して，連立 1 次方程式

$$\begin{cases} f_1(x_1, x_2, 1) = x_1 + x_2 - 2 = -3 \\ f_2(x_1, x_2, 1) = -x_1 + x_2 = 3 \end{cases}$$

の解を求めると，$(x_1, x_2) = (-2, 1) \in \mathbb{F}_7^2$ となる. 秘密鍵 L を用いて，署名

$$L^{-1}(x_1, x_2, \check{x}_1) = L^{-1}(-2, 1, 1) = (z_1', z_2', z_3')$$

を計算すると，$\mathbf{s} = (z_1', z_2', z_3') = (3, 0, -2) \in \mathbb{F}_7^3$ となる.

署名検証では，署名 $\mathbf{s} = (3, 0, -2) \in \mathbb{F}_7^3$ に対して，公開鍵 $\bar{F}$ により

$$\bar{F}(3, 0, -2) = (-3, 3)$$

を計算して，文書 $\mathbf{m} = (-3, 3) \in \mathbb{F}_7^2$ と一致していることを確かめる. □

UOV 署名の偽造困難性などの多変数多項式暗号の安全性は，多変数多項式の求解（Multivariate Quadratic: MQ）問題の困難性を基にしている．ここで，MQ 問題とは，有限体 $\mathbb{F}_q$ の元を係数とした n 個の変数をもつ m 個の 2 次方程式の共通解を 1 つ求める問題である.

$$\sum_{1 \leqq i \leqq j \leqq n} a_{ij}^{(1)} x_i x_j + \sum_{1 \leqq i \leqq n} b_i^{(1)} x_i + c^{(1)} = 0,$$
$$\sum_{1 \leqq i \leqq j \leqq n} a_{ij}^{(2)} x_i x_j + \sum_{1 \leqq i \leqq n} b_i^{(2)} x_i + c^{(2)} = 0,$$
$$\vdots$$
$$\sum_{1 \leqq i \leqq j \leqq n} a_{ij}^{(m)} x_i x_j + \sum_{1 \leqq i \leqq n} b_i^{(m)} x_i + c^{(m)} = 0$$

MQ 問題は，多項式係数 $a_{ij}^{(k)}$, $b_i^{(k)}$, $c^{(k)} (k = 1, 2, \ldots, m)$ を有限体 $\mathbb{F}_q$ からランダムに選び，かつ $n \approx m$ とした場合に，NP 困難となることが証明されている[67].

MQ 問題を最も効率的に解く方法として，Faugère が提案したグレブナー基底によるアルゴリズム F_4 および F_5 が知られている[58]．m 個の n 変数 2 次方程式の MQ 問題を解く F_5 アルゴリズムの漸近的な計算量は，以下のように見積もられている.

$$(4.4) \qquad \mathrm{O}\left(\left(m \cdot \binom{n + d_{reg} - 1}{d_{reg}}\right)^{\omega}\right)$$

ここで，$2 \leqq \omega \leqq 3$ は 1 次方程式を解く計算量を評価する線形代数定数で，d_{reg} は正則性の次数（degree of regularity）といわれる多項式 $f_1(x_1, \ldots, x_n)$,

$\dots, f_m(x_1, \dots, x_n)$ で決まる不変量である．これらの m 個の n 変数 2 次方程式が半正則（semiregular）の場合は，正則性の次数は z の有理関数 $\dfrac{(1-z^2)^m}{(1-z)^n}$ の展開に現れる係数が非正となる項の最小次数と一致する[18]．

MQ 問題の漸近的な計算量は式(4.4)のように見積もられているが，実社会で多変数多項式暗号を利用する際には MQ 問題のパラメータを固定した場合の安全性を評価する必要がある．そのために，攻撃者が現実的な時間では解読が不可能となる計算能力の限界値を見積もる必要があり，計算機による大規模実験のデータが重要な指標となる．

著者らの研究グループは，MQ 問題の困難性評価を目的に，2015 年 4 月 1 日から暗号解読コンテスト Fukuoka MQ Challenge を実施してきた(`https://www.mqchallenge.org/`)．MQ 問題で利用されるパラメータとして，変数の個数 n，多項式の個数 m，そして有限体 $\mathbb{F}_q$ の元の個数 q がある．MQ Challenge では，既存研究で発表された多変数多項式暗号の安全かつ効率的なパラメータを考慮しながら，n, m, q の相互関係および解読問題の大きさ n, m を設定した．

多変数多項式暗号で利用される典型的な有限体の元の個数は，効率的な実装に適するように奇標数で $q = 31$，偶標数で $q = 2^8$ が選択されることが多い．MQ Challenge では，当分野で長期的に研究されてきている有限体 $\mathbb{F}_2$ も加えることとした．多変数多項式暗号のディジタル署名では，変数の個数 n が多項式の個数 m より多いパラメータが選択され，標準的なサイズは $n \approx 1.5m$ となる．逆に，暗号方式では，変数の個数 n が多項式の個数 m より少ないパラメータが利用され，現在までに安全で効率的な暗号方式として $m = 2n$ が利用されている．これらより，MQ Challenge では 6 種類の型を問題として提供することにした(表 4.3)．

ここで，グレブナー基底を用いたアルゴリズムにより MQ 問題を解くための漸近的な計算量は，m, n のサイズによっている．そのため，MQ Challenge では，計算代数ソフトウェア Magma を用いた計算実験により，それぞれの型の出題問題の m, n のサイズを決定した．m, n の最も簡単な問題としては，標準的な PC（1 コア）で Magma を用いた実験で約 1 ヵ月の計算時間を必要とする次数を設定した[175]．

表 4.3 MQ Challenge における 6 種類の型

型	Schemes	m, n	有限体
I	暗号方式	$m = 2n$	$\mathbb{F}_2$
II	暗号方式	$m = 2n$	$\mathbb{F}_{2^8}$
III	暗号方式	$m = 2n$	$\mathbb{F}_{31}$
IV	ディジタル署名	$n \approx 1.5m$	$\mathbb{F}_2$
V	ディジタル署名	$n \approx 1.5m$	$\mathbb{F}_{2^8}$
VI	ディジタル署名	$n \approx 1.5m$	$\mathbb{F}_{31}$

Magma を用いたグレブナー基底において，有限体 $\mathbb{F}_{2^8}$ と $\mathbb{F}_{31}$ 上の MQ 問題では同程度の計算時間となった．そのため，型 II, III, V, VI では，最も簡単な出題問題として，それぞれ $(n, m) = (35, 70), (34, 68), (24, 16), (24, 16)$ と設定した．一方，有限体 $\mathbb{F}_2$ の MQ 問題では，Magma による計算時間が他の有限体の場合より高速であったため，型 I, IV では，最も簡単な出題問題としてそれぞれ $(n, m) = (55, 110)$ と $(82, 55)$ を選択した．

解読に約 1 ヵ月は必要と予想していたチャレンジ問題 $(n = 24,\ m = 16,\ q = 31)$ だったが，Faugère が公開当日（2015 年 4 月 1 日）に約 1.4 時間で解読するというハプニングもあった．現在（2023 年 11 月）の解読記録としては，型 I では，AMD のクラウド（1024 コア以上）を用いて Crossbred アルゴリズムにより $(n, m) = (80, 160)$ を約 334 時間で解読に成功している．型 VI では，AMD EPYC 7742（2 TB RAM）を用いて F4 ベースの Hilbert-driven アルゴリズムにより $(n, m) = (33, 22)$ を約 2 日で解読している．

最新の情報は MQ Challenge のホームページから入手可能である（`https://www.mqchallenge.org/`）．これらの解読データは，多変数多項式を将来にわたり安全に利用するための技術的根拠として用いられる．

4.5 同種写像暗号

超特異楕円曲線における同種写像問題の困難性を用いたハッシュ関数に関して説明する[39]．

標数 5 以上として q 個の元をもつ有限体 $\mathbb{F}_q$ 上において，Weierstrass 標準

形

$$E : y^2 = x^3 + ax + b, \quad a, b \in \mathbb{F}_q, \ 4a^3 + 27b^2 \neq 0$$

により定義される楕円曲線を考える．拡大体 $\mathbb{F}_{q^r}$ $(r \in \mathbb{N})$ に対して，$\mathbb{F}_{q^r}$-有理点 $E(\mathbb{F}_{q^r}) := \{(x, y) \in \mathbb{F}_{q^r}^2 \mid y^2 = x^3 + ax + b\} \cup \{\infty_E\}$ は，∞_E を原点としてアーベル群をなす．楕円曲線 E の j-不変量を $j(E) := 1728 \dfrac{4a^3}{4a^3 + 27b^2}$ と定義する．有限体 $\mathbb{F}_q$ 上の 2 つの楕円曲線が閉体 $\overline{\mathbb{F}}_q$ 上で同型である必要十分条件は，j-不変量が等しいことである．j-不変量 $j \in \mathbb{F}_{q^r}$ $(j \neq 0, 1728)$ をもつ楕円曲線は $y^2 = x^3 + \dfrac{3j}{1728 - j} x + \dfrac{2j}{1728 - j}$ により得られる．ただし，$j = 1728$ の場合は楕円曲線 $y^2 = x^3 + x$，$j = 0$ の場合は楕円曲線 $y^2 = x^3 + 1$ とする．

有限体 $\mathbb{F}_q$ 上の楕円曲線 E_1, E_2 に対して，∞_{E_1} を ∞_{E_2} に対応させる非零な準同型写像 $f \colon E_1 \to E_2$ を同種写像と呼ぶ．同種写像は，閉体上において全射となり，有限位数の核をもつ．分離的な同種写像に対して，核の位数を同種写像の次数と呼ぶ．例えば，n 倍写像 $[n] \colon E \to E$ は次数が n^2 の同種写像であり，$p \nmid n$ を満たす場合は $\mathrm{Ker}[n] \cong (\mathbb{Z}/n\mathbb{Z}) \times (\mathbb{Z}/n\mathbb{Z})$ となる．また，次数 ℓ の同種写像 $\phi \colon E_1 \to E_2$ に対して，$\hat{\phi} \circ \phi = [\ell]$ を満たす次数 ℓ の同種写像 $\hat{\phi} \colon E_2 \to E_1$ が一意的に存在する．$\hat{\phi}$ を同種写像 ϕ の双対同種写像と呼ぶ．

標数 p の有限体 $\mathbb{F}_q$ 上の楕円曲線 E において，全ての拡大体 $\mathbb{F}_{q^r}$ $(r \in \mathbb{N})$ に対して $E(\mathbb{F}_{q^r})$ が位数 p の点をもたない場合（$E[p] = \{\infty_E\}$），E は超特異楕円曲線と呼ばれる．ここで，標数 p の有限体 $\mathbb{F}_q$ 上の超特異楕円曲線 E に対して，$\overline{\mathbb{F}}_q$-同型な楕円曲線は拡大体 $\mathbb{F}_{p^2}$ 上で定義される代表元をもつ．そのため，標数 p の有限体 $\mathbb{F}_q$ 上の超特異楕円曲線 E の j-不変量は，$j(E) \in \mathbb{F}_{p^2}$ を満たす．また，j-不変量が異なる超特異楕円曲線 E の個数は，

$$\left\lfloor \frac{p}{12} \right\rfloor + \begin{cases} 0 & (p = 1 \bmod 12) \\ 1 & (p = 5, 7 \bmod 12) \\ 2 & (p = 11 \bmod 12) \end{cases}$$

となる [162]．

4.5 同種写像暗号 155

次に，素数 $p\,(>3)$ と素数 $\ell\,(\neq p)$ に対して，Pizer グラフ $G(p, \ell)$ を，超特異楕円曲線 E の j-不変量 $j(E) \in \mathbb{F}_{p^2}$ を頂点，2 個の超特異楕円曲線間の次数 ℓ の同種写像を辺とするグラフと定義する．$\ell \nmid p$ を満たす素数 ℓ に対して，ねじれ点群 $E[\ell]$ は $\ell + 1$ 個の位数 ℓ の部分群をもつため，$G(p, \ell)$ は $(\ell + 1)$-正則なグラフとなる．また，$G(p, \ell)$ は Ramanujan グラフといわれ，グラフ上のランダムウォークは $\mathrm{O}(\log p)$ 回のステップで一様分布と識別不可能となる [39, 129].

楕円曲線が Weierstrass 標準形 $E : y^2 = x^3 + ax + b$ で与えられた場合，E の有限部分群 C に対する同種写像 $\phi_C : E \to E/C$ を計算する Vélu 公式が知られている [171]. 以下に，同種写像の次数が $\ell = 2$ の場合の明示的公式を示す．楕円曲線 $E : y^2 = x^3 + ax + b$ において，位数 2 の点は y 座標が零となる 3 次方程式 $x^3 + ax + b = 0$ の解 r_1, r_2, r_3 に対して $(r_1, 0), (r_2, 0), (r_3, 0)$ の 3 点である．位数 2 の点 $Q = (r, 0)$ に対して同種となる曲線 $E/\langle Q \rangle$ は

$$y^2 = x^3 - (4a + 15r^2)\,x + (8b - 14r^3)$$

で与えられる．さらに，同種写像による点の像は

$$(x, y) \mapsto \left(x + \frac{3r^2 + a}{x - r},\ y - \frac{(3r^2 + a)\,y}{(x - r)^2} \right)$$

により計算できる．

位数 2 の 3 点 $Q_i = (r_i, 0) \in E\,(i = 1, 2, 3)$ に対して，点 $Q_1 \in E$ で決まる同種写像を $\phi : E \to E' = E/\langle Q_1 \rangle$ とすると，他の 2 点は曲線 E' 上で同じ位数 2 の点 $\phi(Q_2) = \phi(Q_3) \in E'$ となる．したがって，曲線 E' において位数 2 の点 $\phi(Q_2)$ による同種写像は，双対同種写像 $\hat{\phi} : E' \to E'/\langle \phi(Q_2) \rangle = E$ となる．曲線 E' から双対同種ではない次数 2 の同種写像は，点 $\phi(Q_2)$ とは異なる位数 2 の点に対して計算することができる．したがって，$\phi(Q_2) = (x', y') \in E'$ とすると，曲線 $E' : y^2 = x^3 + a'x + b'$ に対して，2 次方程式 $(x^3 + a'x + b')/(x - x') = 0$ の解 r'_2, r'_3 を用いた $E'/\langle (r'_2, 0) \rangle$ または $E'/\langle (r'_3, 0) \rangle$ が，双対同種写像 $\hat{\phi}$ とは異なる同種写像による像となる．

また，$\mathbb{F}_{p^2}$ 上の 2 次方程式は，解の公式により $\mathbb{F}_{p^2}$ の平方根で求めることができる．$\mathbb{F}_{p^2}$ の平方根は，次の補題 4.5 の Tonelli-Shanks アルゴリズムによ

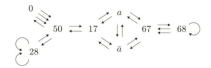

図 4.2 Pizer グラフ $G(83, 2)$ ($\alpha = 38 + 17i, \bar{\alpha} = 38 + 66i$)

り，$O\left((\log p)^4\right)$ の計算量で求めることが可能である [158]．また，$p = 3 \bmod 4$ のとき，有限体 $\mathbb{F}_{p^2}$ の $\mathbb{F}_p$ 基底を $\{1, i = \sqrt{-1}\}$ として，$t \in \mathbb{F}_{p^2}$ の平方根は，$\pm t^{(p-1)/2} = -1$ の場合 $it^{(p+1)/4}$，その他の場合 $\pm(1 + t^{(p-1)/2})^{(p-1)/2} t^{(p+1)/4}$ となり，計算量 $O\left((\log p)^3\right)$ で求めることができる [1]．

補題 4.5 巡回群 $\mathbb{F}_{p^2}^\times$ の生成元を g とし，$p^2 - 1 = 2^e q$ ($e \in \mathbb{N}$, q：奇数) とする．平方数 $a \in \mathbb{F}_{p^2}^\times$ に対して，$\sqrt{a} = \pm w/g^{qi}$ となる．ただし，$w = a^{(q+1)/2}$ として，$i \in \mathbb{N}$ は $a^q = (g^q)^{2i}$, $1 \leqq i \leqq 2^{e-1}$ を満たすものを 1 つ取る．$\sqrt{a}$ を求める計算量は $O((\log p)^4)$ となる． □

[証明] $w = a^{(q+1)/2}$ に対して，$w^2 = a \cdot a^q$ を満たす．a が平方数なので，元 a^q の位数は 2^{e-1} の約数となる．また，元 g^q の位数は 2^e なので，$a^q = (g^q)^{2i}$ を満たす $1 \leqq i \leqq 2^{e-1}$ が存在する．この i を固定すると，$a = w^2/a^q = \left(w/g^{qi}\right)^2$ より，a の平方根は $\pm w/g^{qi}$ となる．3.2.1 項の Pohlig-Hellman 法により，$O(\log p)$ の総当たりで a^q の離散対数 $2i$ を求めることができる．Pohlig-Hellman 法で用いる 2^{e-1} 乗の冪乗算の最悪計算量は $O\left((\log p)^3\right)$ であり，$\sqrt{a}$ を求めるには合計で $O\left((\log p)^4\right)$ の計算量が必要となる． ■

例 4.6 図 4.2 に $p = 83$, $\ell = 2$ の場合のグラフ $G(p, \ell)$ を示す．素数 $p = 83$ は $p = 11 \bmod 12$ より，$G(p, \ell)$ の頂点数は 8 となる．$p = 3 \bmod 4$ より，拡大体 $\mathbb{F}_{p^2}$ の $\mathbb{F}_p$ 基底を $\{1, i\}$ とし，超特異楕円曲線 $E^0 : y^2 = x^3 + x$ の j-不変量 $j(E^0) = 68$ を初期値の頂点とする．楕円曲線 E^0 において位数 2 の点は $Q = (0, 0)$, $(i, 0)$, $(-i, 0)$ となる．

$Q = (0, 0)$ を核にもつ同種写像 ϕ によって曲線 E^0 の像は，$\phi(E^0) = E^0/\langle(0,0)\rangle : y^2 = x^3 - 4x$, $j(E^0/\langle(0,0)\rangle) = 68$ となり，点 $(\pm i, 0)$ の像は $\phi(\pm i, 0) = (0, 0)$ となる．次に，$Q = (i, 0)$ を核にもつ同種写像 ϕ により曲線 E^0 の像は，$\phi(E^0) = E^0/\langle(i,0)\rangle : y^2 = x^3 + 11x + 14i$, $j(E^0/\langle(i,0)\rangle) = 67$ となり，

4.5 同種写像暗号 157

点 $(0,0)$ と点 $(-i,0)$ の像は $\phi(0,0) = \phi(-i,0) = (-2i,0)$ となる. また, $Q = (-i,0)$ で定まる同種写像 ϕ により, 曲線の像は $\phi(E^0) = E^0/\langle(-i,0)\rangle : y^2 = x^3 + 11x - 14i$, $j(E^0/\langle(-i,0)\rangle) = 67$ となり, 点の像は $\phi(0,0) = \phi(-i,0) = (2i,0)$ となる.

次に, 曲線 $E^0/\langle(i,0)\rangle = E_{67} : y^2 = x^3 + 11x + 14i$ と点 $(-2i,0) \in E_{67}$ に対して, 2次方程式 $(x^3 + 11x + 14i)/(x + 2i) = x^2 - 2ix + 7 = 0$ の根は $\pm 18 + i$ となる. よって, 点 $Q = (\pm 18 + i, 0) \in E_{67}$ は双対同種ではない同種写像を定める. $Q = (18 + i, 0)$ で定まる同種写像 ϕ により, 曲線の像は $\phi(E_{67}) = E_{67}/\langle(18 + i, 0)\rangle : y^2 = x^3 + (8 + 41i)x + (33 + 47i)$, $j(E_{67}/\langle(18 + i, 0)\rangle) = 38 + 66i$ となり, 点の像は $\phi(-18 + i, 0) = \phi(-2i, 0) = (47 + 81i, 0)$ となる. また, $Q = (-18 + i, 0)$ により定まる同種写像 ϕ により, 曲線の像は $\phi(E_{67}) = E_{67}/\langle(-18 + i, 0)\rangle : y^2 = x^3 + (8 - 41i)x + (-33 + 47i)$, $j(E_{67}/\langle(-18 + i, 0)\rangle) = 38 + 17i$ となり, 点の像は $\phi(18 + i, 0) = \phi(-2i, 0) = (36 + 81i, 0)$ となる. 同様の計算を繰り返すと, 8個の j-不変量 $\{68, 67, 38 + 66i, 38 + 17i, 17, 50, 0, 28\}$ を頂点とする図 4.2 の Pizer グラフを得る. □

以下に, Pizer グラフ $G(p, \ell)$ を用いた CGL ハッシュ関数を説明する[39]. 任意のビット長の文書 $m \in \{0,1\}^*$ に対して, 超特異楕円曲線の j-不変量の全体の集合 $S_p \subset \mathbb{F}_{p^2}$ に値を取るハッシュ関数 $h : \{0,1\}^* \to S_p$ を考察する. n ビットの文書 $m = (m_1, m_2, \ldots, m_n) \in \{0,1\}^n$ に対して, 文書の k 番目のビット m_k $(k = 1, \ldots, n)$ に基づき, 超特異楕円曲線の次数 2 の同種写像 $\phi_k^{(m_k)} : E_{k-1} \to E_k$ を計算して, j-不変量 $j(E_n)$ をハッシュ値とする.

- 初期頂点 E_0 の生成:素数 p は十分に大きく $p = 3 \bmod 4$ を満たすとする. 有限体 $\mathbb{F}_{p^2}$ の $\mathbb{F}_p$ 基底を $\{1, i = \sqrt{-1}\}$ として, $a, b \in \mathbb{F}_{p^2}$ $(a \neq b)$ の順序 $a \prec b$ を $a = a_1 + ia_2$, $b = b_1 + ib_2$ に対して $(a_1 \leqq b_1) \wedge (a_2 \leqq b_2)$ と定義する. 楕円曲線 $E^0 : y^2 = x^3 + x$ は超特異となり, $j(E^0) = 1728$ を満たす. 初期値の超特異楕円曲線を $E_0 = E^0$ として固定する.

- 文書のビット m_1 に対する頂点 E_1 の計算:曲線 E_0 における位数 2 の点は, $(0,0)$, $(i,0)$, $(-i,0)$ となる. 位数 2 の点 $(0,0)$ を核にもつ同種写像は E_0 を E_0 自身に移すため, 文書 m の 1 番目のビット m_1 が $m_1 = b \in \{0,1\}$ となる場合, 位数 2 の点 $Q_0^{(b)} = ((-1)^b i, 0) \in E_0$ を核にもつ同種写

像 $\phi_1^{(b)}$ により，曲線 E_0 の像

$$E_1 = \phi_1^{(b)}(E_0) : y^2 = x^3 + 11x + (-1)^b 14i$$

および位数 2 の点 $Q_0^{(1-b)} = ((-1)^{b+1}i, 0) \in E_0$ の像

$$Q_1 = \phi_1^{(b)}\left(Q_0^{(1-b)}\right) = \left((-1)^{b+1}2i, 0\right) \in E_1$$

を計算する．$a_1 = 11,\ b_1 = (-1)^b 14i,\ r_1 = (-1)^{b+1}2i$ とする．

・文書のビット $m_2, \ldots, m_n$ に対する頂点 $E_2, \ldots, E_n$ の計算：$k = 1, \ldots,$ $n-1$ に対して，前のステップから受け取った曲線 $E_k : y^2 = x^3 + a_k x + b_k$ と位数 2 の点 $Q_k = (x_k, 0) \in E_k$ に対して，次の計算を行う．最初に，$\mathbb{F}_{p^2}$ 上の 2 次方程式

$$(x^3 + a_k x + b_k)/(x - x_k) = 0$$

の解を $r_k^{(0)}, r_k^{(1)}$ とする．ここで，2 つの解の順序は $r_k^{(0)} \prec r_k^{(1)}$ としておく．文書 m の k 番目のビット m_k が $m_k = b \in \{0, 1\}$ となる場合，位数 2 の点 $Q_k^{(b)} = \left(r_k^{(b)}, 0\right) \in E_k$ を核にもつ同種写像 $\phi_k^{(b)}$ により，曲線 E_k の像

$$E_{k+1} = \phi_k^{(b)}(E_k) : y^2 = x^3 + a_{k+1}x + b_{k+1}$$

および位数 2 の点 $Q_k^{(1-b)} = \left(r_k^{(1-b)}, 0\right) \in E_k$ の像

$$Q_{k+1} = \phi_k^{(b)}\left(Q_k^{(1-b)}\right) = (x_{k+1}, 0) \in E_{k+1}$$

を計算する．

・ハッシュ値の計算：曲線 E_n の j-不変量 $j(E_n) \in S_p \subset \mathbb{F}_{p^2}$ を，文書 m のハッシュ関数 h の値 $h(m)$ として出力する．

Pizer グラフ $G(p, \ell)$ を用いた CGL ハッシュ関数の安全性について考察する．1.4.1 項において，ハッシュ関数の安全性として衝突問題と原像計算問題の困難性（一方向性）を定義したが，任意のビット長の文書 $m \in \{0, 1\}^*$ から $S_p \subset \mathbb{F}_{p^2}$ へのハッシュ関数 $h : \{0, 1\}^* \to S_p$ の場合は以下となる．

CGL ハッシュ関数の衝突問題は，固定した楕円曲線 E_0 に対して，ある n, $n' \in \mathbb{N}$ が存在して $m = (m_1, \ldots, m_n)$ および $m' = (m_1', \ldots, m_{n'}')$ のハッシュ

値 $h(m), h(m') \in S_p$ が一致する文書 $m, m' \in \{0,1\}^*$ を求める問題となる.

CGL ハッシュ関数の原像計算問題は，ある $n \in \mathbb{N}$ が存在して $m = (m_1, \ldots, m_n)$ のハッシュ値 $h(m) \in S_p$ が y と一致する $m \in \{0,1\}^*$ を求める問題となる.

衝突問題は，1.4.1 項で述べた誕生日パラドックスを利用して，古典計算機により $\mathrm{O}(\sqrt{\#S_p}) = \mathrm{O}(\sqrt{p})$ の計算量，量子計算機により $\mathrm{O}(\sqrt[3]{\#S_p}) = \mathrm{O}(\sqrt[3]{p})$ で解読可能となる[176]．また，原像計算問題は，Claw-Finding と呼ばれる方法を用いて，古典計算機により $\mathrm{O}(\sqrt{\#S_p}) = \mathrm{O}(\sqrt{p})$ の計算量，量子計算機により $\mathrm{O}(\sqrt[3]{\#S_p}) = \mathrm{O}(\sqrt[3]{p})$ で解読可能となる[170]．

注意 4.7 CGL ハッシュ関数に対して，初期値の超特異楕円曲線の自己準同型環が知られている場合に対する攻撃法が提案されている[56]．自己準同型環を隠した状態で有限体 $\mathbb{F}_p$ 上のランダムな超特異楕円曲線を，多項式時間で生成する方法は知られていない．そのため，信頼できる第三者が，上記の CGL ハッシュ関数の計算により超特異楕円曲線を生成して，それを初期値として利用者に配布する方法が考えられる.

4.6 符号暗号

誤り訂正符号の性質を利用した McEliece 暗号に関して説明する[111]．

2 個の元からなる有限体 $\mathbb{F}_2 = \{0, 1\}$ 上の n 次元ベクトル空間 $\mathbb{F}_2^n$ を考える．ベクトル $\mathbf{x} = (x_1, \ldots, x_n) \in \mathbb{F}_2^n$ の $x_i \neq 0$ を満たす要素の個数を Hamming 重み $\mathrm{wt}(\mathbf{x})$ とする．ベクトル $\mathbf{x} = (x_1, \ldots, x_n)$，$\mathbf{y} = (y_1, \ldots, y_n) \in \mathbb{F}_2^n$ に対して，$x_i \neq y_i$ となる個数を $\mathbf{x}, \mathbf{y}$ の Hamming 距離 $\mathrm{dt}(\mathbf{x}, \mathbf{y})$ とする．ベクトル $\mathbf{x}, \mathbf{y}, \mathbf{z} \in \mathbb{F}_2^n$ に対して，$\mathrm{dt}(\mathbf{x}, \mathbf{y}) = \mathrm{wt}(\mathbf{x} + \mathbf{y})$，$\mathrm{dt}(\mathbf{x}, \mathbf{y}) \leqq \mathrm{dt}(\mathbf{x}, \mathbf{z}) + \mathrm{dt}(\mathbf{z}, \mathbf{y})$ が成り立つ.

n 次元ベクトル空間 $\mathbb{F}_2^n$ の k 次元部分空間 $\mathcal{C}$ を，(n, k)-バイナリ線形符号と呼ぶ．$\mathcal{C}$ の基底 $\mathbf{g}_1, \ldots, \mathbf{g}_k \in \mathbb{F}_2^n$ に対して，$\mathbf{G} = (\mathbf{g}_1^\top \mid \cdots \mid \mathbf{g}_k^\top)^\top \in \mathbb{F}_2^{k \times n}$ を生成行列と呼ぶ．$\mathcal{C} = \{\mathbf{x}\mathbf{G} \mid \mathbf{x} \in \mathbb{F}_2^k\}$ を満たす．また，$\mathcal{C} = \{\mathbf{y} \in \mathbb{F}_2^n \mid \mathbf{H}\mathbf{y}^\top = \mathbf{0}^\top\}$ を満たす行列 $\mathbf{H} \in \mathbb{F}_2^{(n-k) \times n}$ をパリティ検査行列と呼ぶ．行列 $\mathbf{G}$ の基底を取り直して列ベクトルの順序を入れ替えて $\mathbf{G} = (\mathbf{I}_k \mid \mathbf{Q})$ とすると，パリティ検査行列は $\mathbf{H} = (\mathbf{Q}^\top \mid \mathbf{I}_{n-k})$ となる．また，パリティ検査行列 $\mathbf{H}$ と $\mathbf{y} \in \mathbb{F}_2^n$ に対して，$\mathbf{s}^\top := \mathbf{H}\mathbf{y}^\top \in \mathbb{F}_2^{n-k}$ を $\mathbf{y}$ のシンドロームと呼ぶ．線形符号 $\mathcal{C}$ の最小

160   4 耐量子計算機暗号

距離を $d := \min_{\mathbf{x} \neq \mathbf{y}}(\mathrm{dt}(\mathbf{x}, \mathbf{y}))$ とすると，$d = \min_{\mathbf{x} \in \mathcal{C} \setminus \{\mathbf{0}\}}(\mathrm{wt}(\mathbf{x}))$ を満たす．

補題 4.8 (n, k)-バイナリ線形符号の最小距離を d とする．パリティ検査行列 $\mathbf{H} \in \mathbb{F}_2^{(n-k) \times n}$ とシンドローム $\mathbf{s} \in \mathbb{F}_2^{n-k}$ に対して，$\mathbf{s}^\top = \mathbf{H} \mathbf{e}^\top$ を満たす $\mathbf{e} \in \mathbb{F}_2^n$ は，$\mathrm{wt}(\mathbf{e}) \leqq (d-1)/2$ において一意的である． □

[証明] $\mathrm{wt}(\mathbf{e}_1), \mathrm{wt}(\mathbf{e}_2) \leqq (d-1)/2$ を満たすベクトル $\mathbf{e}_1, \mathbf{e}_2 \in \mathbb{F}_2^n$ に対して，$\mathbf{s}^\top = \mathbf{H} \mathbf{e}_1^\top$，$\mathbf{s}^\top = \mathbf{H} \mathbf{e}_2^\top$ とする．このとき，$\mathbf{H}(\mathbf{e}_1 + \mathbf{e}_2)^\top = \mathbf{s}^\top + \mathbf{s}^\top = \mathbf{0}$ より，$\mathbf{e}_1 + \mathbf{e}_2 \in \mathcal{C}$ となる．$\mathbf{e}_1 \neq \mathbf{e}_2$ の場合，$\mathrm{dt}(\mathbf{e}_1 + \mathbf{e}_2, \mathbf{0}) \leqq \mathrm{wt}(\mathbf{e}_1) + \mathrm{wt}(\mathbf{e}_2) < d$ を満たすため，$\mathcal{C}$ の最小距離が d であることに矛盾する． ∎

補題 4.8 から，(n, k)-バイナリ線形符号の最小距離が d の場合，$(d-1)/2$ ビット以下の誤り訂正が可能となる．以下に，最小距離 d の (n, k)-バイナリ線形符号を用いた McEliece 暗号の構成方法を説明する．

- 鍵生成：行列 $\mathbf{Q} \in \mathbb{F}_2^{k \times (n-k)}$，単位行列 $\mathbf{I}_k \in \mathbb{F}_2^{k \times k}$ に対して，階数 k の行列を $\mathbf{G} = (\mathbf{I}_k \mid \mathbf{Q}) \in \mathbb{F}_2^{k \times n}$ とする．$\mathbf{G}$ を生成行列とする (n, k)-バイナリ線形符号 $\mathcal{C}$ の最小距離は d であるとする．また，正則行列 $\mathbf{T} \in \mathbb{F}_2^{k \times k}$ と置換行列 $\mathbf{P} \in \mathbb{F}_2^{n \times n}$ をランダムに選び，$\mathbf{G}' := \mathbf{T} \mathbf{G} \mathbf{P} \in \mathbb{F}_2^{k \times n}$ とする．$\mathbf{G}'$ を公開鍵，$(\mathbf{T}, \mathbf{G}, \mathbf{P})$ を秘密鍵とする．

- 暗号化：平文 $\mathbf{m} \in \mathbb{F}_2^k$ に対して，$1 \leqq \mathrm{wt}(\mathbf{e}) \leqq (d-1)/2$ を満たすランダムな $\mathbf{e} \in \mathbb{F}_2^n$ を生成して，公開鍵 $\mathbf{G}' \in \mathbb{F}_2^{k \times n}$ により，暗号文を $\mathbf{c} = \mathbf{m} \mathbf{G}' + \mathbf{e}$ とする．

- 復号：暗号文 $\mathbf{c}$ に対して，秘密鍵 $\mathbf{P}$ により，$\mathbf{c} \mathbf{P}^{-1} = \mathbf{m} \mathbf{T} \mathbf{G} + \mathbf{e} \mathbf{P}^{-1}$ を計算する．パリティ検査行列 $\mathbf{H} = (\mathbf{Q}^\top \mid \mathbf{I}_{n-k})$ に対して，$\mathbf{c} \mathbf{P}^{-1}$ のシンドローム $\mathbf{s}^\top = \mathbf{H}(\mathbf{c} \mathbf{P}^{-1})^\top$ を計算し，$\mathbf{s}^\top = \mathbf{H}(\mathbf{e} \mathbf{P}^{-1})^\top$ を満たす $\mathbf{e} \mathbf{P}^{-1}$ を求める．$\mathbf{G} = (\mathbf{I}_k \mid \mathbf{Q})$ なので，$\mathbf{c} \mathbf{P}^{-1} + \mathbf{e} \mathbf{P}^{-1} = (\mathbf{m} \mathbf{T} \mid \mathbf{m} \mathbf{T} \mathbf{Q})$ となり，$\mathbf{m} \mathbf{T}$ が計算できる．最後に，秘密鍵 $\mathbf{T}$ を用いて，平文 $\mathbf{m} = \mathbf{m} \mathbf{T} \mathbf{T}^{-1}$ を復元する．

ここで，$\mathrm{wt}(\mathbf{e} \mathbf{P}^{-1}) = \mathrm{wt}(\mathbf{e}) \leqq (d-1)/2$ であるので，補題 4.8 から $\mathbf{s}^\top = \mathbf{H}(\mathbf{e} \mathbf{P}^{-1})^\top$ を満たす $\mathbf{e} \mathbf{P}^{-1}$ は一意的より，復号は正しい．

例 4.9 $\mathcal{C}$ を次の行列 $\mathbf{G} \in \mathbb{F}_2^{4 \times 7}$ で生成される $(7, 4)$-バイナリ線形符号とする．$\mathcal{C}$ の最小距離は $d = 3$ であり，1 ビットの誤りを訂正できる．

$$\mathbf{G} = (\mathbf{I}_k \mid \mathbf{Q}) = \begin{pmatrix} 1 & 0 & 0 & 0 & 1 & 1 & 0 \\ 0 & 1 & 0 & 0 & 1 & 0 & 1 \\ 0 & 0 & 1 & 0 & 0 & 1 & 1 \\ 0 & 0 & 0 & 1 & 1 & 1 & 1 \end{pmatrix}$$

次の正則行列 $\mathbf{T} \in \mathbb{F}_2^{4 \times 4}$ と置換行列 $\mathbf{P} \in \mathbb{F}_2^{7 \times 7}$ に対して，$(\mathbf{T}, \ \mathbf{G}, \ \mathbf{P})$ を秘密鍵とする.

$$\mathbf{T} = \begin{pmatrix} 0 & 1 & 1 & 1 \\ 1 & 0 & 1 & 1 \\ 1 & 0 & 1 & 0 \\ 0 & 0 & 1 & 1 \end{pmatrix}, \quad \mathbf{P} = \begin{pmatrix} 0 & 1 & 0 & 0 & 0 & 0 & 0 \\ 0 & 0 & 0 & 1 & 0 & 0 & 0 \\ 0 & 0 & 0 & 0 & 0 & 1 & 0 \\ 1 & 0 & 0 & 0 & 0 & 0 & 0 \\ 0 & 0 & 0 & 0 & 1 & 0 & 0 \\ 0 & 0 & 1 & 0 & 0 & 0 & 0 \\ 0 & 0 & 0 & 0 & 0 & 0 & 1 \end{pmatrix}$$

$\mathbf{G}' = \mathbf{TGP}$ を公開鍵とする.

$$\mathbf{G}' = \begin{pmatrix} 1 & 0 & 0 & 1 & 0 & 1 & 1 \\ 1 & 1 & 1 & 0 & 0 & 1 & 0 \\ 0 & 1 & 0 & 0 & 1 & 1 & 1 \\ 1 & 0 & 0 & 1 & 1 & 1 & 0 \end{pmatrix}$$

次に，平文 $\mathbf{m} = (1,0,1,1) \in \mathbb{F}_2^4$ に対して $\mathbf{mG}' = (0,1,0,1,0,1,0) \in \mathbb{F}_2^7$ を計算する．$\mathrm{wt}(\mathbf{e}) = 1 \leqq (d-1)/2$ となるベクトル $\mathbf{e} = (1,0,0,0,0,0,0) \in \mathbb{F}_2^7$ に対して，暗号文を $\mathbf{c} = (1,1,0,1,0,1,0) \in \mathbb{F}_2^7$ とする．

復号では，暗号文 $\mathbf{c}$ に対して秘密鍵 $\mathbf{P}$ より，$\mathbf{cP}^{-1} = (1,1,1,1,0,0,0) \in \mathbb{F}_2^7$ を計算する．パリティ検査行列 $\mathbf{H} = (\mathbf{Q}^\top \mid \mathbf{I}_3) \in \mathbb{F}_2^{3 \times 7}$ を用いて，$\mathbf{cP}^{-1}$ のシンドローム $\mathbf{s} = (1,1,1) \in \mathbb{F}_2^3$ を計算する．$\mathbf{s}^\top = \mathbf{H}(\mathbf{eP}^{-1})^\top$ を満たす一意的な $\mathbf{eP}^{-1} = (0,0,0,1,0,0,0) \in \mathbb{F}_2^7$ を求めることにより，$\mathbf{mT} = (1,1,1,0) \in \mathbb{F}_2^4$ が計算できる．秘密鍵 $\mathbf{T}$ の逆行列

162   4 耐量子計算機暗号

$$\mathbf{T}^{-1} = \begin{pmatrix} 0 & 1 & 0 & 1 \\ 1 & 0 & 0 & 1 \\ 0 & 1 & 1 & 1 \\ 0 & 1 & 1 & 0 \end{pmatrix}$$

から，平文 $\mathbf{m} = (1, 0, 1, 1) \in \mathbb{F}_2^4$ を復元する． $\square$

　McEliece 暗号の安全性は，暗号文 $\mathbf{c} = \mathbf{m}\mathbf{G}' + \mathbf{e}$ から，$1 \leqq \mathrm{wt}(\mathbf{e}) \leqq (d-1)/2$ を満たす $\mathbf{e} \in \mathbb{F}_2^n$ を求める困難性による．$\mathbf{G}'$ により生成される (n, k)-バイナリ線形符号のパリティ検査行列を $\mathbf{H}' \in \mathbb{F}_2^{(n-k)\times n}$ とすると $\mathbf{H}'\mathbf{c}^\top = \mathbf{H}'\mathbf{e}^\top$ が成立し，$\mathbf{c} \in \mathbb{F}_2^n$ のシンドローム $\mathbf{s}^\top = \mathbf{H}'\mathbf{c}^\top$ から $\mathbf{e} \in \mathbb{F}_2^n$ を求める問題となる．これは，以下のシンドローム復号問題(Syndrome Decoding Problem: SDP)を解く問題であり，NP 完全であることが知られている[24]．

　定義 4.10（シンドローム復号問題）　階数 k の行列 $\mathbf{G} \in \mathbb{F}_2^{k\times n}$ により生成される (n, k)-バイナリ線形符号に対して，パリティ検査行列 $\mathbf{H} \in \mathbb{F}_2^{(n-k)\times n}$ およびシンドローム $\mathbf{s} \in \mathbb{F}_2^{n-k}$ が与えられたとする．$\mathrm{wt}(\mathbf{e}) = w$ かつ $\mathbf{s}^\top = \mathbf{H}\mathbf{e}^\top$ を満たす $\mathbf{e} \in \mathbb{F}_2^n$ を求める． $\square$

　シンドローム復号問題を解く高速な方法として，Information Set Decoding (ISD)アルゴリズムが知られている[134]．以下に，ISD アルゴリズムの基本的なアイディアを説明する．置換行列 $\mathbf{P} \in \mathbb{F}_2^{n\times n}$ に対して $\mathbf{e}^\top = \mathbf{P}\mathbf{e}'^\top$ とおくと，

$$\mathbf{s}^\top = \mathbf{H}\mathbf{e}^\top \Leftrightarrow \mathbf{s}^\top = \mathbf{H}\mathbf{P}\mathbf{e}'^\top$$

が成り立つ．よって，与えられた $\mathbf{H}, \mathbf{s}$ に対して，1 つの置換行列 $\mathbf{P}$ を固定して，総当たりで $\mathbf{s}^\top = \mathbf{H}\mathbf{P}\mathbf{e}'^\top$ を満たす $\mathbf{e}' \in \mathbb{F}_2^n$ を求めれば，シンドローム復号問題を解くことができる．

　具体的には，正則行列 $\mathbf{T} \in \mathbb{F}_2^{(n-k)\times(n-k)}$ に対して，$\mathbf{T}\mathbf{H}\mathbf{P} = (\mathbf{Q} \mid \mathbf{I}_{n-k})$ を満たす行列 $\mathbf{Q} \in \mathbb{F}_2^{(n-k)\times k}$ を考えるとき，$\mathbf{e}' = (\mathbf{e}'_1 \mid \mathbf{e}'_2) \in \mathbb{F}_2^n$ $(\mathbf{e}'_1 \in \mathbb{F}_2^k,\ \mathbf{e}'_2 \in \mathbb{F}_2^{n-k})$ と分割すると，

$$(4.5) \qquad \mathbf{T}\mathbf{s}^\top = \mathbf{T}\mathbf{H}\mathbf{P}\mathbf{e}'^\top = (\mathbf{Q} \mid \mathbf{I}_{n-k})\mathbf{e}'^\top = \left(\mathbf{Q}\mathbf{e}'^\top_1 \mid \mathbf{e}'^\top_2\right)$$

を満たす. したがって, $\mathrm{wt}(\mathbf{e}') = w$ を満たすベクトル $\mathbf{e}' \in \mathbb{F}_2^n$ を分割して, $\mathrm{wt}(\mathbf{e}_1') = p$ を満たすベクトル $\mathbf{e}_1' \in \mathbb{F}_2^k$ および $\mathrm{wt}(\mathbf{e}_2') = w - p$ を満たすベクトル $\mathbf{e}_2' \in \mathbb{F}_2^{n-k}$ を総当たりで探索することが可能となる. 以上の方法は Prange アルゴリズムといわれ, 計算量は以下のようになる.

定理 4.11 パラメータ $0 \leqq p \leqq w$ に対する Prange アルゴリズムは, (n, k)-バイナリ線形符号に対するシンドローム復号問題を, 計算量

$$\tilde{\mathrm{O}} \left(\frac{1}{P(p)} \begin{pmatrix} k \\ p \end{pmatrix} \right)$$

で求めることができる. ただし,

$$P(p) = \begin{pmatrix} k \\ p \end{pmatrix} \begin{pmatrix} n-k \\ w-p \end{pmatrix} \Big/ \begin{pmatrix} n \\ w \end{pmatrix}$$

とする. □

[証明] 1つの置換行列 $\mathbf{P}$ に対して, $\mathrm{wt}(\mathbf{e}_1') = p$ の $\mathbf{e}_1' \in \mathbb{F}_2^k$ を総当たりする計算量は $\tilde{\mathrm{O}} \left(\begin{pmatrix} k \\ p \end{pmatrix} \right)$ となる. 置換行列 $\mathbf{P}^{-1}$ により, $\mathrm{wt}(\mathbf{e}) = w$ のベクトル $\mathbf{e} \in \mathbb{F}_2^n$ が

$$\mathbf{e}' = (\mathbf{e}_1' \mid \mathbf{e}_2') \in \mathbb{F}_2^k \times \mathbb{F}_2^{n-k}, \quad \mathrm{wt}(\mathbf{e}_1') = p, \quad \mathrm{wt}(\mathbf{e}_2') = w - p$$

と変換される確率を $P(p)$ とする. ここでベクトル $\mathbf{e}_1', \mathbf{e}_2'$ は, それぞれ $\mathbb{F}_2^k$, $\mathbb{F}_2^{n-k}$ 上で一様に分布していると仮定する. このとき, 上の条件を満たす $\mathbf{e}'$ は, $\mathbf{e}$ の n 個の成分において w 個の 1 と $n - w$ 個の 0 を一列に並べる事象に対して, $\mathbf{e}_1'$ の k 個の成分において p 個が 1 かつ $k - p$ 個が 0, 残りの $\mathbf{e}_2'$ の $n - k$ 個の成分において $w - p$ 個が 1 かつ $n - k - (w - p)$ 個が 0 となる場合の数だけ存在する. そのため,

$$P(p) = \begin{pmatrix} k \\ p \end{pmatrix} \begin{pmatrix} n-k \\ w-p \end{pmatrix} \Big/ \begin{pmatrix} n \\ w \end{pmatrix}$$

を満たす. 以上より, 置換行列をランダムに取り直して正しい答えが得られる

164   4 耐量子計算機暗号

繰り返し回数の期待値は $P(p)^{-1}$ となり，定理の主張を得る. ▮

系 4.12 (n,k)-バイナリ線形符号に対するシンドローム復号問題を解く Prange アルゴリズムにおいて，k に関する最悪時計算量は $\tilde{O}(2^{0.1207n})$ となる. □

[証明] $0 \leqq x \leqq 1$ に対して，$H(x) = -x\log_2 x - (1-x)\log_2(1-x)$ とする．Stirling 公式から，$\begin{pmatrix} n \\ r \end{pmatrix} = \tilde{O}(2^{nH(r/n)})$ が成り立つ．$c_x = x/n$ とすると，Prange アルゴリズムの計算量は，$\tilde{O}(2^{\alpha n})$ に対して，

$$\alpha = H(c_w) - (1-c_k)H((c_w - c_p)/(1-c_k))$$

となる．$0 \leqq c_k \leqq 1$，$c_w = H^{-1}(1-c_k)$，$0 \leqq c_w - c_p \leqq 1 - c_k$ の条件において，k の最大値は $\alpha = 0.1207$ となる. ▮

Prange アルゴリズムに Grover の量子探索アルゴリズムを組み合わせた方法が提案されており，正しい置換行列 $\mathbf{P}$ を求める繰り返し回数の期待値が $P(p)$ から $\sqrt{P(p)}$ に削減されるため，以下の計算量となる [25].

定理 4.13 パラメータ $0 \leqq p \leqq w$ に対する量子版の Prange アルゴリズムは，計算量 $\tilde{O}\left(\dfrac{1}{\sqrt{P(p)}}\begin{pmatrix} k \\ p \end{pmatrix}\right)$ で (n,k)-バイナリ線形符号に対するシンドローム復号問題を求めることができる．ただし，$P(p)$ は定理 4.11 で与えられたものとする. □

系 4.14 (n,k)-バイナリ線形符号に対するシンドローム復号問題を解く量子版の Prange アルゴリズムにおいて，k に関する最悪時計算量は $\tilde{O}\left(2^{0.0635n}\right)$ となる. □

また，Prange アルゴリズムでは，定数個の行列とベクトルのみを計算に用いるため，空間計算量は n の多項式オーダーとなる．n の指数関数的な $\tilde{O}(2^{\alpha n})$ のメモリを使用することにより，（量子）ISD アルゴリズムを高速化する手法が多く提案されている [89].

4.7 ハッシュ関数署名

ハッシュ関数の衝突困難性と一方向性の安全性に基づく Merkle 署名に関して説明する[113].

Merkle 署名は，ハッシュ関数 $H: \{0,1\}^* \to \{0,1\}^n$ およびハッシュ関数の一方向性を利用したワンタイム署名 (1Gen, 1Sig, 1Ver) を用いて構成する. 1.4.2 項で説明したように，一方向性関数によりワンタイム署名は EUF-CMA の安全性を満たす.

- 鍵生成：$N \in \mathbb{N}$ として，添え字 $i = 0, 1, \ldots, 2^N - 1$ に対して，ワンタイム署名 (1Gen, 1Sig, 1Ver) の秘密鍵 X_i と公開鍵 Y_i の組を 2^N 個生成する. Merkle 署名では，ハッシュ木 $\mathcal{T}$ と呼ばれる深さが N の完全二分木を利用する. ハッシュ木 $\mathcal{T}$ では，深さが $j \in \{0, 1, \ldots, N\}$ において，一番左から $i \in \{0, 1, \ldots, 2^j - 1\}$ 番目のノードを $K_{j,i}$ と表す. 深さ $j = N$ の葉は，公開鍵 Y_i に対するハッシュ値 $K_{N,i} = H(Y_i)$ とする $(i = 0, 1, \ldots, 2^N - 1)$.

また，深さ $j \in \{1, \ldots, N\}$ のハッシュペアを

$$(K_{j,i}, K_{j,i+1}), \quad i \in \{0, 2, \ldots, 2^j - 2\}$$

と，添え字 i が偶数と右隣のノードの組と定義する. 深さ j のハッシュペアに対して，深さ $j-1$ のハッシュ値を

$$K_{j-1,i/2} = H(K_{j,i}, K_{j,i+1}), \quad i \in \{0, 2, \ldots, 2^j - 2\}$$

により $j = N, N-1, \ldots, 1$ に対して順次計算する. 深さ $j \in \{1, \ldots, N\}$ のノードは 2^j 個あるので，それらのハッシュ値 $K_{j,0}, \ldots, K_{j,2^j-1}$ が計算されることになる. 最後に，ハッシュ木 $\mathcal{T}$ の根となる深さ $j = 0$ のハッシュ値を $K_{0,0} = R$ とする.

公開鍵を R，秘密鍵を $(X_i, Y_i)_{i=0,1,\ldots,2^N-1}$ とする. また，Merkle 署名は最大で 2^N 個の署名しか生成できないため，0 を初期値とする署名のカウンタ $c = 0, 1, \ldots, 2^N - 1$ を準備する. 図 4.3 に $N = 3$ のハッシュ木を示す.

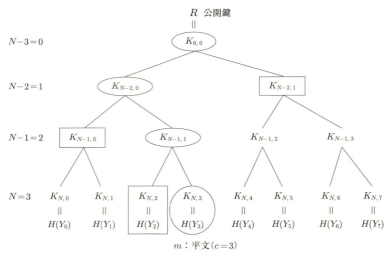

図 4.3 ハッシュ木の例 ($N=3$)

- 署名生成：カウンタが $c \in \{0, 1, \ldots, 2^N - 1\}$ の場合の署名を以下のように生成する．文書 m に対してワンタイム署名の秘密鍵 X_c を用いて，

$$\sigma = \mathtt{1Sig}(m, X_c)$$

を生成する．次に，$j = N, N-1, \ldots, 0$ に対して，以下のようにハッシュ値と深さ j のハッシュペアを求める．ハッシュ木 $\mathcal{T}$ の葉となる $j = N$ では，$i = 0, 1, \ldots, 2^N - 1$ に対して，秘密鍵 Y_i のハッシュ値を $K_{N,i} = H(Y_i)$ とする．また，カウンタ c に対するハッシュ値 $K_{N,c}$ とのハッシュペアは，

$$\begin{cases} (K_{N,c}, P_N), & P_N = K_{N,c+1} \quad (\text{if } c = 0 \bmod 2) \\ (P_N, K_{N,c}), & P_N = K_{N,c-1} \quad (\text{if } c = 1 \bmod 2) \end{cases}$$

を満たす P_N として決める．

次に，深さ $j = N-1, N-2, \ldots, 1$ となる場合は，$i = 0, 1, \ldots, 2^j - 1$ に対して，ハッシュ値 $K_{j,i} = H(K_{j+1,2i}, K_{j+1,2i+1})$ を計算する．ここで，完全二分木のハッシュ木 $\mathcal{T}$ において，$i = 0, \ldots, 2^N - 1$ に対して，

深さ $j = N, \ldots, 1$ に対するノード $K_{j, \lfloor i/2^{N-j} \rfloor}$ は，葉 $K_{N,i} = H(Y_i)$ から根 $K_{0,0} = R$ まで連結している．これより，カウンタ c に対応するハッシュ値は $K_{j, \lfloor c/2^{N-j} \rfloor}$ となる．また，$K_{j, \lfloor c/2^{N-j} \rfloor}$ とのハッシュペアは，

$$
\begin{cases}
(K_{j, \lfloor c/2^{N-j} \rfloor}, P_j), & P_j = K_{j, \lfloor c/2^{N-j} \rfloor + 1} \quad (\text{if } \lfloor c/2^{N-j} \rfloor = 0 \bmod 2) \\
(P_j, K_{j, \lfloor c/2^{N-j} \rfloor}), & P_j = K_{j, \lfloor c/2^{N-j} \rfloor - 1} \quad (\text{if } \lfloor c/2^{N-j} \rfloor = 1 \bmod 2)
\end{cases}
$$

を満たす P_j として決める．この操作を繰り返して，$j = N, N-1, \ldots, 1$ に対するハッシュペア列 $(P_N, P_{N-1}, \ldots, P_1)$ を計算する．カウンタ c の文書 m に対する署名 s を

$$
s = (c, \sigma, Y_c, P_N, P_{N-1}, \ldots, P_1)
$$

とする．最後にカウンタ c を 1 増やす．カウンタが $c = 2^N - 1$ となれば，それ以降は署名生成を行わない．

- 署名検証：カウンタ c に対する文書 m の署名 $s = (c, \sigma, Y_c, P_N, P_{N-1}, \ldots, P_1)$ を以下のように検証する．最初に，ワンタイム署名の公開鍵 Y_c を用いて，文書 m と σ の正しさを $\mathtt{1Ver}(m, \sigma, Y_c)$ により検証する．正しい場合は，$W_N = H(Y_c)$ とし，$j = N, N-1, \ldots, 1$ に対して，署名のハッシュペア列 $(P_N, P_{N-1}, \ldots, P_1)$ を用いてハッシュ値

$$
W_{j-1} = \begin{cases}
H(W_j, P_j) & (\text{if } \lfloor c/2^{N-j} \rfloor = 0 \bmod 2) \\
H(P_j, W_j) & (\text{if } \lfloor c/2^{N-j} \rfloor = 1 \bmod 2)
\end{cases}
$$

を計算する．公開鍵 R に対して，$W_0 = R$ ならば署名 s は正しいとする．

Merkle 署名の安全性は，ハッシュ関数 H が衝突困難性を満たし，ワンタイム署名 $(\mathtt{1Gen}, \mathtt{1Sig}, \mathtt{1Ver})$ が EUF-CMA である場合，EUF-CMA を満たすことを以下に証明する．最初に以下の補題を示す．

補題 4.15 攻撃者が，同じカウンタ c に対して署名検証が成立する 2 種類の署名

$$
s = (c, \sigma, Y_c, P_N, P_{N-1}, \ldots, P_1), \quad s' = (c, \sigma', Y_c', P_N', P_{N-1}', \ldots, P_1')
$$

を得たとする．$Y_c \neq Y_c'$ または $(P_N, P_{N-1}, \ldots, P_1) \neq (P_N', P_{N-1}', \ldots, P_1')$ と

168   4 耐量子計算機暗号

なる場合，ハッシュ関数 H の衝突を得ることができる．　　　　　　□

[証明] ハッシュペアの列 $\mathbf{P} = (P_N, \ldots, P_1)$ に対応するハッシュ値の列を
$\mathbf{W} = (W_N, \ldots, W_1)$ とすると，$j = N, \ldots, 1$ に対して，$W_{j-1} = H(P_j, W_j)$ or
$W_{j-1} = H(W_j, P_j)$ および $W_0 = R$ が成り立つ．同様に，ハッシュペアの列
$\mathbf{P}' = (P'_N, \ldots, P'_1)$ に対応するハッシュ値の列を $\mathbf{W}' = (W'_N, \ldots, W'_1)$ とする
と，$W'_{j-1} = H(P'_j, W'_j)$ or $W'_{j-1} = H(W'_j, P_j)$ および $W'_0 = R$ が成り立つ．
最初に，$\mathbf{P} \neq \mathbf{P}'$ の場合には，ある $j \in \{N, \ldots, 1\}$ が存在して，$(P_j, W_j) \neq$
(P'_j, W'_j) or $(W_j, P_j) \neq (W'_j, P'_j)$ に対して，

$$W_{j-1} = H(P_j, W_j) = H(P'_j, W'_j) \text{ or } W_{j-1} = H(W_j, P_j) = H(W'_j, P'_j)$$

を満たすため，ハッシュ関数 H の衝突を得ることができる．次に，$\mathbf{P} = \mathbf{P}'$
かつ $Y_i \neq Y'_i$ が成り立つとする．$\mathbf{P} = \mathbf{P}'$ より $W_{N-1} = W'_{N-1}$ を満たすとして
良い．実際，$W_{N-1} \neq W'_{N-1}$ の場合は，上の議論と同様にハッシュ関数 H の
衝突を得る．よって，$P_N = P'_N$ かつ $W_{N-1} = W'_{N-1}$ となるが，$Y_c \neq Y'_c$ より
$W_N = H(Y_c) \neq H(Y'_c) = W'_N$ を満たすため

$$W_{N-1} = H(P_N, W_N) = H(P_N, W'_N) \text{ or } W_{N-1} = H(W_N, P_N) = H(W'_N, P_N)$$

となる．これより，ハッシュ関数 H の衝突を得ることができる．　　■

以下の定理のように，Merkle 署名の安全性は，EUF-CMA を満たす．

定理 4.16 ハッシュ関数 H が衝突困難性を有し，ハッシュ関数 H の一方
向性を利用したワンタイム署名 $(\mathtt{1Gen}, \mathtt{1Sig}, \mathtt{1Ver})$ が EUF-CMA である場合，
Merkle 署名は EUF-CMA を満たす．　　　　　　　　　　　　　　□

[証明] Merkle 署名に対して 2^N 回の選択文書攻撃により確率 ε で署名の
存在的偽造をする攻撃者を $\mathcal{F}$ とする．以下に，$\mathcal{F}$ を用いて，ハッシュ関数 H
の衝突を求めるか，ワンタイム署名 $(\mathtt{1Gen}, \mathtt{1Sig}, \mathtt{1Ver})$ の偽造をする攻撃者 $\mathcal{A}$
を構成できることを示す．

攻撃者 $\mathcal{A}$ の入力として，ワンタイム署名の公開鍵 Pub が与えられる．攻撃
者 $\mathcal{A}$ は，$0 \leqq t < 2^N$ をランダムに選び $Y_t = Pub$ とする．また，$i \neq t$ となる
$0 \leqq t < 2^N$ に対しては，攻撃者 $\mathcal{A}$ は，$\mathtt{1Gen}$ から公開鍵 Y_i と秘密鍵 X_i を得
て，Merkle 署名の鍵生成を行う．ハッシュ木の根 R を Merkle 署名の公開鍵

とする．Merkle 署名の秘密鍵は，$i \neq t$ の場合は (X_i, Y_i) とし，$i = t$ の場合は $Y_t = Pub$ とする．また，Y_t を公開鍵とするワンタイム署名に対して，1回のみクエリ可能な署名オラクル $\mathcal{O}_{\mathrm{1Sig}}$ が与えられる．

攻撃者 $\mathcal{A}$ は，攻撃者 $\mathcal{F}$ の署名オラクルに問い合わせる文書 m_i $(0 \leqq i < 2^N)$ と対応する署名 s_i $(0 \leqq i < 2^N)$ を以下のように生成する．$i = t$ の場合は，Y_t を公開鍵とする署名オラクル $\mathcal{O}_{\mathrm{1Sig}}$ に問い合わせて署名を得る．$i \neq t$ の場合は，秘密鍵 (X_i, Y_i) を用いて署名を生成する．得られた文書 m_i に対する署名を

$$s_i = (i, \sigma, Y_i, P_N, \ldots, P_1)$$

とする．さらに，攻撃者 $\mathcal{F}$ は，m_i $(0 \leqq i < 2^N)$ とは異なる文書 m' と偽造署名 s' の組 (m', s') を出力する．ここで，偽造署名は

$$s' = (c', \sigma', Y', P'_N, \ldots, P'_1)$$

であるとする．

次に，攻撃者 $\mathcal{A}$ は，カウンタが $i = c'$ となる署名 $s_{c'} = (c', \sigma, Y_{c'}, P_N, \ldots, P_1)$ に対して，$Y' \neq Y_{c'}$ または $(P'_N, \ldots, P'_1) \neq (P_N, \ldots, P_1)$ を満たす場合は，補題 4.15 よりハッシュ関数 H の衝突を得る．$Y' = Y_{c'}$ かつ $(P'_N, \ldots, P'_1) = (P_N, \ldots, P_1)$ の場合は，攻撃者 $\mathcal{A}$ は，公開鍵が $Y_{c'}$ となるワンタイム署名の偽造 (m', σ') に成功する．その他の場合は，攻撃者 $\mathcal{A}$ は失敗として停止する．

最後に，$Y' \neq Y_{c'}$ または $(P'_N, \ldots, P'_1) \neq (P_N, \ldots, P_1)$ となる事象が発生する確率を p とする．攻撃者 $\mathcal{A}$ は，ハッシュ関数 H の衝突を確率 $p\varepsilon$ で求める．そうでない場合は，攻撃者 $\mathcal{F}$ からの出力 Y' は確率 $1/2^N$ で $Y' = Y_t$ となるため，攻撃者 $\mathcal{A}$ は，確率 $(1 - p)(1/2^N)\varepsilon$ で公開鍵が Y_t となるワンタイム署名の偽造 (m', σ') に成功する．以上より，Merkle 署名に対する EUF-CMA の成功確率 ε が negligible でない場合は，ハッシュ関数 H の衝突またはワンタイム署名 (1Gen, 1Sig, 1Ver) の偽造が negligible ではない確率で成功するため矛盾する． ∎

ハッシュ関数 $H : \{0, 1\}^* \to \{0, 1\}^n$ における衝突問題は，古典計算機により $\mathrm{O}\left(2^{n/2}\right)$ の計算量（1.4.1 項），量子計算機により $\mathrm{O}\left(2^{n/3}\right)$ で解読可能とな

170   4   耐量子計算機暗号

る[176]．また，定理 1.13(1.4.2 項)で示したように，ワンタイム署名の安全
性は一方向性関数の逆像計算の困難性に帰着され，古典計算機により $O\left(2^{n/2}\right)$
の計算量，Grover の量子アルゴリズムにより $O\left(2^{n/3}\right)$ で解読可能となる[74]．

Merkle 署名は，多くのハッシュ値を計算するため，秘密鍵および署名のサ
イズが大きくなる．ハッシュ値の計算方法を効率化する改良方法が多く知られ
ている[36]．また，NIST PQC 標準化プロジェクトにおいて，ハッシュ関数
を利用したディジタル署名として SPHINCS+ が標準方式として採用されてい
る(https://sphincs.org/)．

5 格子暗号

本章では，最短ベクトル問題(Shortest Vector Problem: SVP)の困難性を利用した格子暗号について解説する．格子に関する基本的な性質を述べた後に，SVP を効率的に解くアルゴリズムをいくつか紹介する．また，4.3 節で述べた NTRU 暗号と並ぶ効率的な格子暗号として，LWE (Learning with Errors)問題の困難性を基にした鍵共有方式の構成方法と安全なパラメータの導出方法に関して解説する．

本書では，LWE 問題ベースの格子暗号の安全性評価方法を説明することを主な目的として，格子の基本的な性質に関しては最小限の記述に留めている．格子理論の詳しい説明に関しては，次の文献を参照して頂きたい[14, 63, 80, 108, 114]．

5.1 格子の基本性質

格子は m 次元実ベクトル空間 $\mathbb{R}^m$ の離散的な部分集合となる．

定義 5.1 1 次独立なベクトル $\mathbf{b}_1, \ldots, \mathbf{b}_n \in \mathbb{R}^m$ $(n \leqq m)$ の整数係数の線形結合全体の集合

$$L(\mathbf{b}_1, \ldots, \mathbf{b}_n) := \left\{ \sum_{i=1}^{n} x_i \mathbf{b}_i \ \middle|\ x_1, \ldots, x_n \in \mathbb{Z} \right\}$$

を，$\mathbf{b}_1, \ldots, \mathbf{b}_n$ で生成される格子と定義する． □

例 5.2 $\mathbb{R}^2$ において 1 次独立な $\mathbf{b}_1 = (1, 0)$, $\mathbf{b}_2 = (0, 1)$ で生成される格子 $L(\mathbf{b}_1, \mathbf{b}_2)$ は $\mathbb{Z}^2$ となる．また，$\mathbf{b}_1, \mathbf{b}_2$ と異なる 1 次独立なベクトル $\mathbf{c}_1 = (2, 1)$,

$\mathbf{c}_2 = (1,1)$ で生成される格子 $L(\mathbf{c}_1, \mathbf{c}_2)$ も $\mathbb{Z}^2$ となる. ☐

5.1.1 格子基底と基底行列

格子 $L \subset \mathbb{R}^m$ が 1 次独立なベクトル $\mathbf{b}_1, \ldots, \mathbf{b}_n \in \mathbb{R}^m$ で生成されるとき, $\{\mathbf{b}_1, \ldots, \mathbf{b}_n\}$ を格子 L の基底と呼び, $n \times m$ 行列

$$\mathbf{B} := \begin{pmatrix} \mathbf{b}_1 \\ \vdots \\ \mathbf{b}_n \end{pmatrix} \in \mathbb{R}^{n \times m}$$

を格子 L の基底行列という. 整数 n を格子 L の階数と呼ぶ. 特に, $n = m$ の場合は最大階数(full-rank)であるという. 多くの場合は full-rank の格子を考えるため, 以下では格子の階数を次元と呼ぶことにする.

整数係数の正方行列 $\mathbf{T} \in \mathbb{Z}^{n \times n}$ で行列式が $\det(\mathbf{T}) = \pm 1$ となる場合にユニモジュラ行列という. ユニモジュラ行列の逆行列 $\mathbf{T}^{-1}$ もユニモジュラ行列となる.

定理 5.3 格子 $L \subset \mathbb{R}^m$ の 2 つの基底を $\{\mathbf{b}_1, \ldots, \mathbf{b}_n\}$, $\{\mathbf{c}_1, \ldots, \mathbf{c}_n\}$ とし, その基底行列をそれぞれ $\mathbf{B}, \mathbf{C} \in \mathbb{R}^{n \times m}$ とする. このとき, あるユニモジュラ行列 $\mathbf{T} \in \mathbb{Z}^{n \times n}$ が存在して, $\mathbf{C} = \mathbf{TB}$ (かつ $\mathbf{B} = \mathbf{T}^{-1}\mathbf{C}$)を満たす. ☐

[証明] $L(\mathbf{b}_1, \ldots, \mathbf{b}_n) = L(\mathbf{c}_1, \ldots, \mathbf{c}_n)$ より, $i = 1, \ldots, n$ に対して,

$$\mathbf{b}_i = \sum_{j=1}^n s_{i,j} \mathbf{c}_j, \quad \mathbf{c}_i = \sum_{j=1}^n t_{i,j} \mathbf{b}_j$$

となる $s_{i,j}, t_{i,j} \in \mathbb{Z}$ が存在する. $n \times n$ 整数行列を, $\mathbf{S} = (s_{i,j})$, $\mathbf{T} = (t_{i,j})$ とすると, $\mathbf{B} = \mathbf{SC}$, $\mathbf{C} = \mathbf{TB}$ が成り立つ. よって, $\mathbf{B} = \mathbf{STB}$, $\mathbf{C} = \mathbf{TSC}$ となる. 格子基底の 1 次独立性から, $\mathbf{ST} = \mathbf{I}_n$, $\mathbf{TS} = \mathbf{I}_n$ が成り立つ. よって,

$$\det(\mathbf{S})\det(\mathbf{T}) = \det(\mathbf{ST}) = \det(\mathbf{I}_n) = 1$$

かつ $\det(\mathbf{S}), \det(\mathbf{T}) \in \mathbb{Z}$ より, $\det(\mathbf{S}), \det(\mathbf{T}) \in \{1, -1\}$ となる. 以上より, $\mathbf{S}, \mathbf{T}$ はユニモジュラ行列である. ∎

例 5.4 上の例 5.2 では, 格子 $L(\mathbf{b}_1, \mathbf{b}_2)$, $L(\mathbf{c}_1, \mathbf{c}_2)$ の基底行列

$$\mathbf{B} = \begin{pmatrix} 1 & 0 \\ 0 & 1 \end{pmatrix}, \quad \mathbf{C} = \begin{pmatrix} 2 & 1 \\ 1 & 1 \end{pmatrix}$$

に対して，ユニモジュラ行列

$$\mathbf{T} = \begin{pmatrix} 2 & 1 \\ 1 & 1 \end{pmatrix}, \quad \mathbf{T}^{-1} = \begin{pmatrix} 1 & -1 \\ -1 & 2 \end{pmatrix}$$

を用いて，$\mathbf{TB} = \mathbf{C}$, $\mathbf{B} = \mathbf{T}^{-1}\mathbf{C}$ と表される. $\qquad\qquad\qquad\square$

定義 5.5 格子 $L \subset \mathbb{R}^m$ の基底 $\{\mathbf{b}_1, \ldots, \mathbf{b}_n\}$ に対して，格子 $L(\mathbf{b}_1, \ldots, \mathbf{b}_n)$ の基本領域を $\mathcal{F}(\mathbf{b}_1, \ldots, \mathbf{b}_n) := \{t_1 \mathbf{b}_1 + \cdots + t_n \mathbf{b}_n \mid 0 \leqq t_i < 1 \, (i = 1, \ldots, n)\}$ とする. 基本領域の体積 $\mathrm{vol}(\mathcal{F}(\mathbf{b}_1, \ldots, \mathbf{b}_n))$ を，格子 $L(\mathbf{b}_1, \ldots, \mathbf{b}_n)$ の体積と定義する. $\qquad\qquad\qquad\square$

格子が full-rank の場合，任意のベクトル $\mathbf{w} \in \mathbb{R}^m$ は，基本領域に含まれるベクトル $\mathbf{t} \in \mathcal{F}(L)$ と格子点 $\mathbf{v} \in L$ により，$\mathbf{w} = \mathbf{t} + \mathbf{v}$ と一意的に分解される.

5.1.2 Gram-Schmidt 直交化と格子の体積

ベクトル $\mathbf{x} = (x_1, \ldots, x_m)$, $\mathbf{y} = (y_1, \ldots, y_m) \in \mathbb{R}^m$ の内積を

$$\langle \mathbf{x}, \mathbf{y} \rangle := x_1 y_1 + \cdots + x_m y_m$$

として $\mathbf{x} \in \mathbb{R}^m$ のノルムを $\|\mathbf{x}\| := \sqrt{\langle \mathbf{x}, \mathbf{x} \rangle}$ とする. $\mathbb{R}^m$ の 1 次独立なベクトル $\mathbf{b}_1, \ldots, \mathbf{b}_n$ に対して，Gram-Schmidt 直交化（Gram-Schmidt orthogonalization: GSO）ベクトルを

$$\mathbf{b}_1^* := \mathbf{b}_1$$
$$\mathbf{b}_i^* := \mathbf{b}_i - \sum_{j=1}^{i-1} \mu_{i,j} \mathbf{b}_j^* \quad (i = 2, \ldots, n)$$

と定義する. ここで，$\mu_{i,j}$ は GSO 係数 $\mu_{i,j} = \langle \mathbf{b}_i, \mathbf{b}_j^* \rangle / \|\mathbf{b}_j^*\|^2$ とする. ベクトル $\mathbf{b}_1, \ldots, \mathbf{b}_{i-1}$ で張られる $\mathbb{R}$ 上のベクトル空間 $\langle \mathbf{b}_1, \ldots, \mathbf{b}_{i-1} \rangle_{\mathbb{R}}$ に対して，$\|\mathbf{b}_i^*\|$ はベクトル $\mathbf{b}_i$ の $\langle \mathbf{b}_1, \ldots, \mathbf{b}_{i-1} \rangle_{\mathbb{R}}$ までの距離となる $(i = 2, \ldots, n)$.

$\mathbb{R}^m$ の 1 次独立なベクトル $\mathbf{b}_1, \ldots, \mathbf{b}_n$ に対して，ベクトル $\mathbf{b}_i, \mathbf{b}_i^*$ $(i = 1,$

$\ldots, n)$ を行ベクトルとする $n \times m$ 行列をそれぞれ $\mathbf{B}, \mathbf{B}^*$ と書く. また, $n \times n$ 行列 $\mathbf{U}$ は, 対角成分が 1, 上半三角行列部分が 0, 下半三角行列部分が GSO 係数 $\mu_{i,j}$ $(1 \leqq j < i \leqq n)$ となる行列とする.

$$\mathbf{B} := \begin{pmatrix} \mathbf{b}_1 \\ \vdots \\ \mathbf{b}_n \end{pmatrix}, \quad \mathbf{B}^* := \begin{pmatrix} \mathbf{b}_1^* \\ \vdots \\ \mathbf{b}_n^* \end{pmatrix}, \quad \mathbf{U} := \begin{pmatrix} 1 & 0 & 0 & \cdots & 0 \\ \mu_{2,1} & 1 & 0 & \cdots & 0 \\ \mu_{3,1} & \mu_{3,2} & 1 & \cdots & 0 \\ \vdots & \vdots & \vdots & \ddots & \vdots \\ \mu_{n,1} & \mu_{n,2} & \mu_{n,3} & \cdots & 1 \end{pmatrix}$$

このとき, 行列 $\mathbf{B}$ は, 分解 $\mathbf{B} = \mathbf{U}\mathbf{B}^*$ をもつ. また, GSO ベクトルの定義から, $i = 1, \ldots, n$ に対して

$$\|\mathbf{b}_i^*\| \leqq \|\mathbf{b}_i\|, \quad \langle \mathbf{b}_1^*, \ldots, \mathbf{b}_i^* \rangle_{\mathbb{R}} = \langle \mathbf{b}_1, \ldots, \mathbf{b}_i \rangle_{\mathbb{R}}$$

が成り立つ.

定理 5.6 格子 $L \subset \mathbb{R}^m$ の基底 $\{\mathbf{b}_1, \ldots, \mathbf{b}_n\}$ に対して, 基底行列を $\mathbf{B} \in \mathbb{R}^{n \times m}$ とする. 格子の体積 $\mathrm{vol}(\mathcal{F}(\mathbf{b}_1, \ldots, \mathbf{b}_n))$ は

$$\mathrm{vol}(\mathcal{F}(\mathbf{b}_1, \ldots, \mathbf{b}_n))^2 = \det\left(\mathbf{B}\mathbf{B}^\top\right) = \prod_{i=1}^{n} \|\mathbf{b}_i^*\|^2$$

を満たす. また, 体積 $\mathrm{vol}(\mathcal{F}(\mathbf{b}_1, \ldots, \mathbf{b}_n))$ は格子の基底の選び方によらない.

$\square$

[証明] Gram 行列 $\mathbf{B}\mathbf{B}^\top$ は半正定値行列であり, ベクトル $\mathbf{b}_1, \ldots, \mathbf{b}_n$ が 1 次独立より, $\det\left(\mathbf{B}\mathbf{B}^\top\right) > 0$ を満たす. また, Gram-Schmidt 直交化による分解 $\mathbf{B} = \mathbf{U}\mathbf{B}^*$ と $\det(\mathbf{U}) = 1$ から,

$$\det\left(\mathbf{B}\mathbf{B}^\top\right) = \det\left(\mathbf{U}\mathbf{B}^* (\mathbf{B}^*)^\top \mathbf{U}^\top\right) = \det\left(\mathbf{B}^* (\mathbf{B}^*)^\top\right)$$

が成り立つ. 行列 $\mathbf{B}^*$ は $\mathbf{b}_i^*$ の直交性から, $\det\left(\mathbf{B}^* (\mathbf{B}^*)^\top\right) = \prod_{i=1}^{n} \|\mathbf{b}_i^*\|^2$ を満たす. また, 基本領域 $\mathcal{F}(\mathbf{b}_1, \ldots, \mathbf{b}_n)$ は, n 次元区間の領域 $[0, 1)^n$ により $[0, 1)^n \mathbf{B}$ と表すことができる. $\mathbf{U}$ による変換は体積を変化させず, GSO ベクトル $\mathbf{b}_i^*$ の直交性から,

$$\mathrm{vol}(\mathcal{F}(\mathbf{b}_1,\dots,\mathbf{b}_n)) = \mathrm{vol}([0,1)^n\mathbf{B}) = \mathrm{vol}([0,1)^n\mathbf{B}^*) = \prod_{i=1}^{n}\|\mathbf{b}_i^*\|$$

を満たす．最後に，定理 5.3 から格子 $L(\mathbf{b}_1,\dots,\mathbf{b}_n)$ の任意の基底行列 $\mathbf{C}$ は，ユニモジュラ行列 $\mathbf{T}$ により $\mathbf{C}=\mathbf{TB}$ と書けるため，$\det\left(\mathbf{CC}^\top\right) = \det(\mathbf{BB}^\top)$ を満たす． ∎

定理 5.6 により格子 $L(\mathbf{b}_1,\dots,\mathbf{b}_n)$ の体積 $\mathrm{vol}(\mathcal{F}(\mathbf{b}_1,\dots,\mathbf{b}_n))$ は，基底の取り方によらないため，以降は $\mathrm{vol}(L)$ と書く．

系 5.7 (Hadamard 不等式)　格子 $L \subset \mathbb{R}^m$ の基底 $\{\mathbf{b}_1,\dots,\mathbf{b}_n\}$ に対して $\mathrm{vol}(L) \leqq \prod_{i=1}^{n}\|\mathbf{b}_i\|$ を満たす．等号が成立するのは，全てのベクトル $\mathbf{b}_1,\dots,$ $\mathbf{b}_n$ が互いに直交している場合に限る． □

[証明]　定理 5.6 より，$\mathrm{vol}(L) = \prod_{i=1}^{n}\|\mathbf{b}_i^*\|$ を満たし，$i=1,\dots,n$ に対して $\|\mathbf{b}_i^*\| \leqq \|\mathbf{b}_i\|$ が成り立ち主張を得る．等号が成立する場合は，$i=1,\dots,n$ に対して $\|\mathbf{b}_i^*\| = \|\mathbf{b}_i\|$ であるので，

$$\|\mathbf{b}_i\|^2 = \|\mathbf{b}_i^*\|^2 + \sum_{j=1}^{i-1}\mu_{i,j}^2\|\mathbf{b}_j^*\|^2$$

より，$\mu_{i,j}=0$ となり $\mathbf{b}_i = \mathbf{b}_i^*$ を満たす． ∎

格子 L の基底 $\{\mathbf{b}_1,\dots,\mathbf{b}_n\}$ の直交状態を評価する Hadamard 比を定義する．

定義 5.8　格子 $L \subset \mathbb{R}^m$ の基底 $\{\mathbf{b}_1,\dots,\mathbf{b}_n\}$ の Hadamard 比を，$\mathrm{vol}(L)/(\|\mathbf{b}_1\|\cdots\|\mathbf{b}_n\|)$ とする． □

系 5.7 より，Hadamard 比は 1 以下の正の値を取り，1 に近いほどより互いに直交している状態に近い基底となる．そのため，Hadamard 比は直交損失率(orthogonality defect)とも呼ばれる．

5.1.3　最短／最近ベクトル問題

格子 $L(\mathbf{b}_1,\dots,\mathbf{b}_n) \subset \mathbb{R}^m$ における計算問題を定義する．以下の計算問題は，格子基底 $\{\mathbf{b}_1,\dots,\mathbf{b}_n\}$ の取り方により困難性が変わることに注意する．

定義 5.9 (最短ベクトル問題：SVP)　格子 $L(\mathbf{b}_1,\dots,\mathbf{b}_n) \subset \mathbb{R}^m$ における最短ベクトル問題(Shortest Vector Problem: SVP)とは，与えられた格子基底

176   5 格子暗号

$\{\mathbf{b}_1, \dots, \mathbf{b}_n\}$ に対して，ノルム $\|\mathbf{v}\|$ が最小となる非零ベクトル $\mathbf{v} \in L(\mathbf{b}_1, \dots, \mathbf{b}_n)$ を求める問題である．   □

格子 $L(\mathbf{b}_1, \dots, \mathbf{b}_n)$ の非零最短ベクトルの長さは，格子基底 $\{\mathbf{b}_1, \dots, \mathbf{b}_n\}$ の取り方によらないため，$\lambda_1(L)$ と書く．

定義 5.10（最近ベクトル問題：CVP） 格子 $L(\mathbf{b}_1, \dots, \mathbf{b}_n) \subset \mathbb{R}^m$ における最近ベクトル問題（Closest Vector Problem: CVP）とは，与えられた格子基底 $\{\mathbf{b}_1, \dots, \mathbf{b}_n\}$ と格子に含まれないベクトル $\mathbf{w} \in \mathbb{R}^m$ に対して，ノルム $\|\mathbf{w} - \mathbf{v}\|$ が最小となるベクトル $\mathbf{v} \in L$ を求める問題である．   □

ある種の条件を満たす格子に対して，最近ベクトル問題（CVP）および最短ベクトル問題（SVP）の漸近的な計算複雑性としては，（ランダム帰着の下で）NP 困難となることが証明されている[4, 114]．

暗号方式を構成する際には，非零最短ベクトルを求めるのではなく，比較的短い非零ベクトルを求める近似版最短ベクトル問題も考察する．同様に，近似版の最近ベクトル問題も定義できる．

定義 5.11（近似版最短ベクトル問題：近似版 SVP） $\psi(n)$ を n の関数とする．格子 $L(\mathbf{b}_1, \dots, \mathbf{b}_n) \subset \mathbb{R}^m$ における近似版最短ベクトル問題（近似版 SVP）とは，与えられた格子基底 $\{\mathbf{b}_1, \dots, \mathbf{b}_n\}$ に対して，$\|\mathbf{u}\| \leqq \psi(n)\lambda_1(L)$ を満たす非零ベクトル $\mathbf{u} \in L(\mathbf{b}_1, \dots, \mathbf{b}_n)$ を求める問題である．ここで，$\psi(n)$ を近似度と呼ぶ．   □

定義 5.12（近似版最近ベクトル問題：近似版 CVP） $\psi(n)$ を n の関数とする．格子 $L(\mathbf{b}_1, \dots, \mathbf{b}_n) \subset \mathbb{R}^m$ における近似版最近ベクトル問題（近似版 CVP）とは，与えられた格子基底 $\{\mathbf{b}_1, \dots, \mathbf{b}_n\}$ と格子に含まれない $\mathbf{w} \in \mathbb{R}^m$ $(\mathbf{w} \notin L)$ に対して，全てのベクトル $\mathbf{x} \in L(\mathbf{b}_1, \dots, \mathbf{b}_n)$ において

$$\|\mathbf{w} - \mathbf{u}\| \leqq \psi(n)\|\mathbf{w} - \mathbf{x}\|$$

を満たすベクトル $\mathbf{u} \in L(\mathbf{b}_1, \dots, \mathbf{b}_n)$ を求める問題である．ここで，$\psi(n)$ を近似度と呼ぶ．   □

近似度 $\psi(n)$ の大きさにより近似版 SVP ／ CVP の困難性は異なる．例えば，近似度が $\psi(n) = \sqrt{n}$ の場合は，$\psi(n) = 2^{n/2}$ の場合より難しい問題となる．

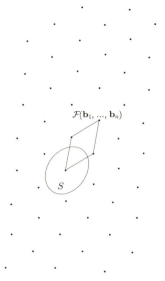

図 5.1 基本領域と凸体の格子点

次に,格子 L の非零最短ベクトルの長さ $\lambda_1(L)$ を評価する.

ここで,集合 $S \subset \mathbb{R}^m$ が,$\mathbf{x}, \mathbf{y} \in S$ および $0 \leqq \alpha < 1$ となる実数 α に対して,$-\mathbf{x} \in S$ かつ $\alpha\mathbf{x} + (1-\alpha)\mathbf{y} \in S$ を満たす場合に対称凸集合という.

図 5.1 に示すように,対称凸集合 S の体積 $\mathrm{vol}(S)$ が,基本領域 $\mathcal{F}(\mathbf{b}_1, \ldots, \mathbf{b}_n)$ の体積 $\mathrm{vol}(L)$ の 2^n 倍以上となる場合,S は格子 L の非零ベクトルを含む.実際,次の定理が成り立つ.

定理 5.13(Minkowski 凸体定理) 次元 n の full-rank 格子 $L \subset \mathbb{R}^n$ と体積をもつ対称凸集合 $S \subset \mathbb{R}^n$ に対して,$\mathrm{vol}(S) > 2^n \mathrm{vol}(L)$ を満たすとき,集合 S は格子 L の非零ベクトルを含む.S が閉集合の場合は,条件 $\mathrm{vol}(S) \geqq 2^n \mathrm{vol}(L)$ を満たすときについても同様の主張が成立する. □

[**証明**] 格子 L の任意の基底 $\{\mathbf{b}_1, \ldots, \mathbf{b}_n\}$ に対する基本領域 $\mathcal{F}(\mathbf{b}_1, \ldots, \mathbf{b}_n)$ において,任意のベクトル $\mathbf{a} \in S$ は,

$$\mathbf{a} = \mathbf{v_a} + \mathbf{w_a}, \quad \mathbf{v_a} \in L, \quad \mathbf{w_a} \in \mathcal{F}(\mathbf{b}_1, \ldots, \mathbf{b}_n)$$

と一意的に表現できる．集合 S を $\frac{1}{2}S := \left\{ \frac{1}{2}\mathbf{a} \;\middle|\; \mathbf{a} \in S \right\}$ と縮小させ，$\frac{1}{2}\mathbf{a} \in \frac{1}{2}S$ を $\mathbf{w}_{\frac{1}{2}\mathbf{a}} \in \mathcal{F}(\mathbf{b}_1, \ldots, \mathbf{b}_n)$ に対応させる．定理の仮定から

$$\mathrm{vol}\left(\frac{1}{2}S\right) = \frac{1}{2^n}\mathrm{vol}(S) > \mathrm{vol}(L) = \mathrm{vol}(\mathcal{F}(\mathbf{b}_1, \ldots, \mathbf{b}_n))$$

を満たすため，$\frac{1}{2}S$ の中に異なる 2 点 $\frac{1}{2}\mathbf{a}_1, \frac{1}{2}\mathbf{a}_2$ が存在する．よって，S には異なる 2 個のベクトル

$$\frac{1}{2}\mathbf{a}_1 = \mathbf{v}_1 + \mathbf{w}, \quad \frac{1}{2}\mathbf{a}_2 = \mathbf{v}_2 + \mathbf{w}, \quad \mathbf{v}_1, \mathbf{v}_2 \in L, \quad \mathbf{w} \in \mathcal{F}(\mathbf{b}_1, \ldots, \mathbf{b}_n)$$

が存在する．2 個のベクトルを引くと以下を得る．

$$\frac{1}{2}\mathbf{a}_1 - \frac{1}{2}\mathbf{a}_2 = \mathbf{v}_1 - \mathbf{v}_2 \in L$$

ここで，S が対称であることから $-\frac{1}{2}\mathbf{a}_2 \in S$ となり，S が凸であることから $\frac{1}{2}\mathbf{a}_1 - \frac{1}{2}\mathbf{a}_2 \in S$ を満たす．したがって，$\mathbf{0} \neq \mathbf{v}_1 - \mathbf{v}_2 \in S \cap L$ より，S には非零ベクトルが存在する．

次に，S を閉集合として $\mathrm{vol}(S) = 2^n\mathrm{vol}(L)$ と仮定する．任意の整数 $k \geqq 1$ に対して，S を $\left(1 + \frac{1}{k}\right)$ 倍拡張した集合 $\left(1 + \frac{1}{k}\right)S$ に上記の議論を適用すると，

$$\mathbf{0} \neq \mathbf{v}_k \in \left(1 + \frac{1}{k}\right)S \cap L$$

を満たす非零ベクトル $\mathbf{v}_k \in L$ が存在する．ベクトル $\mathbf{v}_1, \mathbf{v}_2, \ldots$ は集合 $2S$ の中にあり，格子の離散性から有限個の異なる点列となる．よって，点列において無限回現れるベクトル $\mathbf{v} \in L$ は

$$(5.1) \qquad \bigcap_{k=1}^{\infty} \left(1 + \frac{1}{k}\right)S$$

に含まれる．S は閉集合であるから，式(5.1)は S と一致する．したがって，$\mathbf{0} \neq \mathbf{v} \in S \cap L$ を満たす． ∎

系 5.14（Minkowski 第一定理）　次元 n の full-rank 格子 $L \subset \mathbb{R}^n$ において，長さが $\|\mathbf{v}\| \leqq \sqrt{n}\,\mathrm{vol}(L)^{1/n}$ となる非零ベクトル $\mathbf{v} \in L$ が存在する． □

表 5.1 n 次元における Hermite 定数

n	1	2	3	4	5	6	7	8	24
γ_n^n	1	4/3	2	4	8	64/3	64	2^8	4^{24}

[**証明**]　格子 $L \subset \mathbb{R}^n$ と次の 1 辺が $2R$ の超立方体 $S \subset \mathbb{R}^n$ を考える.

$$S := \left\{ (x_1, \ldots, x_n) \in \mathbb{R}^n \mid -R \leqq x_i \leqq R \ (i = 1, \ldots, n) \right\}$$

集合 S は対称凸閉集合であり $\mathrm{vol}(S) = (2R)^n$ を満たす. したがって, $R = \mathrm{vol}(L)^{1/n}$ とすると, $\mathrm{vol}(S) = 2^n \mathrm{vol}(L)$ より, Minkowski 凸体定理によって $0 \neq \mathbf{v} \in S \cap L$ を満たすベクトル $\mathbf{v} = (v_1, \ldots, v_n)$ が存在する. よって,

$$\|\mathbf{v}\| = \sqrt{v_1^2 + \cdots + v_n^2} \leqq \sqrt{n}\, R = \sqrt{n}\, \mathrm{vol}(L)^{1/n}$$

となり, 系の主張を得る. ∎

系 5.14(Minkowski 第一定理)より, 任意の次元 n の full-rank 格子 $L \subset \mathbb{R}^n$ に対して, 以下のように次元 n だけに依存した上界が定義できる.

定義 5.15　次元 n の全ての full-rank 格子 $L \subset \mathbb{R}^n$ の集合を $\mathcal{L}_n$ とする.

$$(5.2) \qquad\qquad \gamma_n := \sup_{L \in \mathcal{L}_n} \frac{\lambda_1(L)^2}{\mathrm{vol}(L)^{2/n}}$$

を n 次元における Hermite 定数と呼ぶ. □

系 5.14 から $\lambda_1(L) \leqq \sqrt{n}\, \mathrm{vol}(L)^{1/n}$ となり, $\gamma_n \leqq n$ を満たす. 全ての自然数 n に対して, $\gamma_n = \lambda_1(L)^2/\mathrm{vol}(L)^{2/n}$ を満たす n 次元 full-rank 格子 $L \subset \mathbb{R}^n$ が存在することが知られている[108]. また, 正確な γ_n の値を求めることは難しく, $1 \leqq n \leqq 8$ と $n = 24$ の場合だけが知られている(表 5.1).

また, 暗号応用では, 十分大きな n に対する γ_n の値が重要となり, 円周率 π と自然対数の底 e により,

$$\frac{n}{2\pi e} \leqq \gamma_n \leqq \frac{n}{\pi e}$$

を満たすことが知られている[92, 38].

定義 5.16(Gaussian heuristic)　次元 n の full-rank 格子 $L \subset \mathbb{R}^n$ に対して,

180　5　格子暗号

体積をもつ集合 $C \subset \mathbb{R}^n$ との共通部分に含まれるベクトルの個数 $\#(L \cap C)$ は，十分に大きな n に対して $\#(L \cap C) \approx \mathrm{vol}(C)/\mathrm{vol}(L)$ を満たすと期待できる．これを格子 L における Gaussian heuristic と呼ぶ．　　□

　以下に，Gaussian heuristic から格子 L の非零最短ベクトルの長さ $\lambda_1(L)$ を評価する．$s > 0$ に対して，ガンマ関数を

$$\Gamma(s) := \int_0^\infty t^{s-1} e^{-t} dt$$

とする．ガンマ関数に対する Stirling 公式から，十分に大きな s に対して，$\Gamma(1+s)^{1/s} \approx s/e$ を満たす．また，ベクトル $\mathbf{a} \in \mathbb{R}^n$ を中心として半径 R の閉球を $\mathcal{B}(\mathbf{a}, R) \subset \mathbb{R}^n$ とする．閉球 $\mathcal{B}(\mathbf{a}, R)$ の体積は

$$\mathrm{vol}(\mathcal{B}(\mathbf{a}, R))^{1/n} = \frac{\pi^{1/2} R}{\Gamma(1 + n/2)^{1/n}} \approx \frac{\pi^{1/2} R}{(n/2e)^{1/2}} = \sqrt{\frac{2\pi e}{n}} R$$

を満たす．ここで，中心が原点 $\mathbf{0} \in \mathbb{R}^n$，半径が R となる閉球 $\mathcal{B}(\mathbf{0}, R) \subset \mathbb{R}^n$ に対して，Gaussian heuristic を適用すると，

$$\#\{\mathbf{v} \in L \mid \|\mathbf{v}\| \leq R\} = \#(\mathcal{B}(\mathbf{0}, R) \cap L) \approx \mathrm{vol}(\mathcal{B}(\mathbf{0}, R))/\mathrm{vol}(L)$$

を満たす．右辺を 1 とする R を取ることにより，次の格子の非零最短ベクトルの長さに関する評価を得る．

　定義 5.17　次元 n の full-rank 格子 $L \subset \mathbb{R}^n$ に対して

$$(5.3) \qquad \mathrm{GH}(L) := \sqrt{\frac{n}{2\pi e}} \mathrm{vol}(L)^{1/n}$$

と定義する．　　□

　十分大きな n に対して，$\lambda_1(L) \approx \mathrm{GH}(L)$ を満たすと期待できることを，次元 n の格子 L における非零最短ベクトルの長さ $\lambda_1(L)$ に関する Gaussian heuristic と呼ぶ．

　Minkowski 凸体定理（定理 5.13）は，数の幾何学（geometry of numbers）といわれるさまざまな応用がある．ここでは，素数の平方和に関する定理を紹介する．

　定理 5.18　$p = 1 \bmod 4$ となる素数 p に対して，$p = a^2 + b^2$ を満たす整数 a, b が存在する．　　□

[証明]　定理 2.8 から乗法群 $(\mathbb{Z}/p\mathbb{Z})^\times$ は位数が $p-1$ となる巡回群である.仮定 $p-1 = 0 \bmod 4$ より,位数 4 の元 $i \in (\mathbb{Z}/p\mathbb{Z})^\times$ が存在し,$i^2 = -1 \bmod p$ となる.次に,$\mathbb{R}^2$ において,$\mathbf{b}_1 = (1, i)$,$\mathbf{b}_2 = (0, p)$ で生成される格子を L とする.原点を中心とする半径 $\sqrt{1.5p}$ の円 S は,面積が $1.5\pi p > 2^2 \mathrm{vol}(L) = 4p$ となる.Minkowski 凸体定理より,S は L の非零ベクトルを含む.よって,$\|\mathbf{v}\|^2 < 1.5p$ を満たす非零ベクトル $\mathbf{v} \in L$ が存在する.$\mathbf{v} = x(1, i) + y(0, p)$ とすると,

$$\|\mathbf{v}\|^2 = x^2 + (xi + yp)^2 = (1 + i^2)x^2 + p\left(2ixy + py^2\right)$$

から,$\|\mathbf{v}\|^2 = 0 \bmod p$ となる.また,これと $\|\mathbf{v}\|^2 < 1.5p$ から,$\|\mathbf{v}\|^2 = p$ を満たす.よって,$\mathbf{v} \in L(\mathbf{b}_1, \mathbf{b}_2) \subset \mathbb{Z}^2$ より,$\mathbf{v} = (a, b)$ とすれば,$p = a^2 + b^2$ となる.　∎

系 5.19　素数 p と $a \in (\mathbb{Z}/p\mathbb{Z})^\times$ に対して,

$$a = a_1 a_2^{-1} \bmod p, \quad 0 < |a_1|, |a_2| < \sqrt{2p}$$

を満たす整数 a_1, a_2 が存在する.　□

[証明]　$\mathbf{b}_1 = (1, a)$,$\mathbf{b}_2 = (0, p)$ で生成される格子を L とする.定理 5.18 と同様に,格子 L の体積は p であり,Minkowski 凸体定理より,$\|\mathbf{v}\|^2 < 2p$ を満たすベクトル $\mathbf{v} \in L \subset \mathbb{Z}^2$ が存在する.$\mathbf{v} = (a_2, a_1)$ とすると,$a_1^2 + a_2^2 < 2p$ より $|a_1|, |a_2| < \sqrt{2p}$ を満たす.また,$\mathbf{v} = x\mathbf{b}_1 + y\mathbf{b}_2$ とすると,$a_1 = aa_2 + yp$ を得る.ここで,$a_2 = 0$ の場合,$\mathbf{v} = y\mathbf{b}_2$ となり,

$$\|\mathbf{v}\|^2 = y^2 \|\mathbf{b}_2\|^2 = y^2 p^2 \geqq p^2 \geqq 2p$$

より矛盾する.さらに,$p \mid a_2$ の場合も $a_1^2 + a_2^2 \geqq p^2 \geqq 2p$ となり矛盾する.よって,$a_2 \neq 0$ かつ $p \nmid a_2$ より $a = a_1 a_2^{-1} \bmod p$ を得る.また,$\gcd(a, p) = 1$ より $a_1 \neq 0$ を満たす.　∎

5.2　SVP／CVP の解法

本節では,SVP／CVP を求めるアルゴリズムとして,2 次元格子上の

182   5 格子暗号

SVP に対する Gauss 基底縮約法,近似版 SVP を求める LLL 基底縮約法,近似版 CVP を求める Babai 最近平面法,非零最短ベクトルを求める列挙法などを説明する.

5.2.1 Gauss 基底縮約法

2 次元の格子 $L \subset \mathbb{R}^2$ の非零最短ベクトルは,Gauss 基底縮約法により多項式時間で求めることが可能である.

定義 5.20   1 次独立なベクトル $\mathbf{a}, \mathbf{b} \in \mathbb{R}^2$ が任意の $z \in \mathbb{Z}$ に対して,

$$\|\mathbf{a}\| \leqq \|\mathbf{b}\| \leqq \|\mathbf{b} + z\mathbf{a}\|$$

を満たすとき,$\mathbf{a}, \mathbf{b}$ は Gauss 縮約であるという.   □

例 5.21   1 次独立なベクトル $\mathbf{a} = (1, 2)$,$\mathbf{b} = (-2, 1) \in \mathbb{R}^2$ は Gauss 縮約である.実際,$\|\mathbf{a}\| = \|\mathbf{b}\| = \sqrt{5}$ および $\|\mathbf{b} + z\mathbf{a}\| = \sqrt{5(z^2 + 1)} \geqq \sqrt{5}$ を満たす.
□

定理 5.22   格子 $L(\mathbf{a}, \mathbf{b}) \subset \mathbb{R}^2$ の基底 $\mathbf{a}, \mathbf{b}$ が Gauss 縮約ならば,$\mathbf{a}$ は格子 $L(\mathbf{a}, \mathbf{b})$ の非零最短ベクトルとなる.   □

[証明] $\mathbf{v} = x\mathbf{a} + y\mathbf{b} \in L(\mathbf{a}, \mathbf{b})$ を任意の非零ベクトルとする.もし,$y = 0$ ならば $\|\mathbf{v}\| = |x|\|\mathbf{a}\| \geqq \|\mathbf{a}\|$ となる.$y \neq 0$ の場合,整数 q, r に対して

$$x = qy + r, \quad 0 \leqq r < |y|$$

と書くと,$\mathbf{v} = (qy + r)\mathbf{a} + y\mathbf{b} = r\mathbf{a} + y(\mathbf{b} + q\mathbf{a})$ となる.3 角不等式から,

$$\|\mathbf{v}\| \geqq |y|\|\mathbf{b} + q\mathbf{a}\| - r\|\mathbf{a}\|$$
$$= (|y| - r)\|\mathbf{b} + q\mathbf{a}\| + r(\|\mathbf{b} + q\mathbf{a}\| - \|\mathbf{a}\|)$$
$$\geqq \|\mathbf{b} + q\mathbf{a}\| \geqq \|\mathbf{b}\| \geqq \|\mathbf{a}\|$$

を満たす.   ∎

Gauss 縮約の条件は以下のように言い換えることができる.

系 5.23   1 次独立なベクトル $\mathbf{a}, \mathbf{b} \in \mathbb{R}^2$ が Gauss 縮約である必要十分条件は,$\|\mathbf{a}\| \leqq \|\mathbf{b}\|$ かつ $\left| \dfrac{\langle \mathbf{a}, \mathbf{b} \rangle}{\|\mathbf{a}\|^2} \right| \leqq \dfrac{1}{2}$ である.   □

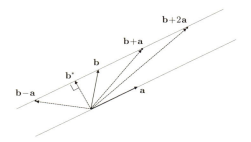

図 5.2 2 次元の Gram-Schmidt 直交化

[証明] ($\Rightarrow$) $\mathbf{a}, \mathbf{b}$ が Gauss 縮約ならば，$\|\mathbf{a}\| \leqq \|\mathbf{b}\| \leqq \|\mathbf{b} + z\mathbf{a}\|$ が成り立つ．$z = \pm 1$ として後半の不等式の両辺を 2 乗すると，$\|\mathbf{b}\|^2 \leqq \|\mathbf{b}\|^2 \pm 2\langle \mathbf{a}, \mathbf{b}\rangle + \|\mathbf{a}\|^2$ となり，$\left|\dfrac{\langle \mathbf{a}, \mathbf{b}\rangle}{\|\mathbf{a}\|^2}\right| \leqq \dfrac{1}{2}$ を得る．

($\Leftarrow$) 2 次関数 $f(x) = \|\mathbf{b} \pm x\mathbf{a}\|^2 = \|\mathbf{a}\|^2 \left(x \pm \dfrac{\langle \mathbf{a}, \mathbf{b}\rangle}{\|\mathbf{a}\|^2}\right)^2 + \|\mathbf{b}\|^2 - \dfrac{\langle \mathbf{a}, \mathbf{b}\rangle^2}{\|\mathbf{a}\|^2}$ は，$x = \mp \dfrac{\langle \mathbf{a}, \mathbf{b}\rangle}{\|\mathbf{a}\|^2}$ において最小値をとる．よって，系の仮定 $\left|\dfrac{\langle \mathbf{a}, \mathbf{b}\rangle}{\|\mathbf{a}\|^2}\right| \leqq \dfrac{1}{2}$ から，$f(x)$ の定義域を整数に制限した関数 $f(z)$ は，$z = 0$ の場合に最小値 $\|\mathbf{b}\|$ を取るため主張を得る． ■

系 5.23 から，Gauss 縮約基底 $\mathbf{a}, \mathbf{b}$ のなす角 θ は，

(5.4) $\qquad |\cos \theta| = \left|\dfrac{\langle \mathbf{a}, \mathbf{b}\rangle}{\|\mathbf{a}\|\|\mathbf{b}\|}\right| \leqq \left|\dfrac{\langle \mathbf{a}, \mathbf{b}\rangle}{\|\mathbf{a}\|^2}\right| \leqq \dfrac{1}{2}$

より $\pi/3 \leqq \theta \leqq 2\pi/3$ を満たす．

また，系 5.23 から非零最短ベクトルの長さの上限が評価できる．

定理 5.24 格子 $L \subset \mathbb{R}^2$ の Gauss 縮約基底 $\mathbf{a}, \mathbf{b}$ に対し，

$$\|\mathbf{a}\| \leqq \left(\dfrac{2}{\sqrt{3}} \mathrm{vol}(L)\right)^{1/2}$$

が成り立つ． □

[証明] $\mathbf{a}, \mathbf{b}$ を Gram-Schmidt 直交化すると，

$$\mathbf{b}^* = \mathbf{b} - \dfrac{\langle \mathbf{a}, \mathbf{b}\rangle}{\|\mathbf{a}\|^2}\mathbf{a}, \quad \langle \mathbf{a}, \mathbf{b}^*\rangle = 0$$

を満たす (図 5.2)．ベクトル $\mathbf{a}, \mathbf{b}$ で張られる平行四辺形が格子 $L(\mathbf{a}, \mathbf{b})$ の基本

184   5 格子暗号

Algorithm 18 Gauss 基底縮約法

Input: 格子 L の基底 $\mathbf{a}, \mathbf{b} \in \mathbb{Z}^2$
Output: L の Gauss 縮約基底 $\mathbf{a}, \mathbf{b}$

1: $\mathbf{b} = \mathbf{b} - \left\lceil \dfrac{\langle \mathbf{a}, \mathbf{b} \rangle}{\|\mathbf{a}\|^2} \right\rfloor \mathbf{a}$

2: **while** $\|\mathbf{a}\| > \|\mathbf{b}\|$ **do**

3:      SWAP $(\mathbf{a}, \mathbf{b})$

4:      $\mathbf{b} = \mathbf{b} - \left\lceil \dfrac{\langle \mathbf{a}, \mathbf{b} \rangle}{\|\mathbf{a}\|^2} \right\rfloor \mathbf{a}$

5: **end while**

6: **return** $\mathbf{a}, \mathbf{b}$

領域となるため, $\mathrm{vol}(L) = \|\mathbf{a}\|\|\mathbf{b}^*\|$ となる. $\mathbf{a}, \mathbf{b}$ は Gauss 縮約より, 系 5.23 および GSO ベクトルにより表現すると,

$$\|\mathbf{a}\|^2 \leqq \|\mathbf{b}\|^2 = \left\| \mathbf{b}^* + \frac{\langle \mathbf{a}, \mathbf{b} \rangle}{\|\mathbf{a}\|^2} \mathbf{a} \right\|^2$$

$$= \|\mathbf{b}^*\|^2 + \left(\frac{\langle \mathbf{a}, \mathbf{b} \rangle}{\|\mathbf{a}\|^2} \right)^2 \|\mathbf{a}\|^2$$

$$\leqq \|\mathbf{b}^*\|^2 + \frac{1}{4} \|\mathbf{a}\|^2$$

となる. したがって, $\|\mathbf{a}\|^2 \leqq (4/3)\|\mathbf{b}^*\|^2$ を満たす. また, $\|\mathbf{b}^*\| = \mathrm{vol}(L)/\|\mathbf{a}\|$ より, $\|\mathbf{a}\|^4 \leqq (4/3)\mathrm{vol}(L)^2$ となり, 両辺において 4 乗根を取れば主張を得る. ∎

定理 5.24 から, 2 次元の格子 $L \subset \mathbb{R}^2$ の非零最短ベクトルの長さの上限は, 体積の平方根 $\mathrm{vol}(L)^{1/2}$ 程度の大きさとなる.

次に, 系 5.23 の条件から, 1 次独立なベクトル $\mathbf{a}, \mathbf{b} \in \mathbb{R}^2$ から非零最短ベクトルを求める Gauss 基底縮約法(Algorithm 18)を構成することができる. 入力 $\mathbf{a}, \mathbf{b} \in \mathbb{Z}^2$ は整数成分のベクトルとする. Algorithm 18 の Step 1 では, $\mathbf{a}, \mathbf{b}$ の Gram-Schmidt 直交化 $\mathbf{b}^* = \mathbf{b} - \dfrac{\langle \mathbf{a}, \mathbf{b} \rangle}{\|\mathbf{a}\|^2} \mathbf{a}$ の近似整数を計算する. ここで, $x \in \mathbb{R}$ に対して, $\lceil x \rfloor = \left\lfloor x + \dfrac{1}{2} \right\rfloor$ とする. $\mathbf{a}$ が $\mathbf{b}$ より長い場合は, Step 3 で $\mathbf{a}, \mathbf{b}$ を交換(SWAP)して, GSO の整数近似を計算する.

5.2 SVP／CVP の解法　　185

例 5.25　1 次独立なベクトル $\mathbf{a} = (1, 12)$, $\mathbf{b} = (0, 29) \in \mathbb{Z}^2$ を入力として，Gauss 基底縮約法を計算する．入力のベクトルの長さは $\|\mathbf{a}\|^2 = 145$, $\|\mathbf{b}\|^2 = 841$ となる．Step 1 では，$\lfloor \langle \mathbf{a}, \mathbf{b} \rangle / \|\mathbf{a}\|^2 \rceil = \lfloor 348/145 \rceil = 2$ より，$\mathbf{b}' = \mathbf{b} - 2\mathbf{a} = (-2, 5)$ と計算して，$\|\mathbf{b}'\|^2 = 29$ となる．Step 2 において $\|\mathbf{a}\| > \|\mathbf{b}'\|$ より，Step 3 において $\mathbf{a}, \mathbf{b}'$ を交換して，$\mathbf{a} = (-2, 5)$, $\mathbf{b} = (1, 12)$ とする．この $\mathbf{a}, \mathbf{b}$ に対して，Step 4 において $\lfloor \langle \mathbf{a}, \mathbf{b} \rangle / \|\mathbf{a}\|^2 \rceil = \lfloor 58/29 \rceil = 2$ より，$\mathbf{b}' = \mathbf{b} - 2\mathbf{a} = (5, 2)$ と計算して，$\|\mathbf{b}'\|^2 = 29$ となる．すると，$\|\mathbf{b}'\|^2 = 29 = \|\mathbf{a}\|$ を満たすため，Step 2 の **while** ループを抜けて終了する．非零最短ベクトルは，$\mathbf{a} = (-2, 5)$ となる．

この例は，$12^2 = -1 \bmod p$ より，定理 5.18 の素数 $p = 29$ を平方和で表現するもので，非零最短ベクトル $\mathbf{a} = (-2, 5)$ の成分が $p = (-2)^2 + 5^2 = 29$ を満たす．さらには，系 5.19 の $a = 12 = a_1 a_2^{-1} \bmod p$, $0 < |a_1|, |a_2| < \sqrt{2p}$ を満たす a_1, a_2 を求めた解でもあり，$a_1 = 5$, $a_2 = -2$, $|a_1|, |a_2| < \sqrt{2p} = 7.615\cdots$ となる．　　□

Gauss 基底縮約法が停止することを示すために，次の補題を準備する．

補題 5.26　格子 $L \subset \mathbb{R}^2$ の基底 $\mathbf{a}, \mathbf{b}$ が $\left| \dfrac{\langle \mathbf{a}, \mathbf{b} \rangle}{\|\mathbf{a}\|^2} \right| \leq \dfrac{1}{2}$ かつ $\|\mathbf{b}\|^2 \geqq \dfrac{3}{4} \|\mathbf{a}\|^2$ を満たす場合，$\mathbf{a}$ または $\mathbf{b}$ は格子 L の非零最短ベクトルとなる．　　□

[証明]　$\mathbf{a}, \mathbf{b}$ の GSO より，

$$\frac{3}{4} \|\mathbf{a}\|^2 \leqq \|\mathbf{b}\|^2 = \|\mathbf{b}^*\|^2 + \left(\frac{\langle \mathbf{a}, \mathbf{b} \rangle}{\|\mathbf{a}\|^2} \right)^2 \|\mathbf{a}\|^2 \leqq \|\mathbf{b}^*\|^2 + \frac{1}{4} \|\mathbf{a}\|^2$$

となり，$\|\mathbf{b}^*\|^2 \geqq (1/2)\|\mathbf{a}\|^2$ を満たす．

次に，格子 $L(\mathbf{a}, \mathbf{b})$ に含まれる任意の非零ベクトルを $\mathbf{v} = z\mathbf{a} + w\mathbf{b}$ とすると，

$$\|\mathbf{v}\|^2 = \left\| z\mathbf{a} + w \left(\mathbf{b}^* + \frac{\langle \mathbf{a}, \mathbf{b} \rangle}{\|\mathbf{a}\|^2} \mathbf{a} \right) \right\|^2 \geqq w^2 \|\mathbf{b}^*\|^2 \geqq \frac{w^2}{2} \|\mathbf{a}\|^2$$

を満たす．

よって，$|w| \geqq 2$ の場合，$\|\mathbf{v}\| > \|\mathbf{a}\|$ となり，$\mathbf{a}$ は非零最短ベクトルとなる．$w = 0$ の場合は，$\mathbf{v}$ は非零ベクトルより $z \neq 0$ となり，$\|\mathbf{v}\| = |z|\|\mathbf{a}\| \geqq \|\mathbf{a}\|$ を満たす．最後に，$w = \pm 1$ の場合は，$\mathbf{v} = z\mathbf{a} \pm \mathbf{b}$ となる．$f(z) = \|z\mathbf{a} \pm \mathbf{b}\|^2$

186　5　格子暗号

は，$|\langle \mathbf{a}, \mathbf{b}\rangle/\|\mathbf{a}\|^2| \leqq 1/2$ から，$z = 0$ で最小値をとり，$\|\mathbf{v}\| \geqq \|\mathbf{b}\|$ を満たす．∎

　Gauss 基底縮約法は非零最短ベクトルを多項式時間で出力することを証明する．

定理 5.27　格子 L の基底 $\mathbf{a}, \mathbf{b} \in \mathbb{Z}^2$ に対して，Gauss 基底縮約法（Algorithm 18）は，計算量 $O((\log M)^3)$ により L の非零最短ベクトルを求める．ここで，$M = \max(\|\mathbf{a}\|, \|\mathbf{b}\|)$ とする．　□

　[証明]　Step 3 で $\mathbf{a}, \mathbf{b}$ は $\mathbf{a}', \mathbf{b}'$ となり，Step 4 で $\mathbf{a}', \mathbf{b}'$ は $\mathbf{a}'', \mathbf{b}''$ となったとする．Step 4 の後では，$|\langle \mathbf{a}'', \mathbf{b}''\rangle/\|\mathbf{a}''\|^2| \leqq 1/2$ を満たす．したがって，Step 2 でアルゴリズムが停止すると，$\|\mathbf{a}''\| \leqq \|\mathbf{b}''\|$ かつ $|\langle \mathbf{a}'', \mathbf{b}''\rangle/\|\mathbf{a}''\|^2| \leqq 1/2$ を満たすため，系 5.23 より $\mathbf{a}'', \mathbf{b}''$ は Gauss 縮約となる．

　一方，停止しない場合は，$\|\mathbf{a}''\| > \|\mathbf{b}''\|$ より，$\mathbf{a}''$ は非零最短ベクトルではない．また，$\mathbf{b}''$ が非零最短ベクトルだとすると，次の Step 2 でアルゴリズムは停止する．よって，停止しない場合として，Step 2 の後で $\mathbf{a}''$ も $\mathbf{b}''$ も非零最短ベクトルでないと仮定する．

　補題 5.26 より停止しない場合は，$\|\mathbf{b}''\|^2 < (3/4)\|\mathbf{a}''\|^2$ を満たす．つまり，停止しない場合は，Step 4 で $\|\mathbf{b}\|$ が $\sqrt{3/4}$ 倍以下に短くなる．よって，$M = \max(\|\mathbf{a}\|, \|\mathbf{b}\|)$ に対して，$O(\log M)$ 回の繰り返し後に停止する．また，アルゴリズム中ではベクトル $\mathbf{a}, \mathbf{b}$ の成分の絶対値は $\sqrt{M}$ 以下より，内積や除算の 1 回あたりの計算量は $O((\log M)^2)$ である．以上より，Gauss 基底縮約法の計算量は $O((\log M)^3)$ となる．∎

5.2.2　LLL 基底縮約アルゴリズム

　近似版 SVP の高速な解法として，LLL（Lenstra-Lenstra-Lovász）アルゴリズムといわれる格子基底縮約法が知られている[103]．

　格子 $L \subset \mathbb{R}^m$ の基底を $\mathbf{b}_1, \ldots, \mathbf{b}_n$ とする．LLL アルゴリズムでは，$\mathbf{b}_1, \ldots, \mathbf{b}_n$ の GSO ベクトル $\mathbf{b}_1^* = \mathbf{b}_1$, $\mathbf{b}_i^* = \mathbf{b}_i - \sum_{j=1}^{i-1} \mu_{i,j} \mathbf{b}_j^*$ $(i = 2, \ldots, n)$ および GSO 係数 $\mu_{i,j} = \langle \mathbf{b}_i, \mathbf{b}_j^*\rangle/\|\mathbf{b}_j^*\|^2$ $(1 \leqq j < i \leqq n)$ が満たすある種の条件を考察する．ここで，$i = 2, \ldots, n$ に対して，ベクトル $\mathbf{b}_1^*, \ldots, \mathbf{b}_{i-1}^* \in \mathbb{R}^m$ で張られる空間

の直交補空間を $\langle \mathbf{b}_1^*, \ldots, \mathbf{b}_{i-1}^* \rangle_{\mathbb{R}}^{\perp}$ とおき，$\mathbb{R}^m$ からの直交射影を

$$\pi_i : \mathbb{R}^m \to \langle \mathbf{b}_1^*, \ldots, \mathbf{b}_{i-1}^* \rangle_{\mathbb{R}}^{\perp}$$

$$\cup \qquad\qquad \cup$$

$$\mathbf{x} \quad \mapsto \quad \sum_{j=i}^{n} \frac{\langle \mathbf{x}, \mathbf{b}_j^* \rangle}{\|\mathbf{b}_j^*\|^2} \mathbf{b}_j^*$$

とする．このとき，$i \leqq \ell \leqq n$ に対して，GSO ベクトルの定義から

(5.5) $$\pi_i(\mathbf{b}_\ell) = \mathbf{b}_\ell^* + \sum_{j=i}^{\ell-1} \mu_{\ell,j} \mathbf{b}_j^*$$

が成り立つ．また，$1 \leqq \ell < i$ に対しては，$\pi_i(\mathbf{b}_\ell) = 0$ となる．

定義 5.28 格子 $L \subset \mathbb{R}^m$ の基底 $\{\mathbf{b}_1, \ldots, \mathbf{b}_n\}$ に対して，その GSO ベクトルを $\{\mathbf{b}_1^*, \ldots, \mathbf{b}_n^*\}$ とし，GSO 係数を $\mu_{i,j} = \langle \mathbf{b}_i, \mathbf{b}_j^* \rangle / \|\mathbf{b}_j^*\|^2 \, (1 \leqq j < i \leqq n)$ とする．基底 $\{\mathbf{b}_1, \ldots, \mathbf{b}_n\}$ が次の 2 条件を満たす場合に LLL 縮約であるという．

(Size 条件) $|\mu_{i,j}| \leqq 1/2 \, (1 \leqq j < i \leqq n)$

(Lovász 条件) $\|\mathbf{b}_i^* + \mu_{i,i-1}\mathbf{b}_{i-1}^*\|^2 \geqq (3/4)\|\mathbf{b}_{i-1}^*\|^2 \, (1 < i \leqq n)$ □

式 (5.5) から，Lovász 条件の左辺は $\mathbf{b}_i^* + \mu_{i,i-1}\mathbf{b}_{i-1}^* = \pi_{i-1}(\mathbf{b}_i)$ となり，右辺は $\mathbf{b}_{i-1}^* = \pi_{i-1}(\mathbf{b}_{i-1})$ を満たす（ただし，π_1 は恒等写像とする）．したがって，ベクトル $\mathbf{b}_i, \mathbf{b}_{i-1}$ を直交補空間 $\langle \mathbf{b}_1^*, \ldots, \mathbf{b}_{i-2}^* \rangle_{\mathbb{R}}^{\perp}$ に射影したベクトルの長さが

(5.6) $$\|\pi_{i-1}(\mathbf{b}_i)\|^2 \geqq \frac{3}{4} \|\pi_{i-1}(\mathbf{b}_{i-1})\|^2$$

を満たす．

LLL 縮約基底 $\{\mathbf{b}_1, \ldots, \mathbf{b}_n\}$ は，次のように長さが短くなる特徴を有する．

定理 5.29 階数 n の格子 $L \subset \mathbb{R}^m$ において，L の LLL 縮約基底 $\{\mathbf{b}_1, \ldots, \mathbf{b}_n\}$ は次の性質を満たす．

(5.7) $$\prod_{i=1}^{n} \|\mathbf{b}_i\| \leqq 2^{n(n-1)/4} \operatorname{vol}(L)$$

(5.8) $$\|\mathbf{b}_j\| \leqq 2^{(i-1)/2} \|\mathbf{b}_i^*\| \quad (1 \leqq j \leqq i \leqq n)$$

さらに，LLL 縮約基底の $\mathbf{b}_1$ は

188   5 格子暗号

$$(5.9) \quad \|\mathbf{b}_1\| \leqq 2^{(n-1)/4} \operatorname{vol}(L)^{1/n}, \quad \|\mathbf{b}_1\| \leqq 2^{(n-1)/2} \min_{\mathbf{0} \neq \mathbf{b} \in L} \|\mathbf{b}\|$$

を満たす．よって，LLL 縮約基底の第一基底ベクトルは，近似度 $2^{(n-1)/2}$ の近似版 SVP の解となる． □

[証明]　Lovász 条件および $|\mu_{i,i-1}| \leqq 1/2$ より，

$$(5.10) \quad \|\mathbf{b}_i^*\|^2 \geqq \left(\frac{3}{4} - \mu_{i,i-1}^2 \right) \|\mathbf{b}_{i-1}^*\|^2 \geqq \left(\frac{1}{2} \right) \|\mathbf{b}_{i-1}^*\|^2$$

を満たす．式 (5.10) を繰り返し適用すると，

$$(5.11) \quad \|\mathbf{b}_j^*\|^2 \leqq 2^{i-j} \|\mathbf{b}_i^*\|^2$$

を得る．次に，$\|\mathbf{b}_i\|^2$ の上限を求めると，

$$\|\mathbf{b}_i\|^2 = \left\| \mathbf{b}_i^* + \sum_{j=1}^{i-1} \mu_{i,j} \mathbf{b}_j^* \right\|^2 \quad \because \text{GSO ベクトルの定義}$$

$$= \|\mathbf{b}_i^*\|^2 + \sum_{j=1}^{i-1} \mu_{i,j}^2 \|\mathbf{b}_j^*\|^2 \quad \because \mathbf{b}_1^*, \ldots, \mathbf{b}_n^* \text{の直交性}$$

$$\leqq \|\mathbf{b}_i^*\|^2 + \sum_{j=1}^{i-1} \frac{1}{4} \|\mathbf{b}_j^*\|^2 \quad \because |\mu_{i,j}| \leqq \frac{1}{2}$$

$$\leqq \|\mathbf{b}_i^*\|^2 + \sum_{j=1}^{i-1} 2^{i-j-2} \|\mathbf{b}_i^*\|^2 \quad \because \text{式 (5.11)}$$

$$= \frac{1 + 2^{i-1}}{2} \|\mathbf{b}_i^*\|^2 \leqq 2^{i-1} \|\mathbf{b}_i^*\|^2$$

となる．したがって，定理 5.6 (5.1.2 項) より，

$$\prod_{i=1}^{n} \|\mathbf{b}_i\|^2 \leqq \prod_{i=1}^{n} 2^{i-1} \|\mathbf{b}_i^*\|^2 = 2^{n(n-1)/2} \prod_{i=1}^{n} \|\mathbf{b}_i^*\|^2 = 2^{n(n-1)/2} \operatorname{vol}(L)^2$$

が成り立ち，両辺の平方根を取ると式 (5.7) を得る．また，$j \leqq i$ に対して，式 (5.11) から，

$$\|\mathbf{b}_j\|^2 \leqq 2^{j-1} \|\mathbf{b}_j^*\|^2 \leqq 2^{j-1} \cdot 2^{i-j} \|\mathbf{b}_i^*\|^2 = 2^{i-1} \|\mathbf{b}_i^*\|^2$$

を満たし，両辺の平方根を取ると式 (5.8) を得る．式 (5.8) において，$j = 1$ として $i = 1, \ldots, n$ の積を取ると，定理 5.6 より，

$$\|\mathbf{b}_1\|^n \leqq \prod_{i=1}^{n} 2^{(i-1)/2} \|\mathbf{b}_i^*\| \leqq 2^{n(n-1)/4} \prod_{i=1}^{n} \|\mathbf{b}_i^*\| = 2^{n(n-1)/4} \operatorname{vol}(L)$$

となり，両辺の n 乗根を取ると式(5.9)の最初の式を得る．式(5.9)の2番目の式を示すために，格子 L の非零ベクトル $\mathbf{v}$ を，

$$\mathbf{v} = \sum_{j=1}^{n} z_j \mathbf{b}_j = \sum_{j=1}^{n} w_j \mathbf{b}_j^* \quad (z_j \in \mathbb{Z}, \ w_j \in \mathbb{R})$$

とする．ここで，$i := \max_{1 \leqq j \leqq n} (j \mid z_j \neq 0)$ に対して

$$\langle \mathbf{v}, \mathbf{b}_i^* \rangle = \langle z_i \mathbf{b}_i, \mathbf{b}_i^* \rangle = \langle w_i \mathbf{b}_i^*, \mathbf{b}_i^* \rangle, \ \text{および} \ \langle \mathbf{b}_i, \mathbf{b}_i^* \rangle = \langle \mathbf{b}_i^*, \mathbf{b}_i^* \rangle$$

を満たすため，$z_i = w_i$ を得る．したがって，$|w_i| = |z_i| \geqq 1$ となり，式(5.8)より

$$\|\mathbf{v}\|^2 = \sum_{j=1}^{i} w_j^2 \|\mathbf{b}_j^*\|^2 \geqq w_i^2 \|\mathbf{b}_i^*\|^2 \geqq \|\mathbf{b}_i^*\|^2 \geqq 2^{-(i-1)} \|\mathbf{b}_1\|^2 \geqq 2^{-(n-1)} \|\mathbf{b}_1\|^2$$

となり，両辺の平方根を取ると式(5.9)の2番目の式を得る． ∎

与えられた格子 L の基底 $\mathbf{b}_1, \ldots, \mathbf{b}_n \in \mathbb{Z}^m$ に対して，格子 L の LLL 縮約基底を計算する方法を説明する（Algorithm 19）．

Step 1では，$\{\mathbf{b}_1, \ldots, \mathbf{b}_n\}$ から GSO ベクトル $\{\mathbf{b}_1^*, \ldots, \mathbf{b}_n^*\}$ および GSO 係数 $\mu_{i,j} = \langle \mathbf{b}_i, \mathbf{b}_j^* \rangle / \|\mathbf{b}_j^*\|^2 \ (1 \leqq j < i \leqq n)$ を計算して，Step 7, 14 において GSO 係数 $\mu_{i,j} \ (1 \leqq j < i \leqq n)$ を更新する．Algorithm 19 は，Step 2において $k = 2$ と初期化されたパラメータ k が格子次元 n となるまで，Step 3の while ループを計算する．Step 4〜8では，ベクトル $\mathbf{b}_1, \ldots, \mathbf{b}_k$ が Size 条件を満たすように縮約する．このステップでは，次の補題 5.30 に示すように GSO ベクトル $\mathbf{b}_k^*$ が変化しないため，GSO 係数 $\mu_{i,j}$ のみを更新する．Step 10でベクトル $\mathbf{b}_k^*, \mathbf{b}_{k-1}^*$ が Lovász 条件を満たすことをチェックする．満たす場合は $k = k + 1$ として，そうでない場合は $\mathbf{b}_k, \mathbf{b}_{k-1}$ を交換し $k = \max(2, k-1)$ として，Step 3まで戻る．

補題 5.30 k を Step 3〜17 の while ループ中の変数とする．Step 4〜9の for ループ実行後，ベクトル $\mathbf{b}_1, \ldots, \mathbf{b}_k$ は Size 条件 $|\mu_{k,j}| \leqq 1/2$ を満たす．また，for ループの実行前後で GSO ベクトル $\mathbf{b}_1^*, \ldots, \mathbf{b}_k^*$ の値は変化しない． □

190 5 格子暗号

Algorithm 19 LLL 基底縮約アルゴリズム

Input: 格子 $L \subset \mathbb{R}^m$ の基底 $\{\mathbf{b}_1, \ldots, \mathbf{b}_n\}$

Output: L の LLL 縮約基底 $\{\mathbf{b}_1, \ldots, \mathbf{b}_n\}$

1: $\{\mathbf{b}_1, \ldots, \mathbf{b}_n\}$ から GSO ベクトル $\{\mathbf{b}_1^*, \ldots, \mathbf{b}_n^*\}$ および
   GSO 係数 $\mu_{i,j} = \langle \mathbf{b}_i, \mathbf{b}_j^* \rangle / \|\mathbf{b}_j^*\|^2$ $(1 \leqq j < i \leqq n)$ を計算する

2: $k = 2$

3: **while** $k \leqq n$ **do**

4:     **for** $j = k - 1$ to 1 **do**

5:         **if** $|\mu_{k,j}| > 1/2$ (Size 条件) **then**

6:             $\mathbf{b}_k = \mathbf{b}_k - \lfloor \mu_{k,j} \rceil \mathbf{b}_j$

7:             変更された $\{\mathbf{b}_1, \ldots, \mathbf{b}_n\}$ に対して $\mu_{i,j}$ を更新する

8:         **end if**

9:     **end for**

10:     **if** $\|\mathbf{b}_k^* + \mu_{k,k-1}\mathbf{b}_{k-1}^*\|^2 \geqq (3/4)\|\mathbf{b}_{k-1}^*\|^2$ (Lovász 条件) **then**

11:         $k = k + 1$

12:     **else**

13:         SWAP $(\mathbf{b}_{k-1}, \mathbf{b}_k)$

14:         変更された $\{\mathbf{b}_1, \ldots, \mathbf{b}_n\}$ に対して $\{\mathbf{b}_1^*, \ldots, \mathbf{b}_n^*\}, \mu_{i,j}$ を更新する

15:         $k = \max(2, k - 1)$

16:     **end if**

17: **end while**

18: **return** $\mathbf{b}_1, \ldots, \mathbf{b}_n$

[証明]　Step 5〜8 の計算から得られるベクトルを $\mathbf{b}_k' = \mathbf{b}_k - \lfloor \mu_{k,j} \rceil \mathbf{b}_j$ として，その GSO 係数を $\mu_{k,j}'$ とする．GSO の定義から，更新したベクトル $\mathbf{b}_k'$ は，$\mathbf{b}_k^*$ および $j < k$ となる $\mathbf{b}_j^*$ の線形和で表示される．よって，直交補空間 $\langle \mathbf{b}_1^*, \ldots, \mathbf{b}_{k-1}^* \rangle_{\mathbb{R}}^{\perp}$ に射影すると $\pi_k(\mathbf{b}_k') = \mathbf{b}_k^*$ を満たして，GSO ベクトルの値は変化しない．次に，$j = k-1, \ldots, 1$ に対して，$\langle \mathbf{b}_k^*, \mathbf{b}_j^* \rangle = 0$ より，

$$|\mu_{k,j}'| = |\langle \mathbf{b}_k', \mathbf{b}_j^* \rangle / \|\mathbf{b}_j^*\|^2| = |\langle \mathbf{b}_k - \lfloor \mu_{k,j} \rceil \mathbf{b}_j, \mathbf{b}_j^* \rangle / \|\mathbf{b}_j^*\|^2|$$

$$= |\langle \mathbf{b}_k, \mathbf{b}_j^* \rangle / \|\mathbf{b}_j^*\|^2 - \lfloor \mu_{k,j} \rceil \langle \mathbf{b}_j^*, \mathbf{b}_j^* \rangle / \|\mathbf{b}_j^*\|^2| = |\mu_{k,j} - \lfloor \mu_{k,j} \rceil| \leqq 1/2$$

を満たす．∎

Step 10 において Lovász 条件が満たされない場合，式(5.6)より，

$$(5.12) \qquad \|\pi_{k-1}(\mathbf{b}_k)\|^2 < (3/4)\|\pi_{k-1}(\mathbf{b}_{k-1})\|^2$$

となる．同じ直交補空間 $\langle \mathbf{b}_1^*, \ldots, \mathbf{b}_{k-2}^* \rangle_{\mathbb{R}}^{\perp}$ に対する射影 $\pi_{k-1}(\mathbf{b}_k)$, $\pi_{k-1}(\mathbf{b}_{k-1})$ において，$\|\pi_{k-1}(\mathbf{b}_k)\|$ の方が短くなることを意味する．また，ベクトル $\mathbf{b}_1$, $\ldots, \mathbf{b}_{k-1}$ を基底とする格子を L_{k-1} とすると，

$$\mathrm{vol}(L_{k-1}) = \|\mathbf{b}_1^*\| \cdots \|\mathbf{b}_{k-2}^*\| \|\mathbf{b}_{k-1}^*\| = \|\mathbf{b}_1^*\| \cdots \|\mathbf{b}_{k-2}^*\| \|\pi_{k-1}(\mathbf{b}_{k-1})\|$$

を満たす．ここで，Step 13 でベクトル $\mathbf{b}_k, \mathbf{b}_{k-1}$ を交換したときに，格子 L_{k-1} は $\mathbf{b}_1, \ldots, \mathbf{b}_{k-2}, \mathbf{b}_k$ を基底とする格子 L_{k-1}' に変わる．よって，交換後の格子 L_{k-1}' の体積は，式 (5.12) より

$$(5.13) \quad \mathrm{vol}(L_{k-1}') = \|\mathbf{b}_1^*\| \cdots \|\mathbf{b}_{k-2}^*\| \|\pi_{k-1}(\mathbf{b}_k)\| < \sqrt{3/4}\,\mathrm{vol}(L_{k-1})$$

を満たし，交換前の格子 L_{k-1} の体積より減少している．LLL 基底縮約アルゴリズムは，全体の格子 $L = L_n$ の体積を保存したまま，Lovász 条件を満たす部分格子 $L_1, \ldots, L_{k-1}$ の体積を減少させる方法となる．

定理 5.31 格子 $L \subset \mathbb{Z}^m$ の基底を $\{\mathbf{b}_1, \ldots, \mathbf{b}_n\}$ とする．Algorithm 19 は有限回の繰り返しで停止して LLL 縮約基底を出力する．より正確には，$B = \max_i \|\mathbf{b}_i\|$ に対して，Step 3 の **while** ループは $\mathrm{O}\left(n^2 \log n + n^2 \log B\right)$ 回の繰り返しで停止する．特に，Algorithm 19 は多項式時間アルゴリズムとなる．$\square$

[証明] アルゴリズムが停止した場合は，出力基底は Size 条件と Lovász 条件の両方を満たしているため，LLL 縮約基底を出力する．アルゴリズムが停止するためには，カウンター k が Step 15 で $k = \max(2, k-1)$ と減少するにもかかわらず，Step 11 で $k = k+1$ と増加して，最終的に $k > n$ となることを示す必要がある．

ベクトル $\mathbf{b}_1, \ldots, \mathbf{b}_\ell$ で生成される格子 L_ℓ に対して，$\mathrm{vol}(L_\ell) = \|\mathbf{b}_1^*\| \cdots \|\mathbf{b}_\ell^*\|$ を用いて

$$(5.14) \qquad d_\ell = \mathrm{vol}(L_\ell)^2, \quad D = \prod_{\ell=1}^{n} d_\ell = \prod_{i=1}^{n} \|\mathbf{b}_i^*\|^{2(n+1-i)}$$

と定義する．補題 5.30 から，Step 4～9 において GSO ベクトル $\mathbf{b}_k^*$ の値は変化しない．アルゴリズムの中で D の値が変化するのは，Step 10 の Lovász 条件が満たされずに，Step 13 においてベクトル $\mathbf{b}_{k-1}^*, \mathbf{b}_k^*$ の交換が実行される d_k の値のみである．実際，$\ell < k-1$ の場合は d_ℓ の計算に $\mathbf{b}_{\ell-1}^*, \mathbf{b}_\ell^*$ は含ま

192   5   格子暗号

れず，$\ell \geqq k$ の場合は $\mathbf{b}_{\ell-1}^*, \mathbf{b}_\ell^*$ の両方が含まれるため，d_ℓ の値は変化しない．また，Step 13 においてベクトル $\mathbf{b}_k, \mathbf{b}_{k-1}$ を交換すると，式 (5.13) から D は $(3/4)$ 倍以下となる．したがって，D の値は $i = 1, \ldots, n$ に対する d_i の積と定義したため，Step 13 を N 回実行したとすると D は $(3/4)^N$ 倍以下となる．

次に，$L_\ell \subset \mathbb{Z}^m$ の非零ベクトルの長さは 1 以上であり，Minkowski 第一定理（系 5.14）から，

$$1 \leqq \min_{\mathbf{0} \neq \mathbf{w} \in L_\ell} \|\mathbf{w}\| \leqq \sqrt{\ell}\, \mathrm{vol}(L_\ell)^{1/\ell}$$

を満たす．よって，$d_\ell = \mathrm{vol}(L_\ell)^2 \geqq \ell^{-\ell}$ を得る．$\ell = 1, \ldots, n$ を掛け合わせると，

$$D = \prod_{\ell=1}^{n} d_\ell \geqq \prod_{\ell=1}^{n} \ell^{-\ell} \geqq \prod_{\ell=1}^{n} \ell^{-n} = (n!)^{-n} \geqq n^{-n^2}$$

を得る．よって，D の下界は次元 n のみに依存した正の値で下から抑えられる．以上により，n に対して十分大きな N を選べば $(3/4)^N D$ は下限に到達して，アルゴリズムは停止する．

最後に，Step 3 の **while** の繰り返し回数は最大 $N + n$ となるため，N の大きさを評価する．入力の基底の GSO ベクトル $\mathbf{b}_1^*, \ldots, \mathbf{b}_n^*$ に対する式 (5.14) の D の値を D_0 とする．D の下限はアルゴリズム中の全ての基底で成り立つため，$n^{-n^2} \leqq (3/4)^N D_0$ を満たし，両辺で対数を取ることにより，

$$N = \mathrm{O}\left(n^2 \log n + \log D_0\right)$$

を得る．ここで，$i = 1, \ldots, n$ に対して，$\|\mathbf{b}_i^*\| \leqq \|\mathbf{b}_i\|$ より，

$$
\begin{aligned}
D_0 &= \prod_{i=1}^{n} \|\mathbf{b}_i^*\|^{2(n+1-i)} \\
&\leqq \prod_{i=1}^{n} \|\mathbf{b}_i\|^{2(n+1-i)} \leqq \left(\max_{1 \leqq i \leqq n} \|\mathbf{b}_i\|\right)^{2(1+\cdots+n)} \\
&= B^{n^2+n}
\end{aligned}
$$

となるため，$\log D_0 = \mathrm{O}(n^2 \log B)$ を満たす．以上より，定理の主張を得る．∎

LLL 基底縮約アルゴリズムにおいて，Lovász 条件の定数 $3/4$ を $1/4 < c <$

1 となる定数 c に変更しても定理 5.31 は同様に成立する．一方，定数が $c = 1$ の場合は定理 5.31 の証明法は使えず，多項式時間で停止する保証はなくなるが，固定した次元に対しては多項式時間となる証明が知られている[5]．

また，LLL 基底縮約アルゴリズムにおいて次元を $n = 2$ とし，Lovász 条件の定数を $c = 1$ に変更すると，Gauss 基底縮約法（Algorithm 18）を得る．実際，$n = 2$ の場合の入力基底 $\mathbf{a}, \mathbf{b}$ に対して，Size 条件は $|\langle \mathbf{a}, \mathbf{b} \rangle| / \|\mathbf{a}\|^2 \leqq 1/2$，Lovász 条件は $\|\mathbf{b}\| \geqq \|\mathbf{a}\|$ となり，Gauss 縮約の条件（系 5.23）と一致する．この場合は定理 5.27 のように非零最短ベクトルを出力する．次元が $n > 2$ の場合は，LLL 基底縮約アルゴリズムが非零最短ベクトルを出力する保証はない．実際，$n = 3, 4$ などの場合に，LLL 基底縮約アルゴリズムが非零最短ベクトルを出力しない格子の例や存在条件が考察されている[12, 109]．また，低次元の場合に非零最短ベクトルを出力する基底縮約法が提案されている[124, 153]．

最後に，LLL 基底縮約アルゴリズムには多くの改良が知られている．GSO ベクトルと GSO 係数の計算を，有理数ではなく浮動小数点の演算により高速化する手法がある[122]．また，Lovász 条件により隣接ベクトル $\mathbf{b}_k, \mathbf{b}_{k-1}$ を交換していたが，ベクトル $\mathbf{b}_k$ をより離れたベクトル $\mathbf{b}_i$ $(i < k - 1)$ と交換する DeepLLL 基底縮約アルゴリズムが知られている[149]．最も重要な拡張として，サブルーチンとして部分格子の SVP を解く Block Korkine-Zolotarev (BKZ) アルゴリズムがある[149]．BKZ アルゴリズムは 5.2.5 項で説明を行う．

5.2.3 Babai 最近平面法

近似版 CVP を解くアルゴリズムとなる Babai 最近平面法を説明する[15]．n 次元の full-rank 格子 $L \subset \mathbb{R}^n$ の基底を $\mathbf{b}_1, \ldots, \mathbf{b}_n$ とし，その GSO ベクトルを $\mathbf{b}_1^*, \ldots, \mathbf{b}_n^*$ とする．Babai 最近平面法は，与えられたベクトル $\mathbf{w} \in \mathbb{R}^n$ $(\mathbf{w} \notin L)$ に対して，$\mathbf{w}$ に近い格子ベクトルを n 次元目から再帰的に求める方法となる．図 5.3 に，Babai 最近平面法の概念図および用いる記号を示す．ベクトル $\mathbf{b}_1, \ldots, \mathbf{b}_{n-1}$ により $\mathbb{R}$ 上で張られる部分空間を $U := \langle \mathbf{b}_1, \ldots, \mathbf{b}_{n-1} \rangle_{\mathbb{R}}$ とする．GSO ベクトル $\mathbf{b}_n^*$ と部分空間 U は直交している．ここで，$\mathbf{w}$ と $U +$

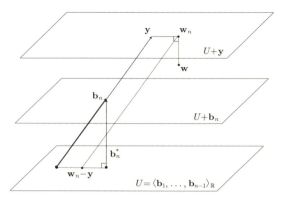

図 5.3 Babai 最近平面法

$\mathbf{y}$ の距離が最小となる格子ベクトル $\mathbf{y} \in L$ の 1 つと対応する $\mathbf{w}$ の平面 $U + \mathbf{y}$ への直交射影 $\mathbf{w}_n$ は，次のように求めることができる．

補題 5.32 入力ベクトル $\mathbf{w} \in \mathbb{R}^n$ ($\mathbf{w} \notin L$) を，GSO ベクトルを用いて $\mathbf{w} = \sum_{j=1}^{n} w_j \mathbf{b}_j^*$ と表す．このとき，$\mathbf{y} = \lfloor w_n \rceil \mathbf{b}_n$，$\mathbf{w}_n = \sum_{j=1}^{n-1} w_j \mathbf{b}_j^* + \lfloor w_n \rceil \mathbf{b}_n^*$ が成り立つ． □

[証明] 部分空間 U は GSO ベクトルを用いて $U = \langle \mathbf{b}_1^*, \ldots, \mathbf{b}_{n-1}^* \rangle_\mathbb{R}$ を満たす．格子 L の任意のベクトル $\mathbf{y}$ は，$\mathbf{y} = \sum_{j=1}^{n} y_j \mathbf{b}_j$ ($y_1, \ldots, y_n \in \mathbb{Z}$) となり，GSO ベクトルにより表現すると

$$\mathbf{y} = y_1' \mathbf{b}_1^* + \cdots + y_{n-1}' \mathbf{b}_{n-1}^* + y_n \mathbf{b}_n^*$$

を満たす $y_1', \ldots, y_{n-1}' \in \mathbb{R}$ が存在する．また，ベクトル $\mathbf{w}$ の部分空間 $U + \mathbf{y}$ からの距離は，$\inf_{\mathbf{u} \in U} \|\mathbf{w} - (\mathbf{u} + \mathbf{y})\|$ となる．したがって，固定した $\mathbf{w}, \mathbf{y}$ に対して，$\mathbf{u} = \sum_{j=1}^{n-1} (w_j - y_j') \mathbf{b}_j^* \in U$ とすると，$\|\mathbf{w} - (\mathbf{u} + \mathbf{y})\|$ は最小となる．このとき，

$$\|\mathbf{w} - (\mathbf{u} + \mathbf{y})\|^2 = (w_n - y_n)^2 \|\mathbf{b}_n^*\|^2$$

が成り立つ．以上より，$y_n = \lfloor w_n \rceil \in \mathbb{Z}$ に対して $\mathbf{y} = y_n \mathbf{b}_n \in L$ は，ベクトル $\mathbf{w}$ から部分空間 $U + \mathbf{y}$ の距離が最小な格子ベクトルとなる ($\mathbf{y}$ に対して $L \cap U$

の任意の元を加えても成り立つ).

次に,ベクトル $\mathbf{w}_n$ は,

$$\mathbf{w}_n - \mathbf{y} = \sum_{j=1}^{n-1} w_j \mathbf{b}_j^* + \lfloor w_n \rceil (\mathbf{b}_n^* - \mathbf{b}_n) \in U$$

となるため,$\mathbf{w}_n \in U + \mathbf{y}$ を満たす.また,

$$\mathbf{w} - \mathbf{w}_n = \sum_{j=1}^{n} w_j \mathbf{b}_j^* - \sum_{j=1}^{n-1} w_j \mathbf{b}_j^* - \lfloor w_n \rceil \mathbf{b}_n^* = (w_n - \lfloor w_n \rceil) \mathbf{b}_n^*$$

より,部分空間 U と直交する.以上より,ベクトル $\mathbf{w}_n$ は,ベクトル $\mathbf{w}$ の部分空間 $U + \mathbf{y}$ への直交射影となる. ∎

次に,$n-1$ 次元の場合を考察するための記号を準備する.

$$U_{n-1} := U, \quad L_{n-1} := L \cap U, \quad \mathbf{y}_n := \mathbf{y}$$

とする.補題 5.32 から $\mathbf{w}_n - \mathbf{y}_n \in U_{n-1}$ となるが,$\mathbf{w} \notin L$ のとき $\mathbf{w}_n - \mathbf{y}_n \notin L_{n-1}$ を満たす.$U_{n-2} := \langle \mathbf{b}_1, \ldots, \mathbf{b}_{n-2} \rangle_{\mathbb{R}}$ とする.このとき,n 次元格子 L と同様の方法で,$n-1$ 次元格子 L_{n-1} において,$\mathbf{w}_n - \mathbf{y}_n \in U_{n-1}$ から部分空間 $U_{n-2} + \mathbf{y}_{n-1}$ までの距離が最小となるベクトル $\mathbf{y}_{n-1} \in L_{n-1}$,さらにはベクトル $\mathbf{w}_n - \mathbf{y}_n$ の平面 $U_{n-2} + \mathbf{y}_{n-1}$ への直交射影を求めることができる.この操作を低い次元に対して再帰的に続けると,入力ベクトル $\mathbf{w} \in \mathbb{R}^n$ に近い格子ベクトル $\mathbf{v} \in L$ を

$$\mathbf{v} = \mathbf{y}_n + \cdots + \mathbf{y}_1$$

として求めることができる.

ここで,ベクトル $\mathbf{v} \in L$ と入力ベクトル $\mathbf{w} \in \mathbb{R}^n$ は,$\mathbf{b}_1^*, \ldots, \mathbf{b}_n^*$ で張られる基本領域

$$\mathcal{F}_{1/2}^*(\mathbf{b}_1^*, \ldots, \mathbf{b}_n^*) := \left\{ t_1 \mathbf{b}_1^* + \cdots + t_n \mathbf{b}_n^* \mid -1/2 \leqq t_i < 1/2 \ (i = 1, \ldots, n) \right\}$$

に対して,$\mathbf{v} - \mathbf{w} \in \mathcal{F}_{1/2}^*(\mathbf{b}_1^*, \ldots, \mathbf{b}_n^*)$ を満たす.この基本領域の体積は格子 L の体積 $\mathrm{vol}(L)$ と一致する.したがって,Babai 最近平面法により出力されるベクトル $\mathbf{v} \in L$ は,$\mathbf{w} + \mathcal{F}_{1/2}^*(\mathbf{b}_1^*, \ldots, \mathbf{b}_n^*)$ に含まれる格子上の唯一の点となる.Babai 最近平面法を Algorithm 20 に示す.

196   5   格子暗号

Algorithm 20   Babai 最近平面法

Input: 格子 $L \subset \mathbb{R}^n$ の基底 $\{\mathbf{b}_1, \ldots, \mathbf{b}_n\}$, GSO ベクトル $\mathbf{b}_1^*, \ldots, \mathbf{b}_n^*$, $\mathbf{w} \in \mathbb{R}^n$
Output: $\mathbf{v} \in L$ s.t. $\mathbf{v} - \mathbf{w} \in \mathcal{F}_{1/2}^*(\mathbf{b}_1^*, \ldots, \mathbf{b}_n^*)$
1: $\mathbf{w}_n = \mathbf{w}$
2: **for** $i = n$ to 1 **do**
3:    $w_i = \langle \mathbf{w}_i, \mathbf{b}_i^* \rangle / \langle \mathbf{b}_i^*, \mathbf{b}_i^* \rangle$
4:    $\mathbf{y}_i = \lfloor w_i \rceil \mathbf{b}_i$
5:    $\mathbf{w}_{i-1} = \mathbf{w}_i - (w_i - \lfloor w_i \rceil)\mathbf{b}_i^* - \mathbf{y}_i$
6: **end for**
7: **return** $\mathbf{v} = \mathbf{y}_1 + \cdots + \mathbf{y}_n$

　格子 L の基底が LLL 縮約の場合に，Babai 最近平面法により出力される格子ベクトル $\mathbf{v}$ と入力ベクトル $\mathbf{w}$ の距離を，以下のように見積もることができる．

　補題 5.33　格子 $L \subset \mathbb{R}^n$ の LLL 縮約基底を $\{\mathbf{b}_1, \ldots, \mathbf{b}_n\}$ とする．入力 $\mathbf{w} \in \mathbb{R}^n$ に対して，Babai 最近平面法の出力を $\mathbf{v} \in L$ とすると，

$$\|\mathbf{w} - \mathbf{v}\|^2 \leqq \frac{2^n - 1}{4} \|\mathbf{b}_n^*\|^2$$

を満たす．　　　　　　　　　　　　　　　　　　　　　　　　　　　□

　[証明]　次元 n に関する数学的帰納法で示す．$n = 1$ の場合は $\|\mathbf{w} - \mathbf{v}\|^2 \leqq (1/4)\|\mathbf{b}_1^*\|^2$ より正しい．$n = k - 1$ まで正しいと仮定して，$n = k$ の場合を考える．

　格子 L の LLL 縮約基底 $\{\mathbf{b}_1, \ldots, \mathbf{b}_k\}$ に対して，$U = \langle \mathbf{b}_1, \ldots, \mathbf{b}_{k-1} \rangle_{\mathbb{R}}$ とする．入力 $\mathbf{w}$ から部分空間 $U + \mathbf{y}$ までの距離が最小となる格子ベクトルを $\mathbf{y} \in L$ とする．また，入力ベクトル $\mathbf{w}$ を部分空間 $U + \mathbf{y}$ に直交射影したベクトルを $\mathbf{w}_k$ として，$\mathbf{w}_{k-1} = \mathbf{w}_k - \mathbf{y} \in U$ とする．

　ここで，格子 $L \cap U$ の基底は $\{\mathbf{b}_1, \ldots, \mathbf{b}_{k-1}\}$ であり，ベクトル $\mathbf{w}_{k-1} \in U$ に対して Babai 最近平面法による出力を $\mathbf{v}_{k-1}$ とすると，$\mathbf{v} = \mathbf{y} + \mathbf{v}_{k-1}$ を満たす．U の次元は $k - 1$ であるから，帰納法の仮定より，$\|\mathbf{w}_{k-1} - \mathbf{v}_{k-1}\|^2 \leqq \frac{2^{k-1} - 1}{4} \|\mathbf{b}_{k-1}^*\|^2$ が成り立つ．したがって，

$$\|\mathbf{w} - \mathbf{v}\|^2 = \|\mathbf{w} - \mathbf{w}_k + \mathbf{w}_k - \mathbf{y} - \mathbf{v}_{k-1}\|^2$$
$$= \|\mathbf{w} - \mathbf{w}_k\|^2 + \|\mathbf{w}_{k-1} - \mathbf{v}_{k-1}\|^2$$
$$\leqq \frac{1}{4}\|\mathbf{b}_k^*\|^2 + \frac{2^{k-1}-1}{4}\|\mathbf{b}_{k-1}^*\|^2$$
$$\leqq \left(\frac{1}{4} + 2\frac{2^{k-1}-1}{4}\right)\|\mathbf{b}_k^*\|^2 = \frac{2^k-1}{4}\|\mathbf{b}_k^*\|^2$$

を満たす．最後の不等式は，LLL 縮約基底の性質 $\|\mathbf{b}_{k-1}^*\|^2 \leqq 2\|\mathbf{b}_k^*\|^2$ を用いた．以上より，全ての自然数 n で補題の主張は正しい． ∎

次に，LLL 縮約基底に対して Babai 最近平面法は近似度 $2^{n/2}$ となる CVP の解法であることを示す．

定理 5.34 格子 $L \subset \mathbb{R}^n$ の LLL 縮約基底を $\{\mathbf{b}_1, \ldots, \mathbf{b}_n\}$ とする．入力 $\mathbf{w} \in \mathbb{R}^n$ に対して，Babai 最近平面法による出力を $\mathbf{v} \in L$ とすると，任意の格子ベクトル $\mathbf{u} \in L$ に対して $\|\mathbf{w} - \mathbf{v}\| \leqq 2^{n/2}\|\mathbf{w} - \mathbf{u}\|$ を満たす． □

[証明] 次元 n の数学的帰納法で示す．$n = 1$ の場合は，$\mathbf{v}$ は入力 $\mathbf{w}$ に最も近い格子ベクトルなので正しい．$n = k - 1$ まで正しいと仮定して，$n = k$ の場合を考える．

格子 L の LLL 縮約基底 $\{\mathbf{b}_1, \ldots, \mathbf{b}_k\}$ と入力 $\mathbf{w} \in \mathbb{R}^n$ に対して，補題 5.33 の証明と同じ記号 $U, \mathbf{y}, \mathbf{w}_k, \mathbf{w}_{k-1}, \mathbf{v}_{k-1}$ を利用する．ここで，ベクトル $\mathbf{u} \in L$ を $\mathbf{w} \in \mathbb{R}^n$ の最近格子ベクトルとして定理の不等式を示せば，任意の格子ベクトルに対して主張が言える．

最初に，$\mathbf{u} \in U + \mathbf{y}$ の場合を考える．$\mathbf{u} - \mathbf{w}_k$ と $\mathbf{w}_k - \mathbf{w}$ は直交しているため，$\mathbf{u}, \mathbf{w}_k, \mathbf{w}$ を頂点とする直角三角形を考えると，

$$\|\mathbf{u} - \mathbf{w}\|^2 = \|\mathbf{u} - \mathbf{w}_k\|^2 + \|\mathbf{w}_k - \mathbf{w}\|^2$$

を満たす．したがって，$\mathbf{u}$ は $\mathbf{w}_k \in U + \mathbf{y}$ の最近格子ベクトルとなり，$\mathbf{u} - \mathbf{y}$ は $\mathbf{w}_{k-1} = \mathbf{w}_k - \mathbf{y} \in U$ の最近格子ベクトルとなる．ここで，帰納法の仮定から，入力 $\mathbf{w}_{k-1} \in \mathbb{R}^n$ に対する Babai 最近平面法による出力は $\mathbf{v}_{k-1}$ であり，

$$\|\mathbf{v}_{k-1} - \mathbf{w}_{k-1}\| < 2^{(k-1)/2}\|\mathbf{u} - \mathbf{y} - \mathbf{w}_{k-1}\|$$

が成り立つ．$\mathbf{w}_{k-1} = \mathbf{w}_k - \mathbf{y}$ を代入すると，

198   5　格子暗号

$$\|\mathbf{y} + \mathbf{v}_{k-1} - \mathbf{w}_k\| < 2^{(k-1)/2}\|\mathbf{u} - \mathbf{w}_k\|$$

となる．したがって，

$$\|\mathbf{v} - \mathbf{w}\|^2 = \|\mathbf{y} + \mathbf{v}_{k-1} - \mathbf{w}_k\|^2 + \|\mathbf{w}_k - \mathbf{w}\|^2$$
$$< 2^{(k-1)/2}\|\mathbf{u} - \mathbf{w}_k\|^2 + \|\mathbf{w}_k - \mathbf{w}\|^2$$

を得る．ここで，$\|\mathbf{u} - \mathbf{w}_k\|, \|\mathbf{w}_k - \mathbf{w}\| \leqq \|\mathbf{u} - \mathbf{w}\|$ および $2^{k-1} + 1 \leqq 2^k$ より，$n = k$ の場合は正しい．以上より，全ての自然数 n で正しい．

次に，$\mathbf{u} \notin U + \mathbf{y}$ の場合は，$\mathbf{w}$ から $U + \mathbf{y}$ の距離は $(1/2)\|\mathbf{b}_k^*\|$ 以下であるため，$\|\mathbf{w} - \mathbf{u}\| \geqq (1/2)\|\mathbf{b}_k^*\|$ を満たす．補題 5.33 より，

$$\frac{1}{2}\|\mathbf{b}_k^*\| \geqq \frac{1}{2}\sqrt{\frac{4}{2^k - 1}}\|\mathbf{w} - \mathbf{v}\|$$

となる．よって，$\|\mathbf{w} - \mathbf{v}\| < 2^{k/2}\|\mathbf{w} - \mathbf{u}\|$ が成り立つ．∎

Babai は最近平面法を発表した論文において，GSO ベクトルの計算を必要としない丸め込み法(rounding technique)も提案している[15]．Babai 丸め込み法は，入力ベクトル $\mathbf{w} \in \mathbb{R}^n$ を格子 $L \subset \mathbb{R}^n$ の基底 $\{\mathbf{b}_1, \ldots, \mathbf{b}_n\}$ により，

$$\mathbf{w} = \sum_{i=1}^{n} x_i\mathbf{b}_i, \quad x_1, \ldots, x_n \in \mathbb{R}$$

と表現する．格子は full-rank であるため，基底行列 $\mathbf{B} = \left(\mathbf{b}_1^\top \mid \cdots \mid \mathbf{b}_n^\top\right)^\top$ により，$(x_1, \ldots, x_n) = \mathbf{w}\mathbf{B}^{-1}$ として計算可能である．このとき，$\mathbf{w}$ に近い格子ベクトル $\mathbf{v} \in L$ として

$$\mathbf{v} = \sum_{i=1}^{n} \lfloor x_i \rceil \mathbf{b}_i$$

を出力する．基底 $\{\mathbf{b}_1, \ldots, \mathbf{b}_n\}$ が LLL 縮約である場合は，任意の格子ベクトル $\mathbf{u} \in L$ に対して

$$\|\mathbf{w} - \mathbf{v}\| \leqq (1 + 2n(9/2)^{n/2})\|\mathbf{w} - \mathbf{u}\|$$

が成り立つことが証明できる[15]．

また，Babai 丸め込み法は，$\mathbf{w} - \mathbf{v} = \sum_{i=1}^{n} m_i\mathbf{b}_i$ が $|m_i| \leqq 1/2$ を満たす格子ベクトル $\mathbf{v}$ を求める．つまり，格子ベクトル $\mathbf{v}$ は，$\mathbf{w}$ を中心とする格子の基

本領域

$$\mathbf{w} + \mathcal{F}_{1/2}(\mathbf{b}_1, \ldots, \mathbf{b}_n)$$
$$= \{\mathbf{w} + t_1 \mathbf{b}_1 + \cdots + t_n \mathbf{b}_n \mid -1/2 \leqq t_i < 1/2 \ (i = 1, \ldots, n)\}$$

に含まれる．一方，Babai 最近平面法では，$\mathbf{w}$ を中心として GSO ベクトル $\mathbf{b}_1^*, \ldots, \mathbf{b}_n^*$ で張られる基本領域 $\mathbf{w} + \mathcal{F}_{1/2}^*(\mathbf{b}_1^*, \ldots, \mathbf{b}_n^*)$ に含まれるベクトル $\mathbf{v} \in L$ を求めていた．そのため，Babai 丸め込み法では一般に出力される格子ベクトルは異なる．

5.2.4 列挙法

列挙法は，格子の非零最短ベクトルを射影空間の全探索により求めるアルゴリズムで，1980 年代前半に提案された[86, 59]．

階数 n の格子 $L \subset \mathbb{R}^m$ の基底を $\{\mathbf{b}_1, \ldots, \mathbf{b}_n\}$ とする．非零最短ベクトル $\mathbf{x} \in L$ を，整数 $x_1, \ldots, x_n$ により，$\mathbf{x} = x_1 \mathbf{b}_1 + \cdots + x_n \mathbf{b}_n$ と表示する．GSO ベクトル $\mathbf{b}_1^*, \ldots, \mathbf{b}_n^*$ および GSO 係数 $\mu_{i,j}$ $(1 \leqq j < i \leqq n)$ を用いて，ベクトル $\mathbf{x}$ を

(5.15)

$$\mathbf{x} = \sum_{i=1}^{n} x_i \mathbf{b}_i = \sum_{i=1}^{n} x_i \left(\mathbf{b}_i^* + \sum_{j=1}^{i-1} \mu_{i,j} \mathbf{b}_j^* \right) = \sum_{j=1}^{n} \left(x_j + \sum_{i=j+1}^{n} \mu_{i,j} x_i \right) \mathbf{b}_j^*$$

と表示する．$j = 1, \ldots, n-1$ に対して $c_j = \sum_{i=j+1}^{n} \mu_{i,j} x_i$ とおき，$c_n = 0$ とする．ベクトル $\mathbf{x}$ を直交補空間 $\langle \mathbf{b}_1^*, \ldots, \mathbf{b}_{k-1}^* \rangle_{\mathbb{R}}^{\perp}$ に射影したベクトル $\pi_k(\mathbf{x})$ は，

$$\pi_k(\mathbf{x}) = \sum_{j=k}^{n} (x_j + c_j) \mathbf{b}_j^*, \quad 1 \leqq k \leqq n$$

となる（ただし π_1 は恒等写像とする）．ここで，$\|\mathbf{x}\|^2$ の上限を A とする．A としては，単純に $A = \|\mathbf{b}_1\|^2$ を選ぶことができるが，より良い上限が得られている場合はそちらを選ぶ．すると，$\|\pi_k(\mathbf{x})\|^2 \leqq \|\mathbf{x}\|^2$ より，

(5.16) $$\|\pi_k(\mathbf{x})\|^2 = \sum_{j=k}^{n} (x_j + c_j)^2 \|\mathbf{b}_j^*\|^2 \leqq A, \quad 1 \leqq k \leqq n$$

200   5   格子暗号

となる．したがって，$k = n$ とすると，$A \geqq \|\pi_n(\mathbf{x})\|^2 = x_n^2 \|\mathbf{b}_n^*\|^2$ より，

$$|x_n| \leqq \sqrt{A}/\|\mathbf{b}_n^*\|$$

を満たす．次に，$1 \leqq k < n$ に対して，以下の平方根の中の値が正であるような $x_n, \ldots, x_{k+1}$ の各候補を固定して，

$$e_k = \sqrt{\left(A - \sum_{j=k+1}^{n} (x_j + c_j)^2 \|\mathbf{b}_j^*\|^2 \right) / \|\mathbf{b}_k^*\|^2}$$

とすると，次の候補 x_k は，$|x_k + c_k| \leqq e_k$ を満たす．したがって，x_k の下限と上限は

$$(5.17) \qquad -(e_k + c_k) \leqq x_k \leqq e_k - c_k$$

となる．以上より，非零最短ベクトル $\mathbf{x} = x_1 \mathbf{b}_1 + \cdots + x_n \mathbf{b}_n$ の係数を，上位から順に $x_n, x_{n-1}, \ldots, x_1$ の総当たりで求めることができる．この手法を，格子 L の格子基底 $\{\mathbf{b}_1, \ldots, \mathbf{b}_n\}$ に対する列挙法と呼ぶ．列挙法の計算量を，LLL 縮約基底 $\{\mathbf{b}_1, \ldots, \mathbf{b}_n\}$ に対して以下に求める．

定理 5.35　n 次元格子 L に対して，LLL 縮約基底を $\{\mathbf{b}_1, \ldots, \mathbf{b}_n\}$ とする．列挙法は $2^{O(n^2)}$ 個の候補から L の非零最短ベクトルを求める．　□

[証明]　列挙法の検索範囲の上限を $A = \|\mathbf{b}_1\|^2$ とする．$k = n$ に対しては，$|x_n| \leqq \sqrt{A}/\|\mathbf{b}_n^*\|$ の範囲にある整数値 x_n は最大で $2\sqrt{A}/\|\mathbf{b}_n^*\| + 1$ 個となる．次に，$1 \leqq k < n$ に対して x_k の検索範囲は式 (5.17) から，最大で

$$2e_k + 1 = 2\sqrt{\left(A - \sum_{j=k+1}^{n} (x_j + c_j)^2 \|\mathbf{b}_j^*\|^2 \right) / \|\mathbf{b}_k^*\|^2} + 1 \leqq 2\sqrt{A}/\|\mathbf{b}_k^*\| + 1$$

個となる．以上より，$x_n, x_{n-1}, \ldots, x_1$ の取りうる整数値の上限は，定理 5.29 の LLL 縮約基底の条件 $\|\mathbf{b}_1\| \leqq 2^{(k-1)/2} \|\mathbf{b}_k^*\|$ より，

$$\prod_{k=1}^{n} (2\sqrt{A}/\|\mathbf{b}_k^*\| + 1) = \prod_{k=1}^{n} (2\|\mathbf{b}_1\| + \|\mathbf{b}_k^*\|)/\|\mathbf{b}_k^*\| \leqq \prod_{k=1}^{n} \left(2 \cdot 2^{(k-1)/2} + 1 \right)$$

を満たす．最後の式は $2^{O(n^2)}$ となり，定理の主張を得る．　■

上で説明した列挙法では，検索範囲 A は $\|\mathbf{b}_1\|^2$ で固定して説明した．式

$$5.2 \quad \text{SVP／CVP の解法} \quad 201$$

(5.16)において，$k = 1, \ldots, n$ に応じて

$$(5.18) \qquad \|\pi_k(\mathbf{x})\|^2 = \sum_{j=k}^{n} (x_j + c_j)^2 \|\mathbf{b}_j^*\|^2 \leqq A_k, \quad 1 \leqq k \leqq n$$

とし，検索上限 A_k を調整することで高速化も可能である．例えば，$\|\mathbf{b}_1\|^2$ の上限 A に対して $A_k = (k/n)A$ とする線形枝刈りなどがある[66]．ここで，検索範囲の上限を低くした場合は列挙法の計算時間は削減されるが，非零最短ベクトルを出力する確率は低下する．その場合にも，入力する基底から同一格子を生成するランダムな基底を複数個構成し，それぞれに枝刈り付きの列挙法を行うことで非零最短ベクトルを高確率で求める方法がある．

次に，列挙法を次元 n の指数関数とならない少ないメモリサイズで実装する深さ優先探索（Algorithm 21）を説明する[149]．

深さ優先探索による列挙法では，$\pi_{n+1}(L) = \{\mathbf{0}\}$ を根とする深さ n の列挙木を考察する．$1 \leqq k \leqq n$ に対して，列挙木の深さ $n - k + 1$ の頂点は x_k とする．式(5.16)より，$\pi_k(\mathbf{x})$ は，深さ $n - k + 1$ の頂点 x_k と，根の子 x_n に向かうベクトル $(\perp, \ldots, \perp, x_k, x_{k+1}, \ldots, x_n)$ によって決まる（最初の $k - 1$ 個の係数は未定 $\perp$）．このベクトルに対する長さ $\|\pi_k(\mathbf{x})\|$ を l_k と定義し，Step 4 で計算する．$l_k < A$ の場合は，Step 7 において k を 1 減らして，パス $(\perp, \ldots, \perp, x_{k-1}, x_k, \ldots, x_n)$ の c_{k-1} と x_{k-1} の値を計算して Step 4 に戻る．ここで，Step 6 で $k = 1$ となる場合は，パス $(x_1, \ldots, x_n)$ は未定 $\perp$ の値がなくなるため，$\|\mathbf{x}\|^2 = l_1$ を満たす．よって，Step 10 で検索範囲の条件 $A = l_1$ および非零最短ベクトルの候補 $\mathbf{v} = \mathbf{x}$ を更新する．

次に，$l_k \geqq A$ の場合（Step 12），x_k を根とする部分木のパスに対しては，$\|\mathbf{x}\| \geqq \|\pi_k(\mathbf{x})\|$ が成り立つため，A より短いベクトル $\mathbf{x}$ は存在しない．この場合は，Step 13 で k を 1 増やして，Step 15～16 において $-c_k$ から近い整数値となるジグザグ順序

$$\{x_k, x_k - 1, x_k + 1, x_k - 2, x_k + 2, \ldots\}, \text{ または}$$
$$\{x_k, x_k + 1, x_k - 1, x_k + 2, x_k - 2, \ldots\}$$

により更新して Step 4 に戻り，l_k の値を更新する．ここで，$x_k > -c_k$（または $x_k \leqq -c_k$）の場合は x_k 以外で $-c_k$ に最も近い整数値は $x_k - 1$（または x_k

202   5 格子暗号

Algorithm 21　深さ優先探索による列挙法

Input: 格子 $L \subset \mathbb{R}^m$ の基底 $\{\mathbf{b}_1, \ldots, \mathbf{b}_n\}$, GSO ベクトル $\{\mathbf{b}_1^*, \ldots, \mathbf{b}_n^*\}$, GSO 係数 $\mu_{i,j} = \langle \mathbf{b}_i, \mathbf{b}_j^* \rangle / \|\mathbf{b}_j^*\|^2$ $(1 \leqq j < i \leqq n)$

Output: L の非零最短ベクトル $\mathbf{v}$

1: $A = \|\mathbf{b}_1\|^2$, $\mathbf{v} = \mathbf{b}_1$, $\mathbf{x} = (1, 0, \ldots, 0)$, $\mathbf{l} = \mathbf{0}$, $\mathbf{c} = \mathbf{0}$, $\mathbf{w} = \mathbf{0}$, $\mathbf{d} = \mathbf{0}$, $s = 1$

2: $k = 1$

3: **while** $k \leqq n$ **do**

4: 　　$l_k = l_{k+1} + (x_k + c_k)^2 \|\mathbf{b}_k^*\|^2$

5: 　　**if** $l_k < A$ **then**

6: 　　　　**if** $k > 1$ **then**

7: 　　　　　　$k = k - 1$, $c_k = \sum\limits_{i=k+1}^{n} \mu_{i,k} x_i$, $x_k = \lfloor -c_k \rceil$, $w_k = 1$ (k を 1 減らす)

8: 　　　　　　　　**if** $x_k > -c_k$ **then** $d_k = 1$ **else** $d_k = 0$ (ジグザグ順序の符号管理)

9: 　　　　**else**

10: 　　　　　　$A = l_k$, $\mathbf{v} = \sum\limits_{i=1}^{n} x_i \mathbf{b}_i$ (検索上限 A と非零最短ベクトル候補 $\mathbf{v}$ を更新)

11: 　　　　**end if**

12: 　　**else**

13: 　　　　$k = k + 1$ (k を 1 増やす)

14: 　　　　**if** $k \geqq s$ **then** $s = \max(s, k)$, $x_k = x_k + 1$

15: 　　　　**else** $x_k = x_k + (-1)^{d_k} w_k$, $w_k = w_k + 1$, $d_k = d_k + 1$ (ジグザグ順序で増加)

16: 　　　　**end if**

17: 　　**end if**

18: **end while**

19: **return** $\mathbf{v}$

$+1)$ であるため，Step 8 においてジグザグ順序の符号を $d_k = 1$(または $d_k = 0$)とする．このジグザグ順序により，Step 4 の $(x_k + c_k)^2$ は同じ値か増加するため，$l_k \geqq A$ の場合(Step 12)，$x_k + 1, x_k + 2, \ldots$ を根とする部分木のパスに対しては A より短いベクトル $\mathbf{x}$ は存在しない．次に，Step 14 では，以前の k の最大値 s に対して $k \geqq s$ となるときは，$x_k = x_k + 1$ として検索していない範囲を計算する．この場合は，x_k に対して $x_1, \ldots, x_{k-1}$ の値は決まっておらず，それらの符号を反転したものは同じ A の値となるため，x_k は正の範囲だけ検索すればよい．以上の構成より，$l_k \geqq A$ の場合で k が 1 増えることで(Step 13)，A より短いベクトルの取りこぼしはない．

Step 1 では，非零最短ベクトル候補 $\mathbf{v} = \mathbf{b}_1$ と係数ベクトル $\mathbf{x} = (1, 0, \ldots,$

0), 列挙法の上限 $A = \|\mathbf{b}_1\|^2$ を初期化する. また, パラメータ l_k, c_k, w_k, d_k をベクトル $\mathbf{l} \in \mathbb{Z}^{n+1}$, $\mathbf{c}, \mathbf{w}, \mathbf{d} \in \mathbb{Z}^n$ として表現して, $\mathbf{l} = \mathbf{0}$, $\mathbf{c} = \mathbf{0}$, $\mathbf{w} = \mathbf{0}$, $\mathbf{d} = \mathbf{0}$ と初期化する. Step 14 の s は $s = 1$ と初期化する. アルゴリズムの Step 2 では, $k = 1$ から開始して, Step 13 において $k = k + 1$ と増えていく. Step 15 において $k = n$ の場合, 更新した検索上限 A に対して, 上記のジグザグ順序で $|x_n| = \lceil \sqrt{A}/\|\mathbf{b}_n^*\| \rceil$ のときは $l_n = \left(\lceil \sqrt{A}/\|\mathbf{b}_n^*\| \rceil \right)^2 \|\mathbf{b}_n^*\|^2 \geqq A$ を満たすため $k = n + 1$ となり, Step 3 の **while** ループを抜けて停止する.

系 5.36 n 次元格子 $L \subset \mathbb{Z}^m$ の LLL 縮約基底を $\{\mathbf{b}_1, \ldots, \mathbf{b}_n\}$ とする. L における深さ優先探索による列挙法(Algorithm 21)は, 計算時間 $\mathrm{poly}(m, \log\|\mathbf{b}_1\|)2^{\mathrm{O}(n^2)}$, メモリ空間 $\mathrm{O}(m\|\mathbf{b}_1\|)$ で非零最短ベクトルを出力する. ただし, $\mathrm{poly}(m, \log\|\mathbf{b}_1\|)$ は, m と $\log\|\mathbf{b}_1\|$ の多項式時間とする. $\square$

[証明] Algorithm 21 は, 式(5.16)を満たす検索上限 A の範囲の全てのベクトルの係数 $\mathbf{x} = (x_1, \ldots, x_n)$ を列挙しながら, Step 10 において非零最短ベクトルの候補を $\mathbf{v} = \sum_{i=1}^{n} x_i \mathbf{b}_i$ に更新するため, 格子 L の非零最短ベクトルを出力する. また, 検索上限 A は, $A \leqq \|\mathbf{b}_1\|^2$ より, 定理 5.35 の証明で用いた上限以下であり, $2^{\mathrm{O}(n^2)}$ 個の候補がある. また, $k = 1, \ldots, n$ に対して l_k, x_k, c_k, w_k, d_k の成分のサイズは $\mathrm{O}(\log\|\mathbf{b}_1\|)$ となり, 計算時間は $\mathrm{O}(m(\log\|\mathbf{b}_1\|)^2)$ となる. したがって, 計算時間は $\mathrm{poly}(m, \log\|\mathbf{b}_1\|)\,2^{\mathrm{O}(n^2)}$ となる. さらに, アルゴリズムでは定数個のベクトルのみを中間変数として利用しているため, 利用したメモリサイズは $\mathrm{O}(m\|\mathbf{b}_1\|)$ となる. ∎

例 5.37 $\mathbb{R}^3$ の 1 次独立なベクトル $\mathbf{b}_1 = (2, 4, 3)$, $\mathbf{b}_2 = (5, 1, 8)$, $\mathbf{b}_3 = (3, 6, 2)$ に対して, GSO 係数は $\mu_{2,1} = 1.31$, $\mu_{3,1} = 1.24$, $\mu_{3,2} = -0.25$, GSO ベクトルの長さの 2 乗は $\|\mathbf{b}_1^*\|^2 = 29$, $\|\mathbf{b}_2^*\|^2 = 40.2$, $\|\mathbf{b}_3^*\|^2 = 1.74$ となる. 表 5.2 に深さ優先探索の計算過程を示す. $\downarrow$($\uparrow$)は, Step 7 (Step 13)で k を 1 減少(増加)させることを意味する. 過程 6 において Step 6 で $k = 1$ となり, 非零最短ベクトル候補 $\mathbf{v} = -\mathbf{b}_1 + \mathbf{b}_3 = (1, 2, -1)$ を得る. 過程 9 において Step 3 で $k = 4$ となり停止する. 図 5.4 に, 深さ優先探索の列挙木を示した. 左側に k の値があり, $k = 1$ において値 1 の頂点から計算を開始する. 破線は Step 5 で検索上限 A を超えて検索を打ち切ることを意味して, $k = 1$ で黒色の頂点が

表 5.2　深さ優先探索の計算過程

過程	(k,s)	A		$\mathbf{l}$	$\mathbf{x}$	$\mathbf{c}$	$\mathbf{w}$	$\mathbf{d}$
1	(1,1)	29		(29, 0, 0, 0)	(1, 0, 0)	(0, 0, 0)	(0, 0, 0)	(0, 0, 0)
2	(2,2)	29	↑	(29, 0, 0, 0)	(⊥, 1, 0)	(0, 0, 0)	(0, 0, 0)	(0, 0, 0)
3	(3,3)	29	↑	(29, 40.2, 0)	(⊥, ⊥, 1)	(0, 0, 0)	(0, 0, 0)	(0, 0, 0)
4	(2,3)	29	↓	(29, 40.2, 1.74, 0)	(⊥, 0, 1)	(0, −0.25, 0)	(0, 1, 0)	(0, 0, 0)
5	(1,3)	29	↓	(29, 4.25, 1.74, 0)	(−1, 0, 1)	(1.24, −0.25, 0)	(1, 1, 0)	(1, 0, 0)
6	(1,3)	5.92	−	(5.92, 4.25, 1.74, 0)	(**−1, 0, 1**)	(1.24, −0.25, 0)	(1, 1, 0)	(1, 0, 0)
7	(2,3)	5.92	↑	(5.92, 24.4, 1.74, 0)	(⊥, 1, 1)	(1.24, −0.25, 0)	(1, 2, 0)	(1, 1, 0)
8	(3,3)	5.92	↑	(5.92, 24.4, 6.96, 0)	(⊥, ⊥, 2)	(1.24, −0.25, 0)	(1, 2, 0)	(1, 1, 0)
9	(4,4)	5.92	↑	(5.92, 24.4, 6.96, 0)	(⊥, ⊥, ⊥)	(1.24, −0.25, 0)	(1, 2, 0)	(1, 1, 0)

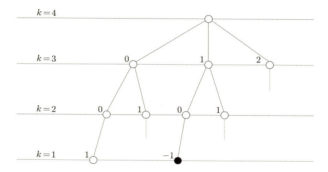

図 5.4　深さ優先探索の列挙木

非零最短ベクトルの候補となる．$k=3$ では，$x_k=2$ の時点において検索上限 A を超えるため，$k=4$ となり終了する．　　□

　非零最短ベクトルを求めることができる列挙法は，最近ベクトル問題 CVP を解くことに応用できる．n 次元の full-rank 格子 $L \subset \mathbb{R}^n$ の基底を $\{\mathbf{b}_1, \ldots, \mathbf{b}_n\}$ とする．ベクトル $\mathbf{w} \in \mathbb{R}^n$ ($\mathbf{w} \notin L$) と検索上限 $A > 0$ に対して，$\|\mathbf{x} - \mathbf{w}\|^2 \leqq A$ を満たす全ての格子ベクトル $\mathbf{x} \in L$ を列挙する問題を考える．

　式 (5.15) と同じように，

$$\mathbf{x} = \sum_{i=1}^{n} x_i \mathbf{b}_i = \sum_{i=1}^{n} (x_i + c_i) \mathbf{b}_i^*$$

と表現する．ただし，$x_i \in \mathbb{Z}$ であり，$c_n = 0$ とし，$i = 1, \ldots, n-1$ に対しては $c_i = \sum_{k=i+1}^{n} \mu_{k,i} x_k$ とする．また，入力ベクトル $\mathbf{w} \in \mathbb{R}^n$ を

$$\mathbf{w} = \sum_{i=1}^{n} y_i \mathbf{b}_i^*$$

とする．このとき，$\|\mathbf{x} - \mathbf{w}\|^2 \leqq A$ は，$\sum_{i=1}^{n}(x_i + c_i - y_i)^2\|\mathbf{b}_i^*\|^2 \leqq A$ と同値となる．つまり，$i = n$ の場合は，$y_n - \sqrt{A/\|\mathbf{b}_n^*\|^2} \leqq x_n \leqq y_n + \sqrt{A/\|\mathbf{b}_n^*\|^2}$ を満たし，$1 \leqq i < n$ に対しては

$$e_i = \sqrt{\left(A - \sum_{j=i+1}^{n}(x_j + c_j - y_j)^2\|\mathbf{b}_j^*\|^2\right)/\|\mathbf{b}_i^*\|^2}$$

とすると，$y_i - e_i - c_i \leqq x_i \leqq y_i + e_i - c_i$ を満たす．これらの関係式から，SVP に対する列挙法と同様に，入力 $\mathbf{w} \in \mathbb{R}^n$ から $\|\mathbf{x} - \mathbf{w}\|^2$ が最小となる格子ベクトル $\mathbf{x} \in L$ を求めることができる．

5.2.5 BKZ アルゴリズム

LLL 基底縮約アルゴリズムは多項式時間で動作するが，出力する非零最短ベクトルの近似度は指数的に大きなものとなる．LLL 基底縮約アルゴリズムにおいて，一部のブロックに非零最短ベクトルを求める列挙法を追加して拡張したものが，BKZ (Block Korkine-Zolotarev) アルゴリズムとなる [149]．ブロックサイズを β とすると，$\beta = 2$ の場合は LLL 基底縮約アルゴリズムと同じで，$\beta = n$（格子の次元）の場合は基底ベクトルの全てを利用した列挙法を計算する方法となる．

n 次元の格子 L の基底を $\{\mathbf{b}_1, \ldots, \mathbf{b}_n\}$ とする．$1 \leqq k \leqq \ell \leqq n$ を満たす k, ℓ に対して，直交射影 π_k を用いて $\ell - k + 1$ 次元の格子

(5.19) $\quad L_{[k,\ell]} := \{x_k\pi_k(\mathbf{b}_k) + \cdots + x_\ell\pi_k(\mathbf{b}_\ell) \mid x_k, \ldots, x_\ell \in \mathbb{Z}\}$

を定義する．$\pi_k(\mathbf{b}_k), \ldots, \pi_k(\mathbf{b}_\ell)$ を格子 $L_{[k,\ell]}$ のブロック基底と呼ぶ．

ブロックサイズ $2 \leqq \beta \leqq n$ の BKZ 基底縮約アルゴリズムでは，列挙法を用いて，$k = 1, \ldots, n - \beta - 1$ に対して格子 $L_{[k,\ell]}$ が $\|\pi_k(\mathbf{b}_k)\| = \lambda_1(L_{[k,\ell]})$ を満たす格子 L の基底を出力する手法となる．このような格子基底を，ブロックサイズ β の BKZ 縮約基底と呼ぶ．$\pi_k(\mathbf{b}_k)$ がブロック $L_{[k,\ell]}$ において非零最短ベクトルとなるため，ブロックサイズ β が大きくなるほど，出力される第一基底ベクトル $\mathbf{b}_1$ はより短いベクトルとなる．Algorithm 22 にブロックサ

206   5   格子暗号

Algorithm 22　BKZ 基底縮約アルゴリズム

Input: 格子 $L \subset \mathbb{R}^m$ の LLL 縮約基底 $\{\mathbf{b}_1, \ldots, \mathbf{b}_n\}$, ブロックサイズ $2 \leqq \beta \leqq n$
Output: ブロックサイズ β の BKZ 縮約基底 $\{\mathbf{b}_1, \ldots, \mathbf{b}_n\} \in \mathbb{R}^m$

 1: $k = 1$
 2: **while** $k \leqq n$ **do**
 3:　　$\ell = \min(k + \beta - 1, n)$
 4:　　$(v_k, \ldots, v_\ell) = \mathrm{SVP}(\pi_k(\mathbf{b}_k), \ldots, \pi_k(\mathbf{b}_\ell))$
 5:　　$\mathbf{v} = v_k \mathbf{b}_k + \cdots + v_\ell \mathbf{b}_\ell$
 6:　　**if** $\|\mathbf{b}_k^*\| > \|\pi_k(\mathbf{v})\|$ **then**
 7:　　　　$(\mathbf{b}_1, \ldots, \mathbf{b}_n) = \mathrm{LLL}(\mathbf{b}_1, \ldots, \mathbf{b}_{k-1}, \mathbf{v}, \mathbf{b}_k, \ldots, \mathbf{b}_n)$
 8:　　　　$k = 1$
 9:　　**else**
10:　　　　$k = k + 1$
11:　　**end if**
12: **end while**
13: **return** $\mathbf{b}_1, \ldots, \mathbf{b}_n$

イズ $2 \leqq \beta \leqq n$ の BKZ 基底縮約アルゴリズムを示す.

Step 1 において $k = 1$ と初期化して,Step 2 において $k \leqq n$ のとき **while** ループを計算する.Step 4 において,射影部分格子 $L_{[k,\ell]}$ に対する列挙法や篩法などの SVP を解くアルゴリズム SVP により,$\pi_k(\mathbf{v}) \in L_{[k,\ell]}$ が非零最短となるベクトル $\mathbf{v} = v_k \mathbf{b}_k + \cdots + v_\ell \mathbf{b}_\ell \in L$ を求める.$\pi_k(\mathbf{v}) = \lambda_1(L_{[k,\ell]})$ を満たす.Step 6 において,$\|\mathbf{b}_k^*\| \leqq \|\pi_k(\mathbf{v})\|$ の場合は,$\mathbf{b}_k$ が格子 $L_{[k,\ell]}$ の非零最短ベクトルであり,Step 10 において $k = k + 1$ とする.また,Step 6 において,$\|\mathbf{b}_k^*\| > \|\pi_k(\mathbf{v})\|$ の場合は Step 7 で $\mathbf{b}_k$ の前に $\mathbf{v}$ を挿入し,

$$(5.20) \qquad \{\mathbf{b}_1, \ldots, \mathbf{b}_{k-1}, \mathbf{v}, \mathbf{b}_k, \ldots, \mathbf{b}_n\}$$

に対して LLL 基底縮約アルゴリズムを計算する.このとき,k 番目の GSO ベクトルは $\pi_k(\mathbf{v})$ となるため,$\mathbf{b}_k^*$ より真に短くなる.ただし,$\mathbf{v} \in L$ の挿入により,(5.20)のベクトルが 1 次独立ではなくなるため,1 次従属なベクトルが生成する格子において LLL 縮約された基底を出力する LLL 基底縮約アルゴリズムの変形版を用いる[132].出力結果は,全ての $1 \leqq k \leqq n$ に対して,$\|\mathbf{b}_k^*\| = \lambda_1(L_{[k,\ell]})$ を満たすため,ブロックサイズ β の BKZ 縮約基底となる.また,BKZ 基底縮約アルゴリズムで利用される SVP オラクル SVP の回数や

5.2 SVP／CVP の解法　　207

停止性に関する評価も考察されている[75].

定理 5.38　n 次元格子 L に対して，ブロックサイズ $2 \leqq \beta \leqq n$ の BKZ 縮約基底 $\{\mathbf{b}_1, \ldots, \mathbf{b}_n\}$ は，

$$\|\mathbf{b}_1\| \leqq \gamma_\beta^{\frac{n-1}{\beta-1}} \lambda_1(L)$$

を満たす．ここで，γ_β は β 次元における Hermite 定数（定義 5.15）とする．□

[証明]　基底 $\{\mathbf{b}_1, \ldots, \mathbf{b}_n\}$ に対して，次の条件を満たすように $\beta - 2$ 個の 1 次独立なベクトル $\mathbf{b}_{-\beta+3}, \ldots, \mathbf{b}_{-1}, \mathbf{b}_0$ を加えた集合を考える（必要ならベクトル空間 $\mathbb{R}^n$ を拡張する）．$n + \beta - 2$ 個のベクトル

$$\{\mathbf{b}_{-\beta+3}, \ldots, \mathbf{b}_{-1}, \mathbf{b}_0, \mathbf{b}_1, \ldots, \mathbf{b}_n\}$$

は，$-\beta + 3 \leqq i \leqq 0$ に対して $\|\mathbf{b}_i\| = \|\mathbf{b}_1\|$ を満たし，異なる $-\beta + 3 \leqq i \leqq 0$ と $-\beta + 3 \leqq j \leqq n$ に対して $\langle \mathbf{b}_i, \mathbf{b}_j \rangle = 0$ を満たす．

すると，この $n + \beta - 2$ 個のベクトル $\{\mathbf{b}_{-\beta+3}, \ldots, \mathbf{b}_n\}$ は，ブロックサイズ β の BKZ 縮約基底の条件を満たす．また，$-\beta + 3 \leqq i \leqq n - \beta + 1$ に対して，$\{\pi_i(\mathbf{b}_i), \ldots, \pi_i(\mathbf{b}_{i+\beta-1})\}$ を基底とする β 次元の射影部分格子 $L_{[i,i+\beta-1]}$ を考える．格子 $L_{[i,i+\beta-1]}$ の非零最短ベクトルは $\mathbf{b}_i^*$ であり，Hermite 定数の定義から，Hermite 定数 γ_β を用いて $\|\mathbf{b}_i^*\| \leqq \sqrt{\gamma_\beta} \, \mathrm{vol}(L_{[i,i+\beta-1]})^{1/\beta}$ と表せる．ここで，$\mathrm{vol}(L_{[i,i+\beta-1]}) = \|\mathbf{b}_i^*\| \cdots \|\mathbf{b}_{i+\beta-1}^*\|$ より，

$$\|\mathbf{b}_i^*\|^\beta \leqq \gamma_\beta^{\beta/2} \|\mathbf{b}_i^*\| \cdots \|\mathbf{b}_{i+\beta-1}^*\| \quad (-\beta + 3 \leqq i \leqq n - \beta + 1)$$

が成り立つ．これら $(n-1)$ 個の不等式の両辺を掛け合わせて，必要な項を消去すると，

$$\|\mathbf{b}_{-\beta+3}^*\|^{\beta-1} \cdots \|\mathbf{b}_0^*\|^2 \|\mathbf{b}_1^*\| \leqq \gamma_\beta^{\beta(n-1)/2} \|\mathbf{b}_{n-\beta+2}^*\|^{\beta-1} \cdots \|\mathbf{b}_{n-1}^*\|^2 \|\mathbf{b}_n^*\|$$

を得る．GSO ベクトル $\mathbf{b}_1^*, \ldots, \mathbf{b}_n^*$ に対して，後ろから β 個の長さの最大値を $M = \max(\|\mathbf{b}_{n-\beta+1}^*\|, \ldots, \|\mathbf{b}_n^*\|)$ とする．$-\beta + 3 \leqq i \leqq 0$ に対して，$\|\mathbf{b}_i^*\| = \|\mathbf{b}_1^*\|$ であるため，$\|\mathbf{b}_1\|^{\beta(\beta-1)/2} \leqq \gamma_\beta^{\beta(n-1)/2} M^{\beta(\beta-1)/2}$ となる．したがって，$\|\mathbf{b}_1\| \leqq \gamma_\beta^{(n-1)/(\beta-1)} M$ が成り立つ．

以下，定理の主張を n の帰納法により示す．最初に，$n = \beta$ となる場合は

208   5 格子暗号

$\gamma_{\beta}^{(n-1)/(\beta-1)} = \gamma_n$ となり，主張は成り立つ．次に，$n > \beta$ の場合には，任意の $(n-1)$ 次元格子に対して定理の主張が正しいと仮定する．n 次元格子 L の非零最短ベクトルを $\mathbf{v} \in L$ とする．

$\{\mathbf{b}_1, \ldots, \mathbf{b}_{n-1}\}$ を基底とする格子 L の $(n-1)$ 次元部分格子を L' とすると，$\{\mathbf{b}_1, \ldots, \mathbf{b}_{n-1}\}$ は L' のブロックサイズ β の BKZ 縮約基底である．帰納法の仮定から，$\|\mathbf{b}_1\| \leqq \gamma_{\beta}^{(n-2)/(\beta-1)} \lambda_1(L')$ が成り立つ．ここで，$\mathbf{v} \in L'$ の場合は，$\lambda_1(L) = \lambda_1(L')$ より，

$$\|\mathbf{b}_1\| \leqq \gamma_{\beta}^{(n-2)/(\beta-1)} \lambda_1(L') \leqq \gamma_{\beta}^{(n-1)/(\beta-1)} \lambda_1(L)$$

が成り立ち，n 次元に対しても主張を得る．次に，$\mathbf{v} \notin L'$ の場合は，$i \leqq n$ に対して，$\pi_i(\mathbf{v}) \in \pi_i(L)$ は非零ベクトルより，

$$\lambda_1(L) = \|\mathbf{v}\| \geqq \|\pi_i(\mathbf{v})\| \geqq \lambda_1(\pi_i(L)) = \|\mathbf{b}_i^*\|$$

となる．よって，$M \leqq \lambda_1(L)$ となり，n 次元に対しても主張を得る． ∎

Schnorr は計算機実験により，BKZ 基底縮約アルゴリズムにより出力される基底 $\{\mathbf{b}_1, \ldots, \mathbf{b}_n\}$ に対して，GSO ベクトルの長さの比 $\|\mathbf{b}_i^*\|/\|\mathbf{b}_{i+1}^*\|$ が $i = 1, \ldots, n-1$ によらずほぼ一定となる仮説を提案した[148]．

定義 5.39 (Geometric Series Assumption: GSA) 十分に大きな n に対して，n 次元格子における BKZ 縮約基底の GSO ベクトルは，ある定数 $q > 1$ が存在して，任意の $i = 1, \ldots, n-1$ に対して $\|\mathbf{b}_i^*\|/\|\mathbf{b}_{i+1}^*\| \approx q$ を満たすと期待できる．これを Geometric Series Assumption (GSA) と呼ぶ． □

ここで，n 次元格子の体積は，$\mathrm{vol}(L) = \prod_{i=1}^{n} \|\mathbf{b}_i^*\|$ を満たすことから，GSO ベクトルの GSA を用いて

(5.21) $$\mathrm{vol}(L) \approx \|\mathbf{b}_1\|^n q^{n(n-1)/2}$$

と表すことができる．次に，格子基底 $\{\mathbf{b}_1, \ldots, \mathbf{b}_n\}$ に対して，ベクトル $\mathbf{b}_1$ の長さと格子の体積による不変量を定義する．

定義 5.40 (root-Hermite-Factor: rHF) n 次元格子 L の基底 $\{\mathbf{b}_1, \ldots, \mathbf{b}_n\}$ に対する root-Hermite-Factor (rHF) を

表 5.3 ブロックサイズ β の BKZ 縮約基底に対する rHF のシミュレーションによる期待値

	LLL (BKZ-2)	BKZ-20	BKZ-50	BKZ-85	BKZ-100
δ_β	1.021	1.013	1.012	1.010	1.009

$$(5.22) \qquad \delta(\mathbf{b}_1, \ldots, \mathbf{b}_n) = \left(\|\mathbf{b}_1\| / (\mathrm{vol}(L)^{1/n}) \right)^{1/n}$$

と定義する. 特に, ブロックサイズ β の BKZ 基底縮約アルゴリズムで得られる格子基底の rHF を δ_β とする. □

n 次元格子 L において, ブロックサイズ β の BKZ 基底縮約アルゴリズムにより得られる $\mathbf{b}_1$ は, rHF を用いて $\|\mathbf{b}_1\| = \delta_\beta^n \mathrm{vol}(L)^{1/n}$ と評価できる. また, GSA において, ブロックサイズ β の BKZ 基底縮約アルゴリズムにより得られる GSO ベクトルの GSA を q_β とすると, 式 (5.21) より $q_\beta = \delta_\beta^{-2n/(n-1)}$ を満たす. したがって, 十分大きな n に対して, $q_\beta \approx \delta_\beta^{-2}$ を得る.

Goldstein-Mayer ランダム格子 [70] (5.2.7 項も参照) に対して, LLL 縮約基底に対する rHF の平均値は, $\delta_2 = 1.021$ となることが実験的に知られており [123, 54], ブロックサイズ β の BKZ 縮約基底 $\mathbf{B}$ に対する rHF の平均値は表 5.3 のようになる [41].

さらに, Chen は, 十分大きな n および $50 < \beta$ に対して, δ_β は

$$(5.23) \qquad \delta_\beta \approx \left(\frac{\beta}{2\pi e} (\pi \beta)^{1/\beta} \right)^{1/(2(\beta-1))}$$

を満たすことを示した [41]. ブロックサイズ β の BKZ 基底縮約アルゴリズムの計算量は, 内部で用いる β 次元の射影部分格子に対する非零最短ベクトルを求めるアルゴリズムに依存する. 例えば, 列挙法を用いた場合は計算量 $2^{\mathrm{O}(\beta^2)}$, 次の 5.2.6 項で説明する篩法の計算量は $2^{\mathrm{O}(\beta)}$ (ただしメモリ $2^{\mathrm{O}(\beta)}$ が必要) となる. これにより, BKZ 基底縮約アルゴリズムを用いて, 目標とする長さ $\|\mathbf{b}_1\|$ の基底を求めるのに必要とされる計算量が評価可能となる.

最後に, BKZ 基底縮約アルゴリズムの高速化に関するいくつかの研究がある. 内部で利用する列挙法を枝刈りにより高速化することが可能であるが, 射影部分格子における非零最短ベクトルが求まらない問題がある. BKZ 2.0 で

210   5   格子暗号

は，列挙法を計算する前に射影部分格子の基底をランダム化することで，枝刈りの半径と成功確率のトレードオフにより高速化を提案している[43]．Progressive BKZ は，ブロックサイズ β を可変として，GSA の傾斜と，枝刈り半径，および成功確率を考察して計算量を最小化する方法となる[13]．また，BKZ 基底縮約アルゴリズムのソフトウェア実装として，FPLLL（`https://github.com/fplll/`）や NTL（`https://libntl.org/`）などが公開されている．

5.2.6   篩法

n 次元格子 L における SVP を解く別のアルゴリズムとして，計算時間が $2^{O(n)}$ と見積もられている篩法がある．篩法は，列挙法より漸近的に高速となるが，サイズ $2^{O(n)}$ のメモリを必要とするアルゴリズムとなる．

以下に，効率的な篩法として知られている Gauss 篩法に関して説明する[116]．最初に，n 次元格子 L における Gauss 縮約に関する性質を述べる．

定義 5.41 n 次元格子 L において，1 次独立なベクトル $\mathbf{u}, \mathbf{v} \in L$ が

$$\min(\|\mathbf{u} \pm \mathbf{v}\|) \geqq \max(\|\mathbf{u}\|, \|\mathbf{v}\|)$$

を満たすとき，$\mathbf{u}, \mathbf{v}$ を Gauss 縮約と呼ぶ．   □

この定義で格子の次元を $n = 2$ とすると，系 5.23 において，$\mathbf{u}, \mathbf{v}$ または $\mathbf{v}, \mathbf{u}$ が Gauss 縮約条件と同じとなる．実際，以下の補題が成り立つ．

補題 5.42 n 次元格子 L において，1 次独立なベクトル $\mathbf{u}, \mathbf{v} \in L$ が Gauss 縮約である必要十分条件は，

$$\|\mathbf{u}\| \leqq \|\mathbf{v}\| \;\text{かつ}\; \left|\frac{\langle \mathbf{u}, \mathbf{v} \rangle}{\|\mathbf{u}\|^2}\right| \leqq 1/2, \;\text{または}\; \|\mathbf{v}\| \leqq \|\mathbf{u}\| \;\text{かつ}\; \left|\frac{\langle \mathbf{v}, \mathbf{u} \rangle}{\|\mathbf{v}\|^2}\right| \leqq 1/2$$

を満たすことである．   □

[証明] $\mathbf{u}, \mathbf{v}$ は Gauss 縮約とする．$\|\mathbf{u}\| = \max(\|\mathbf{u}\|, \|\mathbf{v}\|)$ のとき，$\|\mathbf{u} \pm \mathbf{v}\|^2 = \|\mathbf{u}\|^2 \pm 2\langle \mathbf{u}, \mathbf{v} \rangle + \|\mathbf{v}\|^2$ より，$0 \leqq \|\mathbf{u} \pm \mathbf{v}\|^2 - \|\mathbf{u}\|^2 = \pm 2\langle \mathbf{u}, \mathbf{v} \rangle + \|\mathbf{v}\|^2$ となり，$\mathbf{v}, \mathbf{u}$ は $\|\mathbf{v}\| \leqq \|\mathbf{u}\|$ かつ $|\langle \mathbf{v}, \mathbf{u} \rangle / \|\mathbf{v}\|^2| \leqq 1/2$ を満たす．他の場合も同様に成り立つ．

逆に，$\|\mathbf{v}\| \leqq \|\mathbf{u}\|$ かつ $|\langle \mathbf{v}, \mathbf{u} \rangle / \|\mathbf{v}\|^2| \leqq 1/2$ の場合，$\|\mathbf{u}\| = \max(\|\mathbf{u}\|, \|\mathbf{v}\|)$ となり，$0 \leqq \pm 2\langle \mathbf{u}, \mathbf{v} \rangle + \|\mathbf{v}\|^2 = \|\mathbf{u} \pm \mathbf{v}\|^2 - \|\mathbf{u}\|^2$ を満たす．他の場合も同様

に成り立つ.

非零ベクトル $\mathbf{u}, \mathbf{v} \in L$ に対して,Reduce を次のように定義する.

$$
\mathrm{Reduce}(\mathbf{u}, \mathbf{v}) = \begin{cases} \mathbf{u} & (\text{if } |\langle \mathbf{u}, \mathbf{v}\rangle/\|\mathbf{v}\|^2| \leqq 1/2) \\ \mathbf{u} - \left\lfloor \dfrac{\langle \mathbf{u}, \mathbf{v}\rangle}{\|\mathbf{v}\|^2} \right\rceil \mathbf{v} & (\text{if } |\langle \mathbf{u}, \mathbf{v}\rangle/\|\mathbf{v}\|^2| > 1/2) \end{cases}
$$

このとき,次の補題が成り立つ.

補題 5.43 n 次元格子 L において,非零ベクトル $\mathbf{u}, \mathbf{v} \in L$ に対して $\mathbf{u}' = \mathrm{Reduce}(\mathbf{u}, \mathbf{v})$,$\mathbf{v}' = \mathrm{Reduce}(\mathbf{v}, \mathbf{u})$ とする.次が成り立つ.

(1) $|\langle \mathbf{u}', \mathbf{v}\rangle/\|\mathbf{v}\|^2| \leqq 1/2$,

(2) $\|\mathbf{u}'\| \leqq \|\mathbf{u}\|$,

(3) $\mathbf{u}' = \mathbf{u}$ かつ $\mathbf{v}' = \mathbf{v}$ ならば,$\mathbf{u}, \mathbf{v}$ は Gauss 縮約となる. □

[証明] $m = \langle \mathbf{u}, \mathbf{v}\rangle/\|\mathbf{v}\|^2$ とする.$\lfloor m \rceil = m + \varepsilon$ となる ε を取ると,$|\varepsilon| \leqq 1/2$ を満たす.$|\langle \mathbf{u}, \mathbf{v}\rangle/\|\mathbf{v}\|^2| > 1/2$ のとき,

$$
\left| \frac{\langle \mathbf{u}', \mathbf{v}\rangle}{\|\mathbf{v}\|^2} \right| = \left| \frac{\langle \mathbf{u}, \mathbf{v}\rangle}{\|\mathbf{v}\|^2} - \frac{\langle \lfloor m \rceil \mathbf{v}, \mathbf{v}\rangle}{\|\mathbf{v}\|^2} \right| = |m - \lfloor m \rceil| = |\varepsilon| \leqq \frac{1}{2}
$$

を満たし,(1)が成り立つ.次に,(2)については,$|\langle \mathbf{u}, \mathbf{v}\rangle/\|\mathbf{v}\|^2| > 1/2$ のとき,$\|\mathbf{u}\|^2 - \|\mathbf{u}'\|^2$ を計算すると,

$$
\begin{aligned}
\|\mathbf{u}\|^2 - \|\mathbf{u}'\|^2 &= \|\mathbf{u}\|^2 - \left(\|\mathbf{u}\|^2 - 2\lfloor m \rceil \langle \mathbf{u}, \mathbf{v}\rangle + \lfloor m \rceil^2 \|\mathbf{v}\|^2 \right) \\
&= 2(m + \varepsilon)\langle \mathbf{u}, \mathbf{v}\rangle - (m + \varepsilon)^2 \|\mathbf{v}\|^2 \\
&= 2\frac{\langle \mathbf{u}, \mathbf{v}\rangle^2}{\|\mathbf{v}\|^2} + 2\varepsilon\langle \mathbf{u}, \mathbf{v}\rangle - \frac{\langle \mathbf{u}, \mathbf{v}\rangle^2}{\|\mathbf{v}\|^4}\|\mathbf{v}\|^2 - 2\varepsilon\frac{\langle \mathbf{u}, \mathbf{v}\rangle}{\|\mathbf{v}\|^2}\|\mathbf{v}\|^2 - \varepsilon^2\|\mathbf{v}\|^2 \\
&= \frac{\langle \mathbf{u}, \mathbf{v}\rangle^2}{\|\mathbf{v}\|^2} - \varepsilon^2\|\mathbf{v}\|^2 = (m^2 - \varepsilon^2)\|\mathbf{v}\|^2 \geqq 0
\end{aligned}
$$

となり,(2)の主張を得る.また,(3)に関しては,$\mathbf{u}' = \mathbf{u}$ かつ $\mathbf{v}' = \mathbf{v}$ ならば,Reduce の定義から,$|\langle \mathbf{u}, \mathbf{v}\rangle/\|\mathbf{u}\|^2| \leqq 1/2$ かつ $|\langle \mathbf{v}, \mathbf{u}\rangle/\|\mathbf{v}\|^2| \leqq 1/2$ が成り立つ.したがって,$\|\mathbf{u}\| \leqq \|\mathbf{v}\|$ または $\|\mathbf{v}\| \leqq \|\mathbf{u}\|$ のどちらかは必ず成り立つため,補題 5.42 より,$\mathbf{u}, \mathbf{v}$ は Gauss 縮約となる. ∎

この補題から Gauss 縮約ではないベクトル $\mathbf{u}, \mathbf{v}$ は,$\mathbf{u} \neq \mathbf{u}'$ または $\mathbf{v} \neq \mathbf{v}'$ のどちらかが成り立つ.これらのベクトルに対して,$\mathbf{u}' = \mathrm{Reduce}(\mathbf{u}, \mathbf{v})$ と $\mathbf{v}' = \mathrm{Reduce}(\mathbf{v}, \mathbf{u})$ を繰り返して計算すれば,$\|\mathbf{u}'\|, \|\mathbf{v}'\|$ が減少していき $\mathbf{u}', \mathbf{v}'$ は

212   5 格子暗号

Gauss 縮約となることが期待できる．実際，100 次元のイデアル格子(5.2.7 項を参照)に対する実験では，ほとんどの場合に高々 10 回の繰り返しで Gauss 縮約となった[82]．また，$\mathrm{Reduce}(\mathbf{u}, \mathbf{v}) = \mathbf{0}$ を満たす場合は衝突と呼ばれ，$\mathbf{u}, \mathbf{v}$ は 1 次従属なベクトルとなる．

格子 L における Gauss 篩法では，全てのベクトルがお互いに Gauss 縮約となるリスト V を利用する．式(5.4)と同様の議論から，Gauss 縮約されたベクトル $\mathbf{u}, \mathbf{v}$ のなす角 θ は $\pi/3 \leqq \theta \leqq 2\pi/3$ を満たす．互いのなす角が $\pi/3$ 以上のベクトルからなるリスト V の大きさは，十分に大きな次元 n に対して，接吻数(kissing number) τ_n が上限であり，

$$2^{0.208n+o(1)} < \tau_n \leq 2^{0.401n}$$

を満たす[116]．ここで，接吻数 τ_n は，n 次元球の周りに同じ大きさの n 次元球を重なりなく触れ合うように配置できる最大数とする．そのため，リスト V の大きさを増やした場合にサイズの上限に近づくと，$\mathrm{Reduce}(\mathbf{u}, \mathbf{v}) = \mathbf{0}$ となる衝突が多く発生する．Gauss 篩法では，リスト V の大きさを増加させ衝突の個数が一定以上に達した場合に，リスト V から格子 L の非零最短ベクトルの候補を出力する．

以下に，Gauss 篩法を説明する．リスト V の大きさを増加させるために，ベクトルを一時保存するスタック T を用いる．Gauss 篩法に現れる衝突の個数を k(初期値 $k = 0$)として，終了条件定数 $c \in \mathbb{N}$ に対して $k < c$ の場合に以下を行う．スタック T から 1 つのベクトル $\mathbf{t}$ を取りだし($T = T \setminus \{\mathbf{t}\}$)，$\mathbf{t}' = \mathbf{t}$ とする．リスト V の全てのベクトル $\mathbf{v} \in V$ に対して

$$\mathbf{t} = \mathrm{Reduce}(\mathbf{t}, \mathbf{v}), \quad \mathbf{v} \in V$$

を計算する．$\|\mathbf{t}\| = 0$ となる衝突が発生した場合，衝突の個数を $k = k + 1$ とする．そうでないとき，Reduce により $\mathbf{t}' \neq \mathbf{t}$ とベクトルが短くなる場合，スタック T に更新された $\mathbf{t}$ を付け加える($T = T \cup \{\mathbf{t}\}$)．さらに，$\mathbf{t}' = \mathbf{t}$ の場合，リスト V の全てのベクトル $\mathbf{v} \in V$ と固定したベクトル $\mathbf{t}$ に対し，

$$\mathbf{v}' = \mathrm{Reduce}(\mathbf{v}, \mathbf{t}), \quad \mathbf{v} \in V$$

5.2 SVP／CVP の解法 213

Algorithm 23　Gauss 篩法

Input: n 次元格子 L，停止条件定数 $c \in \mathbb{N}$
Output: 非零最短ベクトル $\mathbf{s} \in L$
 1: $V = \{\}$, $T = \{\}$, $k = 0$
 2: **while** $k < c$ **do**
 3:　　**if** $T = \{\}$ **then**　新しいベクトル $\mathbf{v} \in L(\mathbf{B})$ を生成してスタック T に積む
 4:　　　**else**　$\mathbf{t} \leftarrow T$, $T = T \setminus \{\mathbf{t}\}$
 5:　　$\mathbf{t}' = \mathbf{t}$
 6:　　**for** all $\mathbf{v} \in V$ **do**
 7:　　　$\mathbf{t} = \mathrm{Reduce}(\mathbf{t}, \mathbf{v})$
 8:　　**if** $\|\mathbf{t}\| = 0$ **then**　$k = k + 1$
 9:　　**else if** $\mathbf{t}' \neq \mathbf{t}$ **then**　$T = T \cup \{\mathbf{t}\}$
10:　　　　**else**
11:　　　　　**for** all $\mathbf{v} \in V$ **do**
12:　　　　　　$\mathbf{v}' = \mathrm{Reduce}(\mathbf{v}, \mathbf{t})$
13:　　　　　　**if** $\mathbf{v}' \neq \mathbf{v}$ **then**　$T = T \cup \{\mathbf{v}'\}$, $V = V \setminus \{\mathbf{v}\}$
14:　　　　$V = V \cup \{\mathbf{t}\}$
15: **end while**
16: **return** 非零最短ベクトル $\mathbf{s} \in V$

を計算し，Reduce により $\mathbf{v}' \neq \mathbf{v}$ とベクトルが短くなる場合は，スタック T に $\mathbf{v}'$ を付け加え（$T = T \cup \{\mathbf{v}'\}$），リスト V から $\mathbf{v}$ を消去する（$V = V \setminus \{\mathbf{v}\}$）．また，全てのベクトル $\mathbf{v} \in V$ に対して $\mathbf{v}' = \mathbf{v}$ となる場合は，Gauss 縮約の候補としてリスト V に $\mathbf{t}$ を付け加える（$V = V \cup \{\mathbf{t}\}$）．

　Algorithm 23 に Gauss 篩法を示す．Step 1 では，リスト V，スタック T，衝突の個数 k を初期化する．Step 3 において，スタック T が空の場合は，新しいベクトル $\mathbf{v} \in L$ を生成する．Step 4〜5 で，$\mathbf{t} \in T$ に対して $\mathbf{t}' = \mathbf{t}$ とする．Step 6〜7 において，$\mathbf{t} = \mathrm{Reduce}(\mathbf{t}, \mathbf{v})$ を計算する．Step 8 で衝突が見つかればカウンタ k を増加させる．Step 9 で，$\mathbf{t}' \neq \mathbf{t}$ の場合はスタック T に $\mathbf{t}$ を追加する．Step 10〜13 において，$\mathbf{v}' = \mathrm{Reduce}(\mathbf{v}, \mathbf{t})$ を計算して，$\mathbf{v}' \neq \mathbf{v}$ の場合は $\mathbf{v}'$ をスタック T に追加してリスト V から削除する．Step 14 ではリスト V にベクトル $\mathbf{t}$ を追加する．以上の操作を続けると，リスト V のサイズ $|V|$ は増加していく．Step 2 において，$\|\mathbf{t}\| = 0$ を満たす衝突の個数が $k = c$ となった時点でアルゴリズムを終了して，リスト V の非零最短ベクトル $\mathbf{s}$ を出力

214   5   格子暗号

する．$\mathbf{s}$ は $n \geq 64$ となる次元において L の非零最短ベクトルとなることが実験的に示されている[116]．

Gauss 篩法の計算量を理論的に正確に評価することは困難であるが，ヒューリスティックな仮定の下で時間計算量 $2^{0.415n+\mathrm{o}(n)}$，空間計算量 $2^{0.208n+\mathrm{o}(n)}$ と評価されている[116, 20]．篩法は局所性鋭敏型ハッシュ（Locality Sensitive Hashing: LSH）などによる高速化が提案されており，現在最も高速な篩法の計算量は，時間計算量 $2^{0.292n+\mathrm{o}(n)}$，空間計算量 $2^{0.208n+\mathrm{o}(n)}$ と評価されている[19]．この計算量は，格子ベクトルの分布を球冠（spherical cap）により評価したモデルにおいて，Time-Memory トレードオフの最適値となる

$$時間計算量 : (3/2)^{n/2+\mathrm{o}(n)} \approx 2^{0.292n+\mathrm{o}(n)},$$
$$空間計算量 : (4/3)^{n/2+\mathrm{o}(n)} \approx 2^{0.208n+\mathrm{o}(n)}$$

を達成していると考察されている[91]．

一方，篩法を高速化する手法として部分篩法が提案されている[55]．格子 L の基底を $\{\mathbf{b}_1, \ldots, \mathbf{b}_n\}$ とする場合，低い次元の $n-d$ 次元の射影部分格子

$$L_{[d+1,n]} = \{x_{d+1}\pi_{d+1}(\mathbf{b}_{d+1}) + \cdots + x_n\pi_{d+1}(\mathbf{b}_n) \mid x_{d+1}, \ldots, x_n \in \mathbb{Z}\}$$

において篩を行い，リスト V を作成する．格子 L の非零最短ベクトル $\mathbf{s} \in L$ に対して，$\mathbf{s}_{d+1} := \pi_{d+1}(\mathbf{s}) \in V \subset L_{[d+1,n]}$ を満たすものを探す．

格子 L の基底行列を $\mathbf{B}$ として，非零最短ベクトルを $\mathbf{s} = \mathbf{x}\mathbf{B}$ と表現する場合に，$\mathbf{x} = (\mathbf{x}' \mid \mathbf{x}'') \in \mathbb{Z}^d \times \mathbb{Z}^{n-d}$ と分割する．また，射影部分格子 $L_{[d+1,n]}$ の基底行列を $\mathbf{B}_d$ とすると，$\mathbf{s}_{d+1} = \mathbf{x}''\mathbf{B}_d$ を満たすため，$\mathbf{x}'' \in \mathbb{Z}^{n-d}$ を求めることができる．次に，$\mathbf{x}' \in \mathbb{Z}^d$ を復元する方法を考察する．格子基底 $\mathbf{B}$ を

$$\mathbf{B} = \begin{pmatrix} \mathbf{B}' \\ \mathbf{B}'' \end{pmatrix}$$

として，最初の d 次元部分の格子基底 $\mathbf{B}'$ と残りの $n-d$ 次元の格子基底 $\mathbf{B}''$ に分割するとき，ベクトル $\mathbf{x}'\mathbf{B}' + \mathbf{x}''\mathbf{B}''$ が短くなる $\mathbf{x}' \in \mathbb{Z}^d$ を求めれば良い．これは，格子 $L(\mathbf{B}')$ において，ベクトル $\mathbf{x}''\mathbf{B}''$ に近い格子ベクトル $\mathbf{x}'\mathbf{B}'$ を求める最近ベクトル問題（CVP）とみることができる．この問題を解く十分条件

は，Babai 最近平面法（Algorithm 20）の出力結果から，$i = 1, \ldots, d$ に対して $|\langle \mathbf{b}_i^*, \mathbf{s} \rangle| \leqq (1/2)\|\mathbf{b}_i^*\|^2$ となる．また，Cauchy-Schwarz 不等式 $|\langle \mathbf{b}_i^*, \mathbf{s} \rangle| \leqq \|\mathbf{b}_i^*\|\|\mathbf{s}\|$ より，更なる十分条件として，$\mathrm{GH}(L_{[d+1,n]}) \leqq \min_i (\|\mathbf{b}_i^*\|/2)$ を得る．この不等式は厳密な評価ではなく，表 5.3 から BKZ 格子縮約基底に対しては成立すると期待できる．

格子 $L_{[d+1,n]}$ に対する篩法では，$\mathrm{GH}(L_{[d+1,n]})$ の定数倍（例えば $\sqrt{4/3}$ 倍）以下の長さのベクトルを，リスト V としてもつ．ここで，ベクトル $\mathbf{s}$ の方向が基底 $\mathbf{B}$ とは独立して一様に分布しているとして，$\|\pi_{d+1}(\mathbf{s})\| \approx \sqrt{(n-d)/n}\,\|\mathbf{s}\|$ と仮定する．このとき，

$$\sqrt{\frac{n-d}{n}}\,\mathrm{GH}(L) \leqq \sqrt{\frac{4}{3}}\,\mathrm{GH}(L_{[d+1,n]})$$

が成り立つ場合に，非零最短ベクトル $\mathbf{s}$ が求まると期待できる．論文[55]において，削減できる次元 d の大きさは，

$$(5.24) \qquad d \approx (n \log(4/3)) / \log(n/2\pi e)$$

と評価している．同じ論文における次元 $60 \leqq n \leqq 82$ の実験では，平均して式(5.24)の次元 d に対して，非零最短ベクトル $\mathbf{s}$ が復元できている．

5.2.7　SVP 解読チャレンジ

SVP の困難性を評価するために，2008 年から TU Darmstadt（ダルムシュタット工科大学）の主催で TU Darmstadt Lattice Challenge が開催されている（`https://www.latticechallenge.org/`）．

解読チャレンジの計算問題では，Goldstein-Mayer ランダム格子[70]と呼ばれる次の基底行列からなる n 次元の格子を対象としている．

$$\mathbf{B} = \begin{pmatrix} p & 0 & 0 & \cdots & 0 \\ x_1 & 1 & 0 & \cdots & 0 \\ x_2 & 0 & 1 & \cdots & 0 \\ \vdots & \vdots & \vdots & \ddots & \vdots \\ x_{n-1} & 0 & 0 & \cdots & 1 \end{pmatrix} \in \mathbb{Z}^{n \times n}$$

216   5　格子暗号

ただし，p は $10n$ ビットの素数 $(2^{10n-1} \leqq p < 2^{10n})$ として，x_i は $0 \leqq x_i < p$ を満たすランダムな整数とする $(i = 1, 2, \ldots, n-1)$．次元 n の格子 $L(\mathbf{B})$ の体積は p であり，式 (5.3) の Gaussian heuristic から非零最短ベクトルの長さは

$$\mathrm{GH}(L(\mathbf{B})) = \sqrt{\frac{n}{2\pi e}}\, p^{1/n}$$

と評価できる．チャレンジ問題では，$\mathrm{GH}(L(\mathbf{B}))$ より少し大きい値となる 1.05 倍以下の長さの非零ベクトル $\mathbf{v} \in L(\mathbf{B})$ を求めた場合に，Hall of Fame と呼ばれるリストに記録を登録することができる．2023 年 7 月の時点では $n = 186$ 次元が世界記録であり，4 台の NVIDIA A100 の GPU および Intel Xeon Gold 6330 の CPU により 1442 GB の RAM を用いて，Progressive Pnj-BKZ による基底縮約（12.3 日）および篩法（38 日）の計算で解読している．

さらに，2013 年からイデアル格子といわれる多項式環のイデアルから定義される格子を用いた SVP (Ideal-SVP) のチャレンジ問題も公開された [130]．$n = 2^d$ として $2n$ 次円分多項式 $\Phi_{2n}(x) = x^n + 1$ に対して，n 次元格子を以下のように定義する（一般の n に対する円分多項式に対しても同じように議論できる）．上記のランダム格子と同様に，p を $10n$ ビットの素数 $(2^{10n-1} \leqq p < 2^{10n})$ とする．$\Phi_{2n}(x) = 0 \bmod p$ の根の 1 つを α として，$\alpha \in \mathbb{Z}$ となる素数 p を選ぶ．このとき，基底行列を

$$\mathbf{B} = \begin{pmatrix} p & 0 & 0 & \cdots & 0 \\ -\alpha & 1 & 0 & \cdots & 0 \\ -\alpha^2 & 0 & 1 & \cdots & 0 \\ \vdots & \vdots & \vdots & \ddots & \vdots \\ -\alpha^{n-1} & 0 & 0 & \cdots & 1 \end{pmatrix} \in \mathbb{Z}^{n \times n}$$

と定義する．イデアル格子 $L(\mathbf{B})$ のチャレンジ問題においても，非零最短ベクトルの長さはランダム格子の場合と同じ，$\mathrm{GH}(L(\mathbf{B})) = \sqrt{n/2\pi e}\, p^{1/n}$ と期待される．格子 $L(\mathbf{B})$ は，次の定理を満たすことからイデアル格子といわれる．

定理 5.44　格子 $L(\mathbf{B})$ における任意のベクトル $(f_0, f_1, \ldots, f_{n-1}) \in L(\mathbf{B})$ に対して，多項式 $f(x) = f_0 + f_1 x + \cdots + f_{n-1} x^{n-1} \in \mathbb{Z}[X]/(\Phi_{2n}(x))$ を対応

させる．このとき，

$$(f_0, f_1, \ldots, f_{n-1}) \in L(\mathbf{B})$$

$$\Longleftrightarrow (g_0, g_1, \ldots, g_{n-1}) \in L(\mathbf{B}), \quad g(x) = x f(x) \bmod \Phi_{2n}(x)$$

を満たす． □

　[証明]　格子 $L(\mathbf{B})$ の基底ベクトルを，

$$\mathbf{b}_1 = (p, 0, \ldots, 0), \quad \mathbf{b}_i = \left(-\alpha^{i-1}, \delta_{i,2}, \ldots, \delta_{i,n}\right) \quad (i = 2, \ldots, n)$$

と書く．ただし，$2 \leqq i, j \leqq n$ に対して，$i \neq j$ の場合は $\delta_{i,j} = 0$ とし，$i = j$ の場合は $\delta_{i,j} = 1$ とする．このとき，格子 $L(\mathbf{B})$ における任意のベクトル $(f_0, f_1, \ldots, f_{n-1}) \in L(\mathbf{B})$ は，整数 $x_1, \ldots, x_n$ を用いて以下のように表示される．

$$(5.25) \quad (f_0, f_1, \ldots, f_{n-1}) = \sum_{i=1}^{n} x_i \mathbf{b}_i = \left(px_1 - \sum_{i=2}^{n} \alpha^{i-1} x_i, x_2, \ldots, x_n\right)$$

次に，ベクトル $(f_0, f_1, \ldots, f_{n-1}) \in L(\mathbf{B})$ に対して，多項式 $f(x) = f_0 + f_1 x + \cdots + f_{n-1} x^{n-1} \in \mathbb{Z}[X]/(\Phi_{2n}(x))$ を対応させる．このとき，$\Phi_{2n}(x) = x^n + 1$ であるため，多項式 $g(x) = x f(x) \bmod \Phi_{2n}(x)$ は

$$g(x) = x \left(f_0 + f_1 x + \cdots + f_{n-1} x^{n-1}\right)$$

$$= -f_{n-1} + f_0 x + f_1 x^2 + \cdots + f_{n-2} x^{n-1} \bmod \Phi_{2n}(x)$$

を満たす．よって，多項式 $g(x)$ のベクトル表示を $(g_0, g_1, \ldots, g_{n-1}) \in \mathbb{Z}^n$ とすると，式 (5.25) から，

$$(g_0, g_1, \ldots, g_{n-1}) = \left(-x_n, px_1 - \sum_{i=2}^{n} \alpha^{i-1} x_i, x_2, \ldots, x_{n-1}\right)$$

となる．ベクトル $(g_0, g_1, \ldots, g_{n-1})$ を基底ベクトル $\mathbf{b}_1, \ldots, \mathbf{b}_n$ で表示すると，$\alpha^n = -1$ より

$$(g_0, g_1, \ldots, g_{n-1}) = \alpha x_1 \mathbf{b}_1 + \left(px_1 - \sum_{i=2}^{n} \alpha^{i-1} x_i\right) \mathbf{b}_2 + x_2 \mathbf{b}_3 + \cdots + x_{n-1} \mathbf{b}_n$$

のように整数係数となり，ベクトル $(g_0, g_1, \ldots, g_{n-1})$ は格子 $L(\mathbf{B})$ に含まれる．

　逆に，ベクトル $(g_0, g_1, \ldots, g_{n-1}) \in L(\mathbf{B})$ に対して，式 (5.25) の格子基底に

よる表示をもつとする．ベクトル $(g_0, g_1, \ldots, g_{n-1}) \in L(\mathbf{B})$ に多項式 $g(x) = g_0 + g_1 x + \cdots + g_{n-1} x^{n-1} \in \mathbb{Z}[X]/(\varPhi_{2n}(x))$ を対応させる．このとき，$g(x) = x f(x) \bmod \varPhi_{2n}(x)$ を満たす多項式 $f(x)$ に対応するベクトルは

$$(f_0, f_1, \ldots, f_{n-1}) = \left(x_2, \ldots, x_n, -p x_1 + \sum_{i=2}^{n} \alpha^{i-1} x_i \right)$$

となり，基底ベクトル $\mathbf{b}_1, \ldots, \mathbf{b}_n$ で表示すると，

$$(f_0, f_1, \ldots, f_{n-1})$$
$$= -\alpha^{n-1} x_1 \mathbf{b}_1 + x_3 \mathbf{b}_2 + \cdots + x_n \mathbf{b}_{n-1} + \left(-p x_1 + \sum_{i=2}^{n} \alpha^{i-1} x_i \right) \mathbf{b}_n$$

のように整数係数となり，ベクトル $(f_0, f_1, \ldots, f_{n-1})$ は格子 $L(\mathbf{B})$ に含まれる． ∎

定理 5.44 は次数が 2 冪でない円分多項式でも成り立つ．イデアル格子のチャレンジ問題では，52 次元から 1024 次元までの円分多項式で生成される格子を採用している．

ここで，定理 5.44 の多項式 $g(x) = x f(x) \bmod \varPhi_{2n}(x)$ は，

$$(g_0, g_1, \ldots, g_{n-1}) = (-f_{n-1}, f_0, \ldots, f_{n-2})$$

と成分を巡回シフトして第 1 成分をマイナスとして高速に計算できるため，イデアル格子 $L(\mathbf{B})$ の SVP を高速に求める解法も検討されている．著者らの研究グループは，Gauss 篩のメモリ配置を工夫して数千個のスレッドによる並列化が実現できるアルゴリズムを提案し，128 次元のイデアル格子の SVP を，2013 年 4 月に AmazonEC2 (cc1.8xlarge) を用いて約 29,994 時間（1 コア換算）で解読している [82]．

さらには，SVP の厳密解を求める問題だけではなく，イデアル格子の近似版 SVP として $\mathrm{GH}(L(\mathbf{B}))$ の n 倍以下の非零最短ベクトルを求める Approx-SVP の Hall of Fame も用意されている．著者らの研究グループは，BKZ アルゴリズムの改良版となる Progressive BKZ を提案し，652 次元のイデアル格子の近似版 SVP を，2015 年 5 月に Intel Xeon E5-2697 を用いて約 4,660 時間（1 コア換算）で解読している [13]．

5.3 LWE 問題ベース格子暗号

本節では，格子暗号の構成において基本的な計算問題となる Learning with Errors (LWE) 問題に関して説明する．LWE 問題の困難性を基にした鍵共有方式を紹介して，安全なパラメータの導出方法に関しても説明する．

5.3.1 LWE 問題

2005 年に Regev により提案された LWE 問題を説明する[137]．

素数 q に対して，$\mathbb{Z}_q = \mathbb{Z}/q\mathbb{Z} = \{0, 1, \ldots, q-1\}$ とする．エラー列ベクトル $\mathbf{e} \in \chi_\sigma^{m \times 1}$ を，各成分が標準偏差 $\sigma\,(< q)$ と平均 0 の離散 Gauss 分布 χ_σ から生成される整数値のベクトルとする．一様ランダムな行列 $\mathbf{A} \in \mathbb{Z}_q^{m \times n}$，列ベクトル $\mathbf{s} \in \mathbb{Z}_q^{n \times 1}$，エラー列ベクトル $\mathbf{e} \in \chi_\sigma^{m \times 1}$ を用いて定まる

$$(5.26) \qquad \mathbf{b} = \mathbf{A}\mathbf{s} + \mathbf{e} \bmod q$$

が成す分布を LWE 分布と定義する．ここで，格子暗号の文脈において σ は，数学的な意味の標準偏差ではなく，エラーの大きさを指定するパラメータの意味で使われている．

（探索）LWE 問題とは，LWE 分布からサンプルされた $(\mathbf{A}, \mathbf{b}) \in \mathbb{Z}_q^{m \times n} \times \mathbb{Z}_q^{m \times 1}$ から $\mathbf{s} \in \mathbb{Z}_q^{n \times 1}$ を求める問題となる．また，（判定）LWE 問題とは，与えられた組 $(\mathbf{A}', \mathbf{b}') \in \mathbb{Z}_q^{m \times n} \times \mathbb{Z}_q^{m \times 1}$ が LWE 分布に従うか一様ランダムであるかを識別する問題である．q を法，n を次元，m をサンプル数と呼び，LWE 問題は 4 個のパラメータ (q, n, m, σ) により定義される問題となる．ここで，暗号応用ではサンプル数 m は次元 n の定数倍以上に取られる場合が多く，以下では $m > n$ と仮定する．また，次元 n もしくは相対エラー率 σ/q を増加させた場合，解の検索範囲はより大きくなるため LWE 問題の困難性は一般的に増加する．LWE 問題は，近似版 SVP 以上に計算困難であることが証明されている[137]．

例 5.45 素数 $q = 29$，次元 $n = 5$，サンプル数 $m = 10$ として，一様ランダムな行列 $\mathbf{A} \in \mathbb{Z}_q^{10 \times 5}$ を以下のように生成する．$\mathbf{s} = (7, 27, 14, 23, 26)^\top \in \mathbb{Z}_q^{5 \times 1}$ に対して，標準偏差 $\sigma = 0.29$ のエラーベクトルを

$$\mathbf{e} = (0,0,0,0,-1,0,0,0,0,0)^\top \in \chi_\sigma^{10\times 1}$$

とすると，LWE 問題のベクトル $\mathbf{b} = \mathbf{As} + \mathbf{e} \in \mathbb{Z}^{10\times 1}$ は以下となる．

$$\mathbf{A} = \begin{pmatrix} 1 & 5 & 21 & 3 & 14 \\ 17 & 0 & 12 & 12 & 13 \\ 12 & 21 & 15 & 6 & 6 \\ 4 & 13 & 24 & 7 & 16 \\ 20 & 9 & 22 & 27 & 8 \\ 19 & 8 & 19 & 3 & 1 \\ 18 & 22 & 4 & 8 & 18 \\ 6 & 28 & 9 & 5 & 18 \\ 10 & 11 & 19 & 18 & 21 \\ 28 & 18 & 24 & 27 & 20 \end{pmatrix}, \quad \mathbf{b} = \begin{pmatrix} 28 \\ 2 \\ 24 \\ 16 \\ 11 \\ 14 \\ 7 \\ 28 \\ 27 \\ 13 \end{pmatrix}$$ □

判定 LWE 問題を解く効率的な方法として，$\mathbf{A}^\top \mathbf{v} = 0 \bmod q$ を満たす短いベクトル $\mathbf{v} \in \mathbb{Z}_q^{m\times 1}$ を求める Short Integer Solution (SIS) 法がある [105]．SIS 法により出力されるベクトルの長さを $\|\mathbf{v}\| \leqq \beta$ とする．LWE 問題の式 (5.26) から，

$$\langle \mathbf{b}, \mathbf{v} \rangle = \langle \mathbf{As}+\mathbf{e}, \mathbf{v} \rangle = \langle \mathbf{s}, \mathbf{A}^\top \mathbf{v} \rangle + \langle \mathbf{e}, \mathbf{v} \rangle = \langle \mathbf{e}, \mathbf{v} \rangle \bmod q$$

を満たす．エラーベクトル $\mathbf{e} \in \chi_\sigma^m$ は，Cauchy-Schwarz 不等式から，

$$|\langle \mathbf{e}, \mathbf{v} \rangle| \leqq \|\mathbf{v}\| \|\mathbf{e}\| \leqq \beta \|\mathbf{e}\|$$

となる．ここで，各成分が標準偏差 σ の離散 Gauss 分布 χ_σ からサンプルされたエラーベクトル $\mathbf{e}$ は，一定の確率で $\|\mathbf{e}\| \leqq \sigma\sqrt{m}$ となる．したがって，LWE 問題の法 q に対して $\sigma\sqrt{m}\beta \ll q$ を満たせば，値 $|\langle \mathbf{b}, \mathbf{v} \rangle|$ の大きさから判定 LWE 問題を解くことができる．

次に，LWE 問題 $(\mathbf{A}, \mathbf{b} = \mathbf{As}+\mathbf{e} \bmod q)$ に対して，次の q-ary 格子

$$(5.27) \qquad L(\mathbf{A}, q) = \left\{ \mathbf{v} \in \mathbb{Z}^m \mid \mathbf{v} = \mathbf{x}\mathbf{A}^\top \bmod q, \ \mathbf{x} \in \mathbb{Z}^n \right\}$$

を考える．行列 $\mathbf{A} \in \mathbb{Z}_q^{m\times n}$ を $\mathbf{A} = (\mathbf{a}_1 \mid \cdots \mid \mathbf{a}_n)$ と表示する．また，m 次単位行列 $\mathbf{I}_m$ に対して，$q\mathbf{I}_m = (\mathbf{q}_1 \mid \cdots \mid \mathbf{q}_m)$ と表示する．このとき，式 (5.27) の

5.3 LWE 問題ベース格子暗号 221

q-ary 格子 $L(\mathbf{A}, q)$ の任意の元は，$x_1, \ldots, x_n, z_1, \ldots, z_m \in \mathbb{Z}$ に対して

$$\{x_1 \mathbf{a}_1^\top + \cdots + x_n \mathbf{a}_n^\top + z_1 \mathbf{q}_1^\top + \cdots + z_m \mathbf{q}_m^\top\}$$

と表現される．格子 $L(\mathbf{A}, q)$ の基底は以下のように表現される．

補題 5.46 格子 $L(\mathbf{A}, q)$ の基底行列 $\mathbf{B}$ は，ある行列 $\mathbf{A}' \in \mathbb{Z}_q^{n \times (m-n)}$ に対して，

$$\mathbf{B} = \begin{pmatrix} \mathbf{A}' & \mathbf{I}_n \\ q\mathbf{I}_{m-n} & \mathbf{0} \end{pmatrix} \in \mathbb{Z}^{m \times m}$$

という形により，高い確率で表現可能となる． □

[証明] LWE 問題では $m \geqq n$ を満たすため，ベクトル $\mathbf{q}_m^\top$ は，$\mathbf{a}_1^\top, \ldots, \mathbf{a}_n^\top$ と 1 次従属となる．第 m 成分が非零となるベクトル $\mathbf{a}_i^\top$ $(i \in \{1, \ldots, n\})$ に対して，ベクトル $\mathbf{a}_i^\top$ の第 m 成分と素数 q は互いに素となる．よって，$x\mathbf{q}_m^\top + y\mathbf{a}_i^\top$ の第 m 成分が 1 となる $x, y \in \mathbb{Z}$ が存在する．ここで，ベクトル $\mathbf{a}_1^\top, \ldots, \mathbf{a}_n^\top \in \mathbb{Z}_q^m$ の各成分は一様ランダムに生成されているため，全てのベクトルの第 m 成分が 0 となる確率は $1/q^n$ となり，十分大きな n に対して無視できる．このとき，第 m 成分が 1 の $x\mathbf{q}_m^\top + y\mathbf{a}_i^\top$ を用いて掃き出すと，i 以外の添え字 $\{1, \ldots, n\}$ をもつベクトル $\mathbf{a}_1^\top, \ldots, \mathbf{a}_n^\top$ の第 m 成分を 0 にできる．同じ操作をベクトル $\mathbf{q}_{m-1}^\top, \ldots, \mathbf{q}_{m-n+1}^\top$ に対して行えば，格子 $L(\mathbf{A}, q)$ の基底行列 $\mathbf{B} \in \mathbb{Z}^{m \times m}$ は，ある行列 $\mathbf{A}' \in \mathbb{Z}_q^{n \times (m-n)}$ に対して，補題の形により，高い確率で表現できる． ∎

次に，LWE 問題を，ベクトル $\mathbf{b}^\top \in \mathbb{Z}^m$ に十分近い格子 $L(\mathbf{A}, q)$ 上の点を求める Bounded Distance Decoding (BDD) 問題に変換して解く方法を説明する．LWE 問題に対して，$\mathbf{b} = \mathbf{A}\mathbf{s} + \mathbf{e} + q\mathbf{z}$ を満たす整数ベクトル $\mathbf{z} \in \mathbb{Z}^{m \times 1}$ が存在する．そのため，格子 $L(\mathbf{A}, q)$ 上にあるベクトル

(5.28) $$\mathbf{w} = (\mathbf{A}\mathbf{s} + q\mathbf{z})^\top \in L(\mathbf{A}, q)$$

に対して，$\mathbf{b}^\top - \mathbf{w} = \mathbf{e}^\top \in \mathbb{Z}_q^m$ となる．ここで，エラーベクトル $\mathbf{e}$ は一定の確率で $\|\mathbf{e}\| \leqq \sigma\sqrt{m}$ を満たすため，ベクトル $\mathbf{b}^\top$ に近い格子 $L(\mathbf{A}, q)$ 上の点 $\mathbf{w}$ を求める BDD 問題となる．BDD 問題は格子点に十分に近いベクトルに対す

る CVP であり，5.2.4 項で説明した CVP に対する列挙法により求めること
が可能である[106]．

最後に，LWE 問題を解くアルゴリズムはさまざまな方法が提案されている
[9]．

BKW 法では，n 次元の LWE 問題 $(\mathbf{A}, \mathbf{b})$ に対して，行列 $\mathbf{A}$ の行をお互い
に加減算することにより，行の先頭 k 個が零成分となる $n - k$ 次元の LWE
問題 $(\mathbf{A}', \mathbf{b}')$ に変換する．変換した LWE 問題 $(\mathbf{A}', \mathbf{b}')$ は，次元が下がる一方
で標準偏差は増加する．これを低い次元に対して繰り返し適用してトレード
オフを考慮すると，サンプル数 m と次元 n が $m = \mathrm{O}(q^{n/\log n})$ となる場合，
BKW 法の計算量は $\mathrm{O}(q^{n/\log n})$ となる．

また，Arora-Ge 法では，エラーベクトル $\mathbf{e}$ の成分が $[-t, t]$ の範囲に含ま
れる場合，多変数多項式 $P(\mathbf{x}) = \mathbf{x}(\mathbf{x} \pm 1) \cdots (\mathbf{x} \pm t)$ に対して秘密ベクトル $\mathbf{s}$
は多変数多項式システム $P(\mathbf{A}_i \mathbf{x} - \mathbf{b}_i) = \mathbf{0}$ $(i = 1, \ldots, m)$ の解となる．この方
程式は，サンプル数 $m = \mathrm{O}(2^n)$ に対して，計算量 $\mathrm{O}(2^{(2.35\omega + 1.13)n})$ （ω：線形
代数定数），メモリ量 $\mathrm{O}(2^{5.85n})$ により計算可能と評価されている．

最後に，LWE 問題において法 q のサイズが $q = \mathrm{O}(2^n)$ と大きい場合，一般
化された Hidden Number Problem に問題を埋め込み，Babai 最近平面法に
より多項式時間でベクトル $\mathbf{s}$ を求めることができる[99]．

このような，LWE 問題における特別なパラメータに対する解読法を考える
ことは，LWE 問題の困難性の計算限界を考察する上で重要となるため，継続
して研究を続ける必要がある．

5.3.2　埋め込み法

現在までに，格子暗号において利用されるパラメータに対して最も高速とな
る LWE 問題の解法は，BDD 問題を Kannan 埋め込み法[87]により SVP に
帰着して解く方法となる[7]．以下に，埋め込み法の概要を述べる．

Kannan 埋め込み法では，LWE 問題 $(\mathbf{A}, \mathbf{b} = \mathbf{As} + \mathbf{e} \bmod q)$ に対して，q-
ary 格子 $L(\mathbf{A}, q)$ の BDD 問題を 1 次元大きな格子の SVP に埋め込むことに
より，以下のように求める．

・**Step 1.** 補題 5.46 の証明で述べた方法により，格子 $L(\mathbf{A}, q)$ の基底行列

$\mathbf{B} \in \mathbb{Z}^{m \times m}$ を求める．基底行列 $\mathbf{B}$ に対して，入力ベクトル $\mathbf{b} \in \mathbb{Z}_q^{m \times 1}$ を次のように埋め込むことで，1 次元大きい格子の基底

$$\mathbf{B}' = \begin{pmatrix} \mathbf{B} & \mathbf{0} \\ \mathbf{b}^\top & M \end{pmatrix} \in \mathbb{Z}^{(m+1) \times (m+1)}$$

に拡張する．ここで，拡張した行列 $\mathbf{B}' \in \mathbb{Z}^{(m+1) \times (m+1)}$ は，左上部が基底行列 $\mathbf{B} \in \mathbb{Z}^{m \times m}$ であり，$(m+1)$ 行目にベクトル $\mathbf{b} \in \mathbb{Z}^{m \times 1}$ の転置と定数 $M \in \mathbb{Z}$ が入り，$(m+1)$ 列目の残りの成分は零とする．この M は埋め込み因子といわれ，区間 $[1, \|\mathbf{e}\|]$ の整数として選択する[7]．計算機実験では $M = 1$ として選ばれることが多い[8]．

- **Step 2.** SVP を解くアルゴリズムにより格子 $L(\mathbf{B}')$ の非零最短ベクトル $\mathbf{v}'$ を求める．$\mathbf{v}'$ の最初の m 個からなるベクトルを $\mathbf{v} \in \mathbb{Z}^m$ とする．
- **Step 3.** 連立 1 次方程式 $\mathbf{b} - \mathbf{v}^\top = \mathbf{As} \bmod q$ を解くことにより，ベクトル $\mathbf{s} \in \mathbb{Z}^{n \times 1}$ を求める．

入力ベクトル $\mathbf{b}^\top \in \mathbb{Z}^m$ に対して，格子 $L(\mathbf{B})$ における BDD の解を $\mathbf{w} \in L(\mathbf{B})$ とする．差分ベクトル $\mathbf{b}^\top - \mathbf{w}$ に対して，$(\mathbf{b}^\top - \mathbf{w} \mid M) \in \mathbb{Z}^{m+1}$ は格子 $L(\mathbf{B}')$ に含まれる．実際，ベクトル $\mathbf{w}$ を，格子 $L(\mathbf{B})$ の基底行列 $\mathbf{B}$ に対して，$\mathbf{u} \in \mathbb{Z}^m$ を用いて $\mathbf{w} = \mathbf{uB}$ と表現すると，拡張した基底に対して，

$$(\mathbf{b}^\top - \mathbf{uB} \mid M) = (-\mathbf{u} \mid 1)\mathbf{B}'$$

を満たす．ここで，以下の定理のように，$(\mathbf{b}^\top - \mathbf{w} \mid M)$ は，格子 $L(\mathbf{B}')$ の非零最短ベクトルとなることが示せる．そのため，Step 2 において求めた格子 $L(\mathbf{B}')$ の SVP の解 $\mathbf{v}'$ に対して，$\mathbf{b}^\top - \mathbf{w} = \mathbf{v}$ を満たす．よって，式 (5.28) より，BDD 問題の解として $\mathbf{w}$ を求めることができ，LWE 問題のエラーベクトル $\mathbf{e} \in \mathbb{Z}^{m \times 1}$ は $\mathbf{e} = \mathbf{v}^\top$ を満たす．以上より，Step 3 で LWE 問題の解 $\mathbf{s} \in \mathbb{Z}^{n \times 1}$ を出力する．

定理 5.47 格子 $L(\mathbf{B})$ の非零最短ベクトルの長さを λ_1 とする．入力ベクトル $\mathbf{b} \in \mathbb{Z}_q^{m \times 1}$ に最も近い格子点を $\mathbf{w} \in L(\mathbf{B})$ とする．$\|\mathbf{b}^\top - \mathbf{w}\| < \lambda_1/2$ を満たすと仮定する．$M < \lambda_1/2$ の場合，ベクトル $(\mathbf{b}^\top - \mathbf{w} \mid M) \in \mathbb{Z}^{m+1}$ は格子 $L(\mathbf{B}')$ の非零最短ベクトルとなる． □

224   5   格子暗号

[証明]   最初に $M = \|\mathbf{e}\|$ より,

$$\left\| \left(\mathbf{b}^{\top} - \mathbf{w} \mid M \right) \right\|^2 = \|\mathbf{b}^{\top} - \mathbf{w}\|^2 + M^2 < \lambda_1^2/2$$

を満たす.よって,$\left\| (\mathbf{b}^{\top} - \mathbf{w} \mid M) \right\| < \lambda_1/\sqrt{2}$ となる.次に,格子 $L(\mathbf{B}')$ の任意の非零ベクトル $\mathbf{z}$ は,格子 $L(\mathbf{B})$ の基底ベクトル $\mathbf{b}_1, \ldots, \mathbf{b}_m$ に対して,ある整数 $\ell_1, \ldots, \ell_{m+1} \in \mathbb{Z}$ が存在して,

$$\mathbf{z} = \sum_{i=1}^{m} \ell_i (\mathbf{b}_i \mid 0) + \ell_{m+1} \left(\mathbf{b}^{\top} - \mathbf{w} \mid M \right)$$

と書ける.以下,$\|\mathbf{z}\| > \left\| (\mathbf{b}^{\top} - \mathbf{w} \mid M) \right\|$ を示す.

$\ell_{m+1} = 0$ の場合,$\|\mathbf{z}\| \geqq \lambda_1 > \left\| (\mathbf{b}^{\top} - \mathbf{w} \mid M) \right\|$ となる.

次に,$\ell_{m+1} = 1$ の場合,$\mathbf{w} \in L(\mathbf{B})$ は入力ベクトル $\mathbf{b}^{\top}$ に最も近い格子点であるため,任意のベクトル $\mathbf{x} \in L(\mathbf{B})$ に対して

$$\|\mathbf{b}^{\top} - \mathbf{w} + \mathbf{x}\| \geqq \|\mathbf{b}^{\top} - \mathbf{w}\|$$

を満たす.したがって,$\mathbf{x} = \sum_{i=1}^{m} \ell_i \mathbf{b}_i \in L(\mathbf{B})$ とおくと,

$$\|\mathbf{z}\|^2 = \|\mathbf{b}^{\top} - \mathbf{w} + \mathbf{x}\|^2 + M^2 \geqq \|\mathbf{b}^{\top} - \mathbf{w}\|^2 + M^2 = \left\| \left(\mathbf{b}^{\top} - \mathbf{w} \mid M \right) \right\|^2$$

が成り立つ.

最後に,$\ell_{n+1} \geqq 2$ の場合,

$$\|\mathbf{z}\|^2 \geqq (\ell_{n+1} M)^2 \geqq (2M)^2 > \left\| \left(\mathbf{b}^{\top} - \mathbf{w} \mid M \right) \right\|^2$$

となる.

以上より,ベクトル $(\mathbf{b}^{\top} - \mathbf{w} \mid M)$ は,格子 $L(\mathbf{B}')$ において非零最短ベクトルとなる.∎

上記の定理 5.47 では,埋め込み因子が $M < \lambda_1/2$ の場合に証明をした.暗号で利用される LWE 問題のパラメータに対しては,$M = 1$ の場合の埋め込み法が効率的となることが数値実験により報告されている[7].

例 5.48   例 5.45 の LWE 問題 $(\mathbf{A}, \mathbf{b}) \in \mathbb{Z}_q^{10 \times 5} \times \mathbb{Z}_q^{10 \times 1}$ に対して,埋め込み法による解法を説明する.入力 $(\mathbf{A}, \mathbf{b})$ に対して,関係式 $\mathbf{b} = \mathbf{A}\mathbf{s} + \mathbf{e} \bmod q$ を満たす $\mathbf{s} \in \mathbb{Z}_q^{5 \times 1}$,$\mathbf{e} \in \chi_\sigma$ を求める.

5.3 LWE 問題ベース格子暗号　225

Step 1. 格子 $L(\mathbf{A}, q)$ の基底 $\mathbf{B} \in \mathbb{Z}^{10 \times 10}$ を，補題 5.46 により計算すると次のようになる．

$$
\mathbf{B} = \begin{pmatrix}
10 & 5 & 4 & 9 & 18 & 1 & 0 & 0 & 0 & 0 \\
10 & 7 & 15 & 3 & 3 & 0 & 1 & 0 & 0 & 0 \\
9 & 18 & 13 & 23 & 12 & 0 & 0 & 1 & 0 & 0 \\
1 & 9 & 17 & 25 & 28 & 0 & 0 & 0 & 1 & 0 \\
27 & 25 & 2 & 0 & 3 & 0 & 0 & 0 & 0 & 1 \\
29 & 0 & 0 & 0 & 0 & 0 & 0 & 0 & 0 & 0 \\
0 & 29 & 0 & 0 & 0 & 0 & 0 & 0 & 0 & 0 \\
0 & 0 & 29 & 0 & 0 & 0 & 0 & 0 & 0 & 0 \\
0 & 0 & 0 & 29 & 0 & 0 & 0 & 0 & 0 & 0 \\
0 & 0 & 0 & 0 & 29 & 0 & 0 & 0 & 0 & 0
\end{pmatrix}
$$

次に，埋め込み因子を $M = 1$ として，入力ベクトル $\mathbf{b}$ を加えた 1 次元大きい格子の基底 $\mathbf{B}' \in \mathbb{Z}^{11 \times 11}$ を次のように構成する．

$$
\mathbf{B}' = \begin{pmatrix}
10 & 5 & 4 & 9 & 18 & 1 & 0 & 0 & 0 & 0 & \mathbf{0} \\
10 & 7 & 15 & 3 & 3 & 0 & 1 & 0 & 0 & 0 & \mathbf{0} \\
9 & 18 & 13 & 23 & 12 & 0 & 0 & 1 & 0 & 0 & \mathbf{0} \\
1 & 9 & 17 & 25 & 28 & 0 & 0 & 0 & 1 & 0 & \mathbf{0} \\
27 & 25 & 2 & 0 & 3 & 0 & 0 & 0 & 0 & 1 & \mathbf{0} \\
29 & 0 & 0 & 0 & 0 & 0 & 0 & 0 & 0 & 0 & \mathbf{0} \\
0 & 29 & 0 & 0 & 0 & 0 & 0 & 0 & 0 & 0 & \mathbf{0} \\
0 & 0 & 29 & 0 & 0 & 0 & 0 & 0 & 0 & 0 & \mathbf{0} \\
0 & 0 & 0 & 29 & 0 & 0 & 0 & 0 & 0 & 0 & \mathbf{0} \\
0 & 0 & 0 & 0 & 29 & 0 & 0 & 0 & 0 & 0 & \mathbf{0} \\
\mathbf{28} & \mathbf{2} & \mathbf{24} & \mathbf{16} & \mathbf{11} & \mathbf{14} & \mathbf{7} & \mathbf{28} & \mathbf{27} & \mathbf{13} & \mathbf{1}
\end{pmatrix}
$$

Step 2. 基底 $\mathbf{B}'$ に対して，格子基底縮約アルゴリズム（今回は LLL アルゴリズム）を適用すると次の行列を得る．

226   5　格子暗号

$$\begin{pmatrix} 0 & 0 & 0 & 0 & -1 & 0 & 0 & 0 & 0 & 0 & 1 \\ -2 & 0 & -1 & 1 & -2 & 1 & -2 & 1 & -1 & 0 & -2 \\ 0 & -2 & 2 & -1 & -2 & -2 & -2 & 1 & 0 & -1 & -2 \\ 1 & 0 & -2 & 1 & 1 & 3 & 0 & 3 & 2 & 0 & 0 \\ 2 & 4 & -2 & 0 & -1 & 0 & 0 & 0 & 0 & -1 & -2 \\ -3 & -2 & -1 & 0 & 0 & -3 & -3 & 3 & 1 & 0 & 1 \\ 1 & -2 & -3 & 0 & 0 & -2 & -3 & -1 & 2 & 0 & -1 \\ -1 & -3 & -1 & -1 & -1 & -1 & -1 & 3 & 0 & 4 & -1 \\ 0 & -2 & -2 & -4 & 1 & 3 & 0 & -1 & 2 & -3 & 1 \\ -2 & 1 & 4 & -2 & -1 & 2 & 0 & 0 & 5 & -1 & 0 \\ 1 & -2 & -1 & 2 & -1 & -3 & 6 & 3 & 0 & -1 & -2 \end{pmatrix}$$

第1行の最後の成分を除いて，以下のエラーベクトルを得る．

$$\mathbf{e} = (0, 0, 0, 0, -1, 0, 0, 0, 0, 0)^\top \in \chi_\sigma$$

Step 3. 連立1次方程式 $\mathbf{b} - \mathbf{e} = \mathbf{As} \bmod q$ を解くことにより，LWE 問題の答えとなるベクトル $\mathbf{s} = (7, 27, 14, 23, 26)^\top \in \mathbb{Z}_q^{5 \times 1}$ を求める． □

　LWE 問題の困難性を評価するために，LWE Challenge が開催されている．解読問題を簡略化するために，$m = n^2$ および q は n^2 を超える最小の素数と固定して，2次元のパラメータ $(n, \sigma/q)$ の LWE 問題を暗号解読のチャレンジ問題として公開している．上記の例は，LWE Challenge で与えられている toy challenge となる $(n, \sigma/q) = (5, 0.010)$ の解法を紹介したものである．

　著者らの研究グループは，$n = 70$，$\sigma/q = 0.005$ の LWE 問題を，埋め込み法と Progressive BKZ[13]により，E5-2697@2.70 GHz を用いて約 32.7 時間で解読している[173]．

5.3.3　鍵共有方式と安全性評価

　Regev は LWE 問題に安全性を帰着可能とする公開鍵暗号を提案した[137]．その後に，暗号演算の効率化などを目標として，LWE 問題を拡張した問題の困難性を基にした暗号方式が多く提案されている[10]．ここでは，多項式環

上で構成する ring-LWE 問題の困難性に基づく鍵共有方式として，文献[53]
をベースにした方式を述べる．

奇素数 q に対して，$\mathbb{Z}_q = \mathbb{Z}/q\mathbb{Z}$ の代表系を $\mathbb{Z}_q = \{-(q-1)/2, \ldots, (q-1)/2\}$
として選ぶ．$n = 2^d$ として，$2n$ 次円分多項式 $\Phi_{2n}(x) = x^n + 1$ に対して，多
項式環を $R_q = \mathbb{Z}_q[x]/(\Phi_{2n}(x))$ とする．R_q の元 $\mathbf{a} = a_1 + a_2 x + \cdots + a_n x^{n-1}$
を，ベクトル $\mathbf{a} = (a_1, \ldots, a_n) \in \mathbb{Z}_q^n$ により表記することもある．元 $\mathbf{a} \in R_q$ の
ノルムとして，$\|\mathbf{a}\|_\infty := \max(|a_1|, \ldots, |a_n|)$ および $\|\mathbf{a}\|_2 := \sqrt{a_1^2 + \cdots + a_n^2}$ と
定義する．このとき以下の補題が成り立つ．

補題 5.49 $\mathbf{a}, \mathbf{b} \in R_q$ に対して，$\|\mathbf{a} \cdot \mathbf{b}\|_\infty \leqq \|\mathbf{a}\|_2 \cdot \|\mathbf{b}\|_2$ が成り立つ．　　□

[証明] $\mathbf{a}, \mathbf{b} \in R_q$ の多項式としての乗算結果を

$$\mathbf{a} \cdot \mathbf{b} = c_1 + c_2 x + \cdots + c_n x^{n-1} \in R_q$$

とする．多項式環 $R_q = \mathbb{Z}_q[x]/(\Phi_{2n}(x))$ において $\Phi_{2n}(x) = x^n + 1$ としている
ため，成分が $\{-1, 0, 1\}$ となる置換行列 $\mathbf{P}_i \in \mathbb{Z}^{n \times n}$ が存在して，$c_i = \langle \mathbf{a}, \mathbf{b}\mathbf{P}_i \rangle$
$(i = 1, \ldots, n)$ を満たす．よって，Cauchy-Schwarz 不等式から

$$\|\mathbf{a} \cdot \mathbf{b}\|_\infty = \max_{1 \leqq i \leqq n} |\langle \mathbf{a}, \mathbf{b}\mathbf{P}_i \rangle| \leqq \max_{1 \leqq i \leqq n} \|\mathbf{a}\|_2 \cdot \|\mathbf{b}\mathbf{P}_i\|_2$$

となる．また，符号付き置換行列 $\mathbf{P}_i$ に対して $\|\mathbf{b}\mathbf{P}_i\|_2 = \|\mathbf{b}\|_2$ $(i = 1, \ldots, n)$
が成り立つため，主張を得る．∎

LWE 問題の鍵共有方式では，多項式の各係数の大きさで決まる Sig を

$$\mathrm{Sig}\colon \mathbb{Z}_q \to \{0, 1\}$$
$$\cup \qquad\qquad \cup$$
$$t \quad \mapsto \quad \sigma_b(t)$$

と定義する．ただし，関数 $\sigma_b(t)$ は，$b \xleftarrow{\$} \{0, 1\}$ に対して，

$$(5.29) \qquad \sigma_b(t) = \begin{cases} 0, & t \in [-\lfloor q/4 \rfloor + b, \lfloor q/4 \rfloor + b] \\ 1, & t \notin [-\lfloor q/4 \rfloor + b, \lfloor q/4 \rfloor + b] \end{cases}$$

とする．$\mathrm{Sig}(t) = 0$ の場合，$t \in \mathbb{Z}_q$ は内部領域にあり，$\mathrm{Sig}(t) = 1$ の $t \in \mathbb{Z}_q$ は
外部領域にあるという．また，多項式環 R_q の元 $\mathbf{t} = (t_1, \ldots, t_n) \in R_q$ の Sig

228　5　格子暗号

を,

$$\mathrm{Sig}(\mathbf{t}) := (\mathrm{Sig}(t_1), \ldots, \mathrm{Sig}(t_n)) = (w_1, \ldots, w_n) \in \{0,1\}^n$$

により定義する. さらに, 共有鍵を生成する際に利用する関数 Mod_2 を, $t \in \mathbb{Z}_q$ と $w = \mathrm{Sig}(t) \in \{0,1\}$ に対して,

$$\mathrm{Mod}_2(t,w) := \left(t + w \cdot \frac{q-1}{2} \bmod q \right) \bmod 2$$

と定義する. 最後に, 多項式環 R_q の元 $\mathbf{t} = (t_1, \ldots, t_n) \in R_q$ と $\mathbf{w} = \mathrm{Sig}(\mathbf{t}) = (w_1, \ldots, w_n) \in \{0,1\}^n$ に対して,

$$\mathrm{Mod}_2(\mathbf{t}, \mathbf{w}) := (\mathrm{Mod}_2(t_1, w_1), \ldots, \mathrm{Mod}_2(t_n, w_n)) \in \{0,1\}^n$$

と定義する. ここで, $t, u \in \mathbb{Z}_q$ の差が $q/4 - 2$ 以下の場合は, Mod_2 の値は同じとなることが示せる. Mod_2 は reconciliation 関数と呼ばれることもある.

補題 5.50　素数 q は, $q > 8$ とする. $t, u \in \mathbb{Z}_q$ が $t - u \in 2\mathbb{Z}$ かつ $|t - u| \leqq q/4 - 2$ を満たす場合, $w = \mathrm{Sig}(u)$ に対して $\mathrm{Mod}_2(t, w) = \mathrm{Mod}_2(u, w)$ が成り立つ.　　　　　　　　　　　　　　　　　　　　　　　□

[証明]　補題の条件より, $t - u = 2\varepsilon$, $|2\varepsilon| \leqq q/4 - 2$ とする. 関数 Sig の定義から, $w = \mathrm{Sig}(u)$ は $|u + w(q-1)/2 \bmod q| \leqq q/4 + 1$ を満たす. このとき, $|(u + w(q-1)/2 \bmod q) + 2\varepsilon| \leqq q/4 + 1 + |2\varepsilon| \leqq (q-1)/2$ より,

$$t + w\frac{q-1}{2} \bmod q = u + w\frac{q-1}{2} + 2\varepsilon \bmod q$$
$$= \left(u + w\frac{q-1}{2} \bmod q \right) + 2\varepsilon$$

を満たす. 両辺で $\bmod\, 2$ を取ると, $\mathrm{Mod}_2(t, w) = \mathrm{Mod}_2(u, w)$ を得る.　∎

また, ring-LWE 問題ではエラーベクトルにおいて離散 Gauss 分布を利用する. $\mathbf{x} \in \mathbb{R}^n$ および $\sigma \in \mathbb{R}_{>0}$ に対して $\rho_\sigma(\mathbf{x}) := e^{-\pi\|\mathbf{x}\|_2^2/\sigma^2}$ とし, $\rho_\sigma(\mathbb{Z}^n) := \sum_{\mathbf{x} \in \mathbb{Z}^n} \rho_\sigma(\mathbf{x})$ と定義する. $\mathbb{Z}^n$ 上のパラメータ σ の離散 Gauss 分布 $D_{\mathbb{Z}^n, \sigma}$ を, $\mathbf{x} \in \mathbb{Z}^n$ に対して確率 $\rho_\sigma(\mathbf{x})/\rho_\sigma(\mathbb{Z}^n)$ により定まる分布とする(図 5.5). 次の補題が成り立つ[164].

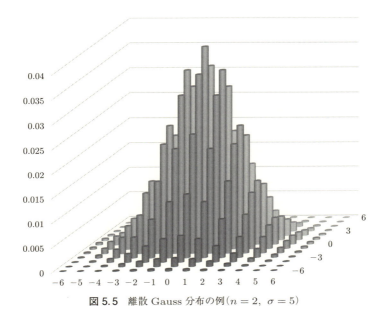

図 5.5 離散 Gauss 分布の例 ($n = 2$, $\sigma = 5$)

補題 5.51 $\sigma \in \mathbb{R}_{>0}$, $r \geq 1/\sqrt{2\pi}$ に対して，離散 Gauss 分布 $D_{\mathbb{Z}^n, \sigma}$ から生成された $\mathbf{x} \in \mathbb{Z}^n$ が $\|\mathbf{x}\|_2 \geq r\sigma\sqrt{n}$ を満たす確率は $\left(\sqrt{2\pi e r^2} e^{-\pi r^2}\right)^n$ 以下となる. □

以下に，多項式環 R_q で構成する ring-LWE 問題に基づく鍵共有方式を説明する (図 5.6)．この方式を ring-LWE 鍵共有方式と呼ぶ．

- 共通パラメータ：素数 $q > 8$ を生成して，$n = 2^d$ として $2n$ 次円分多項式 $\Phi_{2n}(x) = x^n + 1$ に対して，多項式環を $R_q = \mathbb{Z}_q[x]/(\Phi_{2n}(x))$ とする．一様ランダムに多項式 $\mathbf{a} \in R_q$ を生成する．パラメータ σ の離散 Gauss 分布を $D_{\mathbb{Z}^n, \sigma}$ とする．$R_q, \mathbf{a}, D_{\mathbb{Z}^n, \sigma}$ を共通パラメータとする．
- アリス：$\mathbf{s}_A, \mathbf{e}_A \xleftarrow{\$} D_{\mathbb{Z}^n, \sigma}$ を生成し，これらを R_q の元に対応させたものも $\mathbf{s}_A, \mathbf{e}_A \in R_q$ と書く．$\mathbf{p}_A = \mathbf{a} \cdot \mathbf{s}_A + 2\mathbf{e}_A \in R_q$ を計算して，$\mathbf{p}_A$ をボブに送信する．
- ボブ：$\mathbf{s}_B, \mathbf{e}_B, \mathbf{e}'_B \xleftarrow{\$} D_{\mathbb{Z}^n, \sigma}$ を生成し，これらを R_q の元に対応させたものも $\mathbf{s}_B, \mathbf{e}_B, \mathbf{e}'_B \in R_q$ と書く．$\mathbf{p}_B = \mathbf{a} \cdot \mathbf{s}_B + 2\mathbf{e}_B \in R_q$ を計算する．さらに，

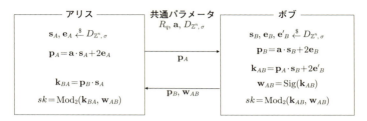

図 5.6 ring-LWE 鍵共有方式

$$\mathbf{k}_{AB} = \mathbf{p}_A \cdot \mathbf{s}_B + 2\mathbf{e}'_B \in R_q \text{ および } \mathbf{w}_{AB} = \mathrm{Sig}(\mathbf{k}_{AB}) \in \{0,1\}^n \text{ を計算し}$$
て，$sk = \mathrm{Mod}_2(\mathbf{k}_{AB}, \mathbf{w}_{AB}) \in \{0,1\}^n$ を共有鍵とする．$(\mathbf{p}_B, \mathbf{w}_{AB})$ をアリスに送信する．

・アリス：$\mathbf{k}_{BA} = \mathbf{p}_B \cdot \mathbf{s}_A \in R_q$ および $\mathrm{Mod}_2(\mathbf{k}_{BA}, \mathbf{w}_{AB}) \in \{0,1\}^n$ を計算して，$sk = \mathrm{Mod}_2(\mathbf{k}_{BA}, \mathbf{w}_{AB})$ を共有鍵とする．

この ring-LWE 鍵共有方式において，アリスとボブは，それぞれ

$$\mathbf{k}_{BA} = \mathbf{p}_B \cdot \mathbf{s}_A = \mathbf{a} \cdot \mathbf{s}_B \cdot \mathbf{s}_A + 2\mathbf{e}_B \cdot \mathbf{s}_A,$$
$$\mathbf{k}_{AB} = \mathbf{p}_A \cdot \mathbf{s}_B + 2\mathbf{e}'_B = \mathbf{a} \cdot \mathbf{s}_A \cdot \mathbf{s}_B + 2\mathbf{e}_A \cdot \mathbf{s}_B + 2\mathbf{e}'_B$$

を計算する．ここで，補題 5.50 より，$\mathbf{k}_{BA} - \mathbf{k}_{AB}$ の各成分は偶数であるため，$\|\mathbf{k}_{BA} - \mathbf{k}_{AB}\|_\infty \leqq q/4 - 2$ を満たせば，ボブからアリスに送る $\mathbf{w}_{AB} = \mathrm{Sig}(\mathbf{k}_{AB})$ に対して

$$\mathrm{Mod}_2(\mathbf{k}_{BA}, \mathbf{w}_{AB}) = \mathrm{Mod}_2(\mathbf{k}_{AB}, \mathbf{w}_{AB})$$

となり，アリスとボブが計算する共有鍵は等しくなる．特に，法 q が次の補題の大きさを満たす場合，アリスとボブは高い確率で正しい共有鍵を計算できる．

補題 5.52 ring-LWE 鍵共有方式において，$r \geqq 1/\sqrt{2\pi}$ となる実数 r に対して，

$$q \geqq 8\left(1 + r\sigma\sqrt{n} + 2r^2\sigma^2 n\right)$$

を満たす場合，鍵共有のエラー確率は $\left(\sqrt{2\pi e r^2}\, e^{-\pi r^2}\right)^n$ 以下となる． □

[証明] 補題 5.49 から，

$$\|\mathbf{k}_{BA} - \mathbf{k}_{AB}\|_\infty = 2\|\mathbf{e}_B \cdot \mathbf{s}_A - \mathbf{e}_A \cdot \mathbf{s}_B - \mathbf{e}'_B\|_\infty$$
$$\leqq 2(\|\mathbf{e}_B \cdot \mathbf{s}_A\|_\infty + \|\mathbf{e}_A \cdot \mathbf{s}_B\|_\infty + \|\mathbf{e}'_B\|_\infty)$$
$$\leqq 2(\|\mathbf{e}_B\|_2\|\mathbf{s}_A\|_2 + \|\mathbf{e}_A\|_2\|\mathbf{s}_B\|_2 + \|\mathbf{e}'_B\|_2)$$

となる．次に，$\mathbf{s}_A, \mathbf{e}_B, \mathbf{e}_A, \mathbf{s}_B$ は，離散 Gauss 分布 $D_{\mathbb{Z}^n,\sigma}$ から一様ランダムに生成されているため，補題 5.51 から，$r \geqq 1/\sqrt{2\pi}$ に対して

$$2(\|\mathbf{e}_B\|_2\|\mathbf{s}_A\|_2 + \|\mathbf{e}_A\|_2\|\mathbf{s}_B\|_2 + \|\mathbf{e}'_B\|_2) < 2\left(2(r\sigma\sqrt{n})^2 + r\sigma\sqrt{n}\right)$$

が成立しない確率は，$\left(\sqrt{2\pi e r^2}\, e^{-\pi r^2}\right)^n$ 以下となる．これにより，

$$4r^2\sigma^2 n + 2r\sigma\sqrt{n} \leqq q/4 - 2$$

を満たす場合，つまり，$q \geqq 8\left(1 + r\sigma\sqrt{n} + 2r^2\sigma^2 n\right)$ に対して，鍵共有のエラー確率は $\left(\sqrt{2\pi e r^2}\, e^{-\pi r^2}\right)^n$ 以下となる． ∎

次に，ring-LWE 鍵共有方式の安全性に関して考察する．ring-LWE 鍵共有方式は Diffie–Hellman 型の鍵共有方式であり，アリスとボブが生成する乱数 $\mathbf{s}_A, \mathbf{e}_A, \mathbf{s}_B, \mathbf{e}_B, \mathbf{e}'_B$ は 1 回のみ利用可能とする．

ring-LWE 鍵共有方式では，アリスとボブの間で，$\mathbf{p}_A, \mathbf{p}_B \in R_q$，$\mathbf{w}_{AB} \in \{0,1\}^n$ を送信する．攻撃者は，これらの情報および共通パラメータ $\mathbf{a} \in R_q$ から，共有鍵 $sk \in \{0,1\}^n$ と乱数 $rand \xleftarrow{\$} \{0,1\}^n$ を識別することを試みる．ring-LWE 鍵共有方式が安全であるとは，任意の多項式時間アルゴリズム $\mathcal{A}$ に対して，次の優位性

$$\mathrm{Adv}(\mathcal{A}) = |\Pr[\mathcal{A}(\mathbf{a}, \mathbf{p}_A, \mathbf{p}_B, \mathbf{w}_{AB}, sk) = 1]$$
$$- \Pr[\mathcal{A}(\mathbf{a}, \mathbf{p}_A, \mathbf{p}_B, \mathbf{w}_{AB}, rand) = 1]|$$

がセキュリティパラメータに対して negligible となるときにいう．ring-LWE 鍵共有方式の安全性は，次の判定 ring-LWE 問題の困難性に基づく．

定義 5.53 $n = 2^d$ とし，$2n$ 次円分多項式 $\Phi_{2n}(x) = x^n + 1$ と奇素数 q に対して多項式環を $R_q = \mathbb{Z}_q[x]/(\Phi_{2n}(x))$ とし，パラメータ σ の離散 Gauss 分布を $D_{\mathbb{Z}^n,\sigma}$ とする．$\mathbf{a} \xleftarrow{\$} R_q$，$\mathbf{s}, \mathbf{e} \xleftarrow{\$} D_{\mathbb{Z}^n,\sigma}$（ここで，$R_q$ の元に対応させたもの

232   5 格子暗号

も $\mathbf{s}, \mathbf{e} \in R_q$ と書く）に対して，$\mathbf{b} = \mathbf{a} \cdot \mathbf{s} + 2\mathbf{e}$ が成す分布を ring-LWE 分布と定義する．判定 ring-LWE 問題は，与えられた組 $(\mathbf{a}', \mathbf{b}') \in R_q^2$ が，ring-LWE 分布に従うか一様ランダムであるかを識別する問題である．この問題を，次元 n，法 q，パラメータ σ の判定 ring-LWE 問題と呼ぶ．   □

ring-LWE 鍵共有方式では，エラーベクトルが 2 倍された ring-LWE 問題を利用していた．この問題を次のように同値変形する．

$$\mathbf{p} = \mathbf{a} \cdot \mathbf{s} + 2\mathbf{e} \Leftrightarrow 2^{-1}\mathbf{p} = 2^{-1}\mathbf{a} \cdot \mathbf{s} + \mathbf{e}$$
$$\Leftrightarrow \mathbf{p}' = \mathbf{a}' \cdot \mathbf{s} + \mathbf{e}, \quad \mathbf{p}' = 2^{-1}\mathbf{p}, \quad \mathbf{a}' = 2^{-1}\mathbf{a}$$

ここで，$\gcd(q, 2) = 1$ より $\mathbb{Z}_q$ における 2^{-1} 倍写像は全単射となり，$\mathbf{a}' \in R_q$ は一様ランダムな元となる．よって，$(\mathbf{a}', \mathbf{p}') \in R_q^2$ は，次元 n，法 q，パラメータ σ の判定 ring-LWE 問題とみることができる．

次に，アリスとボブが通信する $\mathbf{w}_{AB}$ を用いて，共有鍵 $sk = \mathrm{Mod}_2(\mathbf{k}_{AB}, \mathbf{w}_{AB})$ を推測する攻撃も考えられるが，関数 Mod_2 に関して以下の補題を示す．この補題により，$\mathbf{k}_{AB} \xleftarrow{\$} R_q$，$\mathbf{w}_{AB} = \mathrm{Sig}(\mathbf{k}_{AB})$ に対して，共有鍵 $sk = \mathrm{Mod}_2(\mathbf{k}_{AB}, \mathbf{w}_{AB})$ は $\{0, 1\}^n$ において一様ランダムとなる．

補題 5.54 q を奇素数とする．$t \xleftarrow{\$} \mathbb{Z}_q$，$b \xleftarrow{\$} \{0, 1\}$ とする場合，式 (5.29) の $w = \mathrm{Sig}(t) = \sigma_b(t)$ に対して，$\mathrm{Mod}_2(t, w) \in \{0, 1\}$ は一様ランダムとなる．   □

[証明] $c \in \{0, 1\}$ に対して $\mathrm{Mod}_2(t, w) = c$ となる確率を考察する．$t \xleftarrow{\$} \mathbb{Z}_q$，$b \xleftarrow{\$} \{0, 1\}$ に対して，$\Pr[\mathrm{Mod}_2(t, w) = c \mid \sigma_b(t) = w] = 1/2$ を満たすことを示す．最初に，$t \in \mathbb{Z}_q$ が $\sigma_b(t) = 0$ となる内部領域を

$$I + b := [-\lfloor q/4 \rfloor + b, \ \lfloor q/4 \rfloor + b]$$

とすると，区間 $I + b$ に含まれる元の個数は，$|I + b| = 2\lfloor q/4 \rfloor + 1$ を満たす．よって，$t \xleftarrow{\$} \mathbb{Z}_q$ に対して，

$$\Pr[\sigma_0(t) = 0] = \Pr[\sigma_1(t) = 0] = \frac{2\lfloor q/4 \rfloor + 1}{q}$$

となる．次に，区間 $I + b$ の部分集合を，

$$(I+b)_0 := \{t \in I+b \wedge t = 0 \bmod 2\},$$
$$(I+b)_1 := \{t \in I+b \wedge t = 1 \bmod 2\}$$

と定義すると，$c \in \{0,1\}$ に対して，

$$\Pr[\mathrm{Mod}_2(t,0) = c \wedge \sigma_b(t) = 0] = \Pr[t \in (I+b)_c] = \frac{|(I+b)_c|}{q}$$

を満たす．また，$|I+b| = 2\lfloor q/4 \rfloor + 1$ は奇数となるため，

$$|(I+0)_0| + |(I+1)_0| = |(I+0)_1| + |(I+1)_1| = |I+b|$$

が成り立つ．以上より，$\sigma_b(t) = 0$ の場合，$t \xleftarrow{\$} \mathbb{Z}_q$ と $b \xleftarrow{\$} \{0,1\}$ に対して，

$$\begin{aligned}
\Pr[\mathrm{Mod}_2(t,0) = c \mid \sigma_b(t) = 0] &= \frac{\Pr[\mathrm{Mod}_2(t,0) = c \wedge \sigma_b(t) = 0]}{\Pr[\sigma_b(t) = 0]} \\
&= \left(\frac{1}{2} \frac{|(I+0)_c|}{q} + \frac{1}{2} \frac{|(I+1)_c|}{q} \right) \frac{q}{2\lfloor q/4 \rfloor + 1} \\
&= \left(\frac{1}{2} \frac{|I+b|}{q} \right) \frac{q}{2\lfloor q/4 \rfloor + 1} \\
&= \frac{1}{2}
\end{aligned}$$

を満たす．次に，$t \in \mathbb{Z}_q$ が $\sigma_b(t) = 1$ となる外部領域 $\mathbb{Z}_q \setminus (I+b)$ に含まれる場合，$|\mathbb{Z}_q \setminus (I+b)| = q - (2\lfloor q/4 \rfloor + 1)$ より，

$$\Pr[\sigma_0(t) = 1] = \Pr[\sigma_1(t) = 1] = \frac{q - (2\lfloor q/4 \rfloor + 1)}{q}$$

を満たす．また，$|\mathbb{Z}_q \setminus (I+b)|$ は偶数となるため，

$$\begin{aligned}
\Pr[\mathrm{Mod}_2(t,1) = c \mid \sigma_b(t) = 1] &= \frac{\Pr[\mathrm{Mod}_2(t,1) = c \wedge \sigma_b(t) = 1]}{\Pr[\sigma_b(t) = 1]} \\
&= \left(\frac{1}{2} \frac{q - (2\lfloor q/4 \rfloor + 1)}{q} \right) \frac{q}{q - (2\lfloor q/4 \rfloor + 1)} \\
&= \frac{1}{2}
\end{aligned}$$

を満たす．以上より，$\sigma_b(t) = 0, 1$ の場合が成り立ち，補題の主張を得る．∎

以下のように，ring-LWE 鍵共有方式の安全性を示すことができる．

定理 5.55 判定 ring-LWE 問題が困難である場合，ring-LWE 鍵共有方式

234   5   格子暗号

は安全となる.   □

[証明の概略]   以下では証明の概要を説明する. 安全性はゲームの列 G_0, G_1, G_2 を用いた証明技法により示す[161]. ここで,G_0 は ring-LWE 鍵共有方式において攻撃者が共有鍵を識別するゲームとし,G_1 と G_2 は,それぞれ G_0 と G_1 の一部の変数を一様ランダムに置き換えた分布において攻撃者が共有鍵を識別するゲームとする. $i = 0, 1, 2$ に対して,攻撃者 $\mathcal{A}$ がゲーム G_i において共有鍵 sk か乱数 $rand$ を識別する事象を S_i とし,識別結果を $b' \in \{0, 1\}$ とする.

ゲーム G_0 において,攻撃者 $\mathcal{A}$ は,$\mathbf{a}, \mathbf{p}_A, \mathbf{p}_B \in R_q$, $\mathbf{w}_{AB}, \mathbf{k}_{AB} \in \{0, 1\}^n$ に対して,識別結果 b' を出力する. ここで,

$$\mathbf{p}_A = \mathbf{a} \cdot \mathbf{s}_A + 2\mathbf{e}_A, \quad \mathbf{p}_B = \mathbf{a} \cdot \mathbf{s}_B + 2\mathbf{e}_B,$$
$$\mathbf{w}_{AB} = \mathrm{Sig}(\mathbf{p}_A \mathbf{s}_B + 2\mathbf{e}'_B), \quad \mathbf{k}_{AB} = \mathbf{p}_A \mathbf{s}_B + 2\mathbf{e}'_B$$

を満たし,$\mathrm{Adv}(\mathcal{A}) = |\mathrm{Pr}(S_0) - 1/2|$ となる.

ゲーム G_1 は,ゲーム G_0 において $\mathbf{p}_A$ を一様ランダムな $\mathbf{r}_A \xleftarrow{\$} R_q$ に取り換えた事象とする. ゲーム G_0 とゲーム G_1 を識別できる攻撃者は,

$$(\mathbf{a}, \mathbf{p}_A, \mathbf{p}_B, \mathbf{w}_{AB}, \mathbf{k}_{AB}) \text{ or } (\mathbf{a}, \mathbf{r}_A, \mathbf{p}_B, \mathrm{Sig}(\mathbf{r}_A \mathbf{s}_B + 2\mathbf{e}'_B), \mathbf{r}_A \mathbf{s}_B + 2\mathbf{e}'_B)$$

を識別することができる. よって,組 $(\mathbf{a}, \mathbf{p}_A) \in R_q^2$ に対する判定 ring-LWE 問題を解く優位性を $\mathrm{Adv}_{\mathrm{rLWE}}(\mathcal{B}_1)$ とすると,$|\mathrm{Pr}(S_0) - \mathrm{Pr}(S_1)| \leqq \mathrm{Adv}_{\mathrm{rLWE}}(\mathcal{B}_1)$ を満たす.

ゲーム G_2 は,ゲーム G_1 において $\mathbf{p}_B$, $\mathbf{r}_A \mathbf{s}_B + 2\mathbf{e}'_B$ を,それぞれ一様ランダムな $\mathbf{r}_B, \mathbf{r}'_B \xleftarrow{\$} R_q$ に取り換えた事象とする. ゲーム G_1 とゲーム G_2 を識別できる攻撃者は,

$$(\mathbf{a}, \mathbf{r}_A, \mathbf{p}_B, \mathrm{Sig}(\mathbf{r}_A \mathbf{s}_B + 2\mathbf{e}'_B), \mathbf{r}_A \mathbf{s}_B + 2\mathbf{e}'_B) \text{ or } (\mathbf{a}, \mathbf{r}_A, \mathbf{r}_B, \mathrm{Sig}(\mathbf{r}'_B), \mathbf{r}'_B)$$

を識別することができる. よって,組 $(\mathbf{a}, \mathbf{p}_B) \in R_q^2$ に対する判定 ring-LWE 問題を解く優位性を $\mathrm{Adv}_{\mathrm{rLWE}}(\mathcal{B}_2)$ とすると,$|\mathrm{Pr}(S_1) - \mathrm{Pr}(S_2)| \leqq \mathrm{Adv}_{\mathrm{rLWE}}(\mathcal{B}_2)$ を満たす.

ゲーム G_2 において $\mathbf{k}_{AB} = \mathbf{r}'_B \in R_q$ は一様ランダムなので,補題 5.54 から,

$\mathbf{w}_{AB} = \mathrm{Sig}(\mathbf{k}_{AB}) \in \{0,1\}^n$ に対して共有鍵 $sk = \mathrm{Mod}_2(\mathbf{k}_{AB}, \mathbf{w}_{AB})$ は $\{0,1\}^n$ において一様ランダムとなる．よって，ゲーム G_2 において，$\mathrm{Pr}(S_2) = 1/2$ を満たす．

以上より，三角不等式から，攻撃者 $\mathcal{A}$ の優位性は，

$$\begin{aligned}
\mathrm{Adv}(\mathcal{A}) &= |\mathrm{Pr}(S_0) - 1/2| \\
&\leqq |\mathrm{Pr}(S_0) - \mathrm{Pr}(S_1)| + |\mathrm{Pr}(S_1) - \mathrm{Pr}(S_2)| + |\mathrm{Pr}(S_2) - 1/2| \\
&= \mathrm{Adv}_{\mathrm{rLWE}}(\mathcal{B}_1) + \mathrm{Adv}_{\mathrm{rLWE}}(\mathcal{B}_2)
\end{aligned}$$

を満たすため，判定 ring-LWE 問題が困難であれば，ring-LWE 鍵共有方式は 安全となる. ∎

ring-LWE 鍵共有方式は鍵共有を 1 回だけ行うことを目的としているため，ElGamal 型の公開鍵暗号として利用する場合は選択平文攻撃に対する識別不可能性（IND-CPA）の安全性のみを満たす．一般に，IND-CPA の安全性をもつ公開鍵暗号を，選択暗号文攻撃も考慮して選択暗号文攻撃に対する識別不可能性（IND-CCA）の安全性を満たす方式に変換する方法として，Fujisaki-Okamoto 変換が知られている [62]．Fujisaki-Okamoto 変換を用いることにより，ring-LWE 鍵共有方式を IND-CCA 安全な公開鍵暗号に変換することが可能となる．

5.3.4 安全なパラメータの導出

格子暗号を安全に利用できる LWE 問題のパラメータの導出方法を議論する．5.3.2 項では，LWE 問題 $(\mathbf{A}, \mathbf{b} = \mathbf{A}\mathbf{s} + \mathbf{e} \bmod q)$ を，Kannan 埋め込み法を用いて格子 $L(\mathbf{B}')$ における SVP に変換する方法を述べたが，ここでは，格子 $L(\mathbf{B}')$ の SVP を BKZ 格子縮約アルゴリズムで求める計算量を考察する．

以下，$m + 1 = d$ として，格子 $L(\mathbf{B}') \subset \mathbb{R}^d$ は，d 次元の full-rank 格子とする．格子 $L(\mathbf{B}')$ において，ブロックサイズ β の BKZ 縮約基底を $\{\mathbf{b}_1, \dots, \mathbf{b}_d\}$ とする．また，この基底の GSO ベクトルは，定義 5.39 の Geometric Series Assumption (GSA) となる $\|\mathbf{b}_i^*\| / \|\mathbf{b}_{i+1}^*\| = q \, (i = 1, \dots, d-1)$ を満たすとする．さらに，定義 5.40 の root-Hermite-Factor (rHF) は，式 (5.23) の $\delta_\beta =$

236   5 格子暗号

$(\|\mathbf{b}_1\|/\left(\mathrm{vol}(L(\mathbf{B}'))^{1/d}\right))^{1/d}$ を満たすとする. このとき, これらの仮定の下で, $q \approx \delta_\beta^{2d/(d-1)} \approx \delta_\beta^2$ となる.

次に, ブロックサイズ β の BKZ 基底縮約アルゴリズム (Algorithm 22) において, Step 4 で β 次元の SVP を求める最終ステップを考察する. 格子 $L(\mathbf{B}')$ における非零最短ベクトルを $\mathbf{v}$ とすると, 射影ベクトル $\pi_{d-\beta+1}(\mathbf{v})$ は, 整数 $x_i\,(1 \leq i \leq d)$ に対して

$$\pi_{d-\beta+1}(\mathbf{v}) = \sum_{i=d-\beta+1}^{d} x_i \pi_{d-\beta+1}(\mathbf{b}_i), \quad \mathbf{v} = \sum_{i=1}^{d} x_i \mathbf{b}_i \in L(\mathbf{B}')$$

と表せるため, 式(5.19)の射影部分格子 $L_{[d-\beta+1,d]}$ に含まれる. ここで, 非零最短ベクトル $\mathbf{v}$ は, 格子基底 $\mathbf{B}'$ に対してランダムな方向に分布していると仮定する [66, Heuristic 2]. このとき, 射影ベクトル $\pi_{d-\beta+1}(\mathbf{v})$ の長さは

$$(5.30) \qquad \|\pi_{d-\beta+1}(\mathbf{v})\| \approx \frac{\sqrt{\beta}}{\sqrt{d}}\|\mathbf{v}\|$$

と見積もることができる. 一方で, $\{\mathbf{b}_1,\dots,\mathbf{b}_d\}$ は BKZ 縮約基底であるため, $\|\mathbf{b}_{d-\beta+1}^*\| = \lambda_1(L_{[d-\beta+1,d]})$ を満たし, 上記の GSA から,

$$(5.31) \qquad \|\mathbf{b}_{d-\beta+1}^*\| \approx \delta_\beta^{2\beta-d}\mathrm{vol}(L(\mathbf{B}'))^{1/d}$$

となる. そのため, 式(5.30)の $\|\pi_{d-\beta+1}(\mathbf{v})\|$ が式(5.31)の $\|\mathbf{b}_{d-\beta+1}^*\|$ より短ければ, $\pi_{d-\beta+1}(\mathbf{v})$ は射影部分格子 $L_{[d-\beta+1,d]}$ の非零最短ベクトルとなると期待できる.

次に, Kannan 埋め込み法における格子 $L(\mathbf{B}')$ の非零最短ベクトルは LWE 問題のエラーベクトル $\mathbf{e}$ に対して $\mathbf{v} = (\mathbf{e} \mid M)$ であるとして, 埋め込み因子は $M = 1$ とする. また, エラーベクトルは標準偏差 σ の離散 Gauss 分布で生成されているため, $\|(\mathbf{e} \mid 1)\| \approx \sqrt{d}\sigma$ とする. 以上の議論より, 次の式

$$(5.32) \qquad \frac{\sqrt{\beta}}{\sqrt{d}}\|\mathbf{v}\| \approx \sqrt{\beta}\sigma \leqq \delta_\beta^{2\beta-d}\mathrm{vol}(L(\mathbf{B}'))^{1/d}$$

を満たす場合, BKZ 基底縮約アルゴリズム (Algorithm 22) は, Step 4 において $\pm\pi_{d-\beta+1}(\mathbf{v})$ を出力する. その後, Step 5 においてベクトル

$$(5.33) \qquad \mathbf{b}_{d-\beta+1}^{\mathrm{new}} = \pm \sum_{i=d-\beta+1}^{d} x_i \mathbf{b}_i$$

を計算し,Step 7 で基底 $\mathbf{B}'$ の第 $d - \beta + 1$ 成分目に挿入する.つまり,式 (5.32) を満たす場合,BKZ 基底縮約アルゴリズムは,基底 $\mathbf{B}'$ に対して非零最短ベクトル $\mathbf{v}$ における最後の β 個の成分 $x_{d-\beta+1}, \ldots, x_d$ を求めることができる.

ベクトル $\mathbf{v}$ の残りの成分 $x_1, \ldots, x_{d-\beta}$ に関しては,BKZ 基底縮約アルゴリズムの内部で用いる LLL 基底縮約アルゴリズムにおいて,ベクトル $\mathbf{b}_{d-\beta+1}^{\mathrm{new}}$ に対する Size 条件を計算することにより高い確率で復元できる[8].

パラメータ $n = 65$,$m = 182$,$\sigma = 8/\sqrt{2\pi}$ の LWE 問題の格子 $L(\mathbf{B}')$ に対して,ブロックサイズ $\beta = 56$ の BKZ により 10,000 試行の計算機実験を行ったところ,上記の射影ベクトル $\pi_{d-b+1}(\mathbf{v})$ を確率 99.71%,非零最短ベクトル $\mathbf{v}$ を確率 93.3% で求められた[8].

計算量評価方法

現在までに最も高速なアルゴリズムにより LWE 問題を解く計算量を評価する方法を述べる.特に,パラメータ (q, n, m, σ) の LWE 問題を,5.3.2 項で説明した Kannan 埋め込み法で生成した格子 $L(\mathbf{B}')$ の基底に対して,ブロックサイズ β の BKZ 基底縮約アルゴリズムで解く場合の計算量を考察する.以下では,暗号方式への応用を踏まえて,具体的に固定したパラメータに対して安全性を評価する.

- 最初に,ブロックサイズ β の BKZ 基底縮約アルゴリズムの内部で用いる SVP オラクルを決定する.5.2.6 項で述べたように,漸近的に最も高速なアルゴリズムは篩法であり,時間計算量は $2^{0.292\beta + o(1)}$ と評価されている.また,5.2.6 項で述べた部分篩法では,$d = (\beta \log(4/3))/\log(\beta/2\pi e)$ に対して $n - d$ 次元射影部分格子における篩法で非零最短ベクトルが求まる.例えば,攻撃者の計算量を 128 ビット($\approx 2^{128}$)と仮定すると,$\beta = 477$ に対して部分篩法で次元 $d = 41$ が削減されるため篩法の計算量は $2^{127.31}$ となる.したがって,ブロックサイズ $\beta = 477$ の BKZ 基底縮約アルゴリズムの利用が可能となる.

- ブロックサイズ $\beta = 477$ の BKZ 基底縮約アルゴリズムが出力する非零最短ベクトルの root-Hermite-Factor (rHF) の平均値を,式 (5.23) より求め

238   5 格子暗号

ることができる．$\beta = 477$ の場合は，$\delta_\beta = 1.00351980$ となる．

・LWE 問題ベース鍵共有方式では，鍵共有のエラー確率や高速実装法を考慮して $q = 120833$ の法を利用するとして，サンプル数 m は次元 n の 2 倍となる $m = 2n$ であるとする．この場合，Kannan 埋め込み法で生成した格子 $L(\mathbf{B})$ は，体積が $\mathrm{vol}(L(\mathbf{B})) = q^{m-n}$ となる．これらのパラメータに対して，式(5.32)を満たす標準偏差 σ と格子の次元 $d = m + 1$ を求めることができる．例えば，次元 $n = 512$ の場合，$\sigma = 5.34$ を得る．

以上より，パラメータ $(q, n, m, \sigma) = (120833, 512, 1024, 5.34)$ の LWE 問題を，篩法を SVP オラクルに用いた BKZ 基底縮約アルゴリズムにより解くには，計算量 128 ビット $(\approx 2^{128})$ となるブロックサイズ $\beta = 477$ が必要となり，128 ビット安全性を有すると評価される．

参考文献

[1] G. Adj and F. Rodríguez-Henríquez, "Square Root Computation over Even Extension Fields", IEEE Transactions on Computers, Vol.63, No.11, pp.2829-2841, 2014.

[2] L. Adleman, "A Subexponential Algorithm for the Discrete Logarithm Problem with Applications to Cryptography", Annual Symposium on Foundations of Computer Science, FOCS 1979, pp.55-60, 1979.

[3] M. Agrawal, N. Kayal, and N. Saxena, "PRIMES in P", Annals of Mathematics, Vol.160, No.2, pp.781-793, 2004.

[4] M. Ajtai, "The Shortest Vector Problem in L2 is NP-hard for Randomized Reductions (Extended Abstract)", ACM Symposium on Theory of Computing, STOC 1998, pp.10-19, 1998.

[5] A. Akhavi, "The Optimal LLL Algorithm is Still Polynomial in Fixed Dimension", Theoretical Computer Science, Vol.297, No.1-3, pp.3-23, 2003.

[6] T. Akishita and T. Takagi, "On the Optimal Parameter Choice for Elliptic Curve Cryptosystems Using Isogeny", International Workshop on Public Key Cryptography, PKC 2004, LNCS 2947, pp.346-359, 2004.

[7] M. Albrecht, R. Fitzpatrick, and F. Göpfert, "On the Efficacy of Solving LWE by Reduction to unique-SVP", International Conference on Information Security and Cryptology, ICISC 2013, LNCS 8565, pp.293-310, 2014.

[8] M. Albrecht, F. Göpfert, F. Virdia, and T. Wunderer, "Revisiting the Expected Cost of Solving uSVP and Applications to LWE", Advances in Cryptology - ASIACRYPT 2017, LNCS 10624, pp.297-322, 2017.

[9] M. Albrecht, R. Player, and S. Scott, "On the Concrete Hardness of Learning with Errors", Journal of Mathematical Cryptology, Vol.9, No.3, pp.169-203, 2015.

[10] G. Alagic, J. Alperin-Sheriff, D. Apon, D. Cooper, Q. Dang, Y.-K. Liu, C. Miller, D. Moody, R. Peralta, R. Perlner, A, Robinson, and D. Smith-Tone, "Status Report on the First Round of the NIST Post-Quantum Cryptography Standardization Process", NISTIR 8240, 2019.

[11] W. Alexi, B. Chor, O. Goldreich, and C. Schnorr, "RSA and Rabin Functions: Certain

Parts are as Hard as the Whole", SIAM Journal on Computing, Vol.17, No.2, pp.194–209, 1988.

[12] S. Alsayigh, J. Ding, T. Takagi, and Y. Wang, "The Beauty and the Beasts - The Hard Cases in LLL Reduction", Advances in Information and Computer Security, IWSEC 2017, LNCS 10418, pp.19–35, 2017.

[13] Y. Aono, Y. Wang, T. Hayashi, and T. Takagi, "Improved Progressive BKZ Algorithms and their Precise Cost Estimation by Sharp Simulator", Advances in Cryptology - EURO-CRYPT 2016, LNCS 9665, pp.789–819, 2016.

[14] 青野良範，安田雅哉，格子暗号解読のための数学的基礎，IMI シリーズ：進化する産業数学，第 3 巻，近代科学社，2019.

[15] L. Babai, "On Lovász Lattice Reduction and the Nearest Lattice Point Problem", Combinatorica, Vol.6, No.1, pp.1–13, 1986.

[16] E. Bach, "Explicit Bounds for Primality Testing and Related Problems", Mathematics of Computation, Vol.55, No.191, pp.355–380, 1990.

[17] R. Barbulescu, P. Gaudry, A. Joux, and E. Thomé, "A Heuristic Quasi-Polynomial Algorithm for Discrete Logarithm in Finite Fields of Small Characteristic", Advances in Cryptology - EUROCRYPT 2014, LNCS 8441, pp.1–16, 2014.

[18] M. Bardet, J. Faugère, B. Salvy, and B. Yang, "Asymptotic Behaviour of the Degree of Regularity of Semi-Regular Polynomial Systems", International Symposium on Effective Methods in Algebraic Geometry, MEGA 2005, pp.1–14, 2005.

[19] A. Becker, L. Ducas, N. Gama, and T. Laarhoven, "New Directions in Nearest Neighbor Searching with Applications to Lattice Sieving", ACM-SIAM Symposium on Discrete Algorithms, SODA 2016, pp.10–24, 2016.

[20] A. Becker, N. Gama, and A. Joux, "A Sieve Algorithm based on Overlattices", LMS Journal of Computation and Mathematics, Vol.17, No.A, pp.49–70, 2014.

[21] M. Bellare and P. Rogaway, "Random Oracles are Practical: A Paradigm for Designing Efficient Protocols", ACM Conference on Computer and Communications Security, ACM-CCS 1993, pp.62–73, 1993.

[22] M. Bellare and P. Rogaway, "Optimal Asymmetric Encryption", Advances in Cryptology - EUROCRYPT 1994, LNCS 950, pp.92–111, 1994.

[23] M. Bellare and P. Rogaway, "The Exact Security of Digital Signatures - How to Sign with RSA and Rabin", Advances in Cryptology - EUROCRYPT 1996, LNCS 1070, pp.399–416, 1996.

[24] E. Berlekamp, R. McEliece, and H. van Tilborg, "On the Inherent Intractability of

Certain Coding Problems", IEEE Transactions on Information Theory, Vol.24, No.3, pp.384-386, 1978.

[25] D. Bernstein, "Grover vs. McEliece", International Conference on Post-Quantum Cryptography, PQCrypto 2010, LNCS 6061, pp.73-80, 2010.

[26] D. Bernstein, J. Breitner, D. Genkin, L. Bruinderink, N. Heninger, T. Lange, C. van Vredendaal, and Y. Yarom, "Sliding Right into Disaster: Left-to-Right Sliding Windows Leak", International Conference on Cryptographic Hardware and Embedded Systems, CHES 2017, LNSC 10529, pp.555-576, 2017.

[27] I. Biehl, B. Meyer, and V. Müller, "Differential Fault Attacks on Elliptic Curve Cryptosystems", Advances in Cryptology - CRYPTO 2000, LNCS 1880, pp.131-146, 2000.

[28] I. Blake, G. Seroussi, and N. Smart, *Elliptic Curves in Cryptography*, London Mathematical Society, Lecture Note Series 265, Cambridge University Press, 2000.

[29] I. Blake, G. Seroussi, and N. Smart (Eds.), *Advances in Elliptic Curve Cryptography*, London Mathematical Society, Lecture Note Series 317, Cambridge University Press, 2005.

[30] D. Bleichenbacher, "Chosen Message Attacks against Protocols based on the RSA Encryption Standard PKCS#1", Advances in Cryptology - CRYPTO 1998, LNCS 1462, pp.1-12, 1998.

[31] D. Boneh, R. DeMillo, and R. Lipton, "On the Importance of Eliminating Errors in Cryptographic Computations", Journal of Cryptology, Vol.14, No.2, pp.101-119, 2001.

[32] D. Boneh and G. Durfee, "Cryptanalysis of RSA with Private Key d Less than $N^{0.292}$", Advances in Cryptology - EUROCRYPT 1999, LNCS 1592, pp.1-11, 1999.

[33] D. Boneh and M. Franklin, "Efficient Generation of Shared RSA Keys (Extended Abstract)", Advances in Cryptology - CRYPTO 1997, LNCS 1294, pp.425-439, 1997.

[34] D. Brumley and D. Boneh, "Remote Timing Attacks are Practical", Computer Networks, Vol.48, No.5, pp.701-716, 2005.

[35] J. Buchmann, *Introduction to Cryptography*, Springer, 2001.

[36] J. Buchmann, E. Dahmen, and M. Szydlo, "Hash-based Digital Signature Schemes", Post-Quantum Cryptography, pp.35-93, 2009.

[37] E. Canfield, P. Erdös, and C. Pomerance, "On a Problem of Oppenheim Concerning 'Factorisatio Numerorum' ", Journal of Number Theory, Vol.17, No.1, pp.1-28, 1983.

[38] J. Cassels, *An Introduction to the Geometry of Numbers*, Classics in Mathematics, Springer, 1997.

[39] D. Charles, K. Lauter, and E. Goren, "Cryptographic Hash Functions from Expander Graphs", Journal of Cryptology, Vol.22, No.1, pp.93-113, 2009.

242   参考文献

[40] D. Chaum and H. van Antwerpen, "Undeniable Signatures", Advances in Cryptology - CRYPTO 1989, LNCS 435, pp.212–216, 1990.

[41] Y. Chen, "Réduction de réseau et sécurité concrète du chiffrement complètement homomorphe", Doctoral Dissertation, Universié Paris Diderot, 2013.

[42] L. Chen, S. Jordan, Y, Liu, D. Moody, R. Peralta, R. Perlner, and D. Smith-Tone, "Report on Post-Quantum Cryptography", NISTIR 8105, 2016.

[43] Y. Chen and P. Nguyen, "BKZ 2.0: Better Lattice Security Estimates", Advances in Cryptology - ASIACRYPT 2011, LNSC 7073, pp.1–20, 2011.

[44] C. Cheng, Y. Hashimoto, H. Miura, and T. Takagi, "A Polynomial-Time Algorithm for Solving a Class of Underdetermined Multivariate Quadratic Equations over Fields of Odd Characteristics", International Conference on Post-Quantum Cryptography, PQCrypto 2014, LNCS 8772, pp.40–58, 2014.

[45] H. Cohen, A. Miyaji, and T. Ono, "Efficient Elliptic Curve Exponentiation using Mixed Coordinates", Advances in Cryptology - ASIACRYPT 1998, LNCS 1514, pp.51–65, 1998.

[46] D. Coppersmith, "Modifications to the Number Field Sieve", Journal of Cryptology, Vol.6, No.3, pp.169–180, 1993.

[47] D. Coppersmith, "Finding a Small Root of a Univariate Modular Equation", Advances in Cryptology - EUROCRYPT 1996, LNCS 1070, pp.155–165, 1996.

[48] D. Coppersmith, M. Franklin, J. Patarin, and M. Reiter, "Low-Exponent RSA with Related Messages", Advances in Cryptology - EUROCRYPT 1996, LNCS 1070, pp.1–9, 1996.

[49] J. Coron, "Resistance against Differential Power Analysis for Elliptic Curve Cryptosystems", International Workshop on Cryptographic Hardware and Embedded Systems, CHES 1999, LNCS 1717, pp.292–302, 1999.

[50] J. Coron and A. May, "Deterministic Polynomial-Time Equivalence of Computing the RSA Secret Key and Factoring", Journal of Cryptology, Vol.20, No.1, pp.39–50, 2007.

[51] R. Crandall and C. Pomerance, *Prime Numbers: A Computational Perspective*, Springer, 2005.

[52] W. Diffie and M. Hellman, "New Directions in Cryptography", IEEE Transactions on Information Theory, Vol.22, No.6, pp.644-654, 1976.

[53] J. Ding, X. Gao, T. Takagi, and Y. Wang, "One Sample Ring-LWE with Rounding and its Application to Key Exchange", International Conference on Applied Cryptography and Network Security, ACNS 2019, LNCS 11464, pp.323–343, 2019.

[54] J. Ding, S. Kim, T. Takagi, Y. Wang, and B. Yang, "A Physical Study of the LLL Algorithm", Journal of Number Theory, Vol.244, pp.339–368, 2023.

［55］ L. Ducas, "Shortest Vector from Lattice Sieving: a Few Dimensions for Free", Advances in Cryptology - EUROCRYPT 2018, LNCS 10820, pp.125-145, 2018.

［56］ K. Eisenträger, S. Hallgren, K. Lauter, T. Morrison, and C. Petit, "Supersingular Isogeny Graphs and Endomorphism Rings: Reductions and Solutions", Advances in Cryptology - EUROCRYPT 2018, LNSC 10822, pp.329-368, 2018.

［57］ T. ElGamal, "A Public-Key Cryptosystem and a Signature Scheme Based on Discrete Logarithms", IEEE Transactions on Information Theory, Vol.31, No.4, pp.469-472, 1985.

［58］ J. Faugère, "A New Efficient Algorithm for Computing Gröbner Bases without Reduction to Zero (F5)", International Symposium on Symbolic and Algebraic Computation, ISSAC 2012, pp.75-83, 2002.

［59］ U. Fincke and M. Pohst, "Improved Methods for Calculating Vectors of Short Length in a Lattice, including a Complexity Analysis", Mathematics of Computation, Vol.44, No.170, pp.463-471, 1985.

［60］ Y. Frankel, P. Gemmell, P. MacKenzie, and M. Yung, "Proactive RSA", Advances in Cryptology - CRYPTO 1997, LNCS 1294, pp.440-454, 1997.

［61］ D. Freeman, M. Scott, and E. Teske, "A Taxonomy of Pairing-Friendly Elliptic Curves", Journal of Cryptology, Vol.23, No.2, pp.224-280, 2010.

［62］ E. Fujisaki and T. Okamoto, "Secure Integration of Asymmetric and Symmetric Encryption Schemes", Journal of Cryptology, Vol.26, No.1, pp.80-101, 2013.

［63］ S. Galbraith, *Mathematics of Public Key Cryptography*, Cambridge University Press, 2012.

［64］ S. Galbraith and P. Gaudry, "Recent Progress on the Elliptic Curve Discrete Logarithm Problem", Designs, Codes and Cryptography, Vol.78, No.1, pp.51-72, 2016.

［65］ N. Gama and P. Nguyen, "Predicting Lattice Reduction", Advances in Cryptology - EUROCRYPT 2008. LNCS 4965, pp.31-51, 2008.

［66］ N. Gama, P. Nguyen, and O. Regev, "Lattice Enumeration using Extreme Pruning", Advances in Cryptology - EUROCRYPT 2010, LNCS 6110, pp.257-278, 2010.

［67］ M. Garey and D. Johnson, *Computers and Intractability: A Guide to the Theory of NP-Completeness*, W. H. Freeman and Company, 1979.

［68］ H. Garner, "The Residue Number System", Procceddings of the Institute of Radio Engineers, American Institute of Electrical Engineers, IRE-AIEE-ACM '59, pp.146-153, 1959.

［69］ R. Gennaro, S. Jarecki, H. Krawczyk, and T. Rabin, "Robust and Efficient Sharing of RSA Functions", Advances in Cryptology - CRYPTO 1996, LNCS 1109, pp.157-172, 1996.

［70］ D. Goldstein and A. Mayer, "On the Equidistribution of Hecke Points", Forum Mathematicum, Vol.15, No.2, pp.165-189, 2003.

[71] S. Goldwasser, S. Micali, and P. Tong, "Why and How to Establish a Private Code on a Public Network (Extended Abstract)", Annual Symposium on Foundations of Computer Science, FOCS 1982, pp.134-144, 1982.

[72] D. Gordon, "Discrete Logarithms in GF (p) using the Number Field Sieve", SIAM Journal on Discrete Mathematics, Vol.6, No.1, pp.124-138, 1993.

[73] L. Goubin, "A Refined Power-Analysis Attack on Elliptic Curve Cryptosystems", International Workshop on Practice and Theory in Public Key Cryptography, PKC 2003, LNCS 2567, pp.199-210, 2003.

[74] L. Grover, "A Fast Quantum Mechanical Algorithm for Database Search", ACM Symposium on Theory of Computing, STOC 1996, pp.212-219, 1996.

[75] G. Hanrot, X. Pujol, and D. Stehlé, "Analyzing Blockwise Lattice Algorithms Using Dynamical Systems", Advances in Cryptology - CRYPTO 2011, LNCS 6841, pp.447-464, 2011.

[76] J. Håstad, "On Using RSA with Low Exponent in a Public Key Network", Advances in Cryptology - CRYPTO 1985, LNCS 218, pp.403-408, 1986.

[77] J. Håstad and M. Näslund, "The Security of All RSA and Discrete Log Bits", Journal of the ACM, Vol.51, No.2, pp.187-230, 2004.

[78] K. Hayasaka and T. Takagi, "An Experiment of Number Field Sieve over GF (p) of Low Hamming Weight Characteristic", International Conference on Coding and Cryptology, IWCC 2011, LNCS 6639, pp.191-200, 2011.

[79] J. Hoffstein, J. Pipher, and J. Silverman, "NTRU: a Ring-Based Public Key Cryptosystem", International Symposium on Algorithmic Number Theory, ANTS 1998, LNCS 1423, pp.267-288, 1998.

[80] J. Hoffstein, J. Pipher, and J. Silverman, *An Introduction to Mathematical Cryptography*, Springer, 2008.

[81] N. Howgrave-Graham and N. Smart, "Lattice Attacks on Digital Signature Schemes", Design, Codes and Cryptography, Vol.23, No.3, pp.283-290, 2001.

[82] T. Ishiguro, S. Kiyomoto, Y. Miyake, and T. Takagi, "Parallel Gauss Sieve Algorithm, Solving the SVP Challenge over a 128-dimensional Ideal Lattice", International Conference on Practice and Theory in Public-Key Cryptography, PKC 2014, LNCS 8383, pp.411-428, 2014.

[83] T. Izu and T. Takagi, "A Fast Parallel Elliptic Curve Multiplication Resistant against Side Channel Attacks", International Workshop on Practice and Theory in Public Key Cryptosys-

tems, PKC 2002, LNCS 2274, pp.280-296, 2002.

[84] A. Joux and R. Lercier, "Improvements to the General Number Field Sieve for Discrete Logarithms in Prime Fields", Mathematics of Computation, Vol.72, No.242, pp.953-967, 2003.

[85] M. Joye, A. Lenstra, and J. Quisquater, "Chinese Remaindering Based Cryptosystems in the Presence of Faults", Journal of Cryptology, Vo.12, No.4, pp.241-245, 1999.

[86] R. Kannan, "Improved Algorithms for Integer Programming and Related Lattice Problems", ACM Symposium on Theory of Computing, STOC 1983, pp.193-206, 1983.

[87] R. Kannan, "Minkowski's Convex Body Theorem and Integer Programming", Mathematics of Operations Research, Vol.12, No.3, pp.415-440, 1987.

[88] T. Kim and R. Barbulescu, "Extended Tower Number Field Sieve: A New Complexity for the Medium Prime Case", Advances in Cryptology - CRYPTO 2016, LNCS 9814, pp.543-571, 2016.

[89] N. Kimura, A. Takayasu, and T. Takagi, "Memory-Efficient Quantum Information Set Decoding Algorithm", Australasian Conference on Information Security and Privacy, ACISP 2023, LNCS 13915, pp.452-468, 2023.

[90] A. Kipnis, J. Patarin, and L. Goubin, "Unbalanced Oil and Vinegar Signature Schemes", Advances in Cryptology - EUROCRYPT 1999, LNCS 1592, pp.206-222, 1999.

[91] E. Kirshanova and T. Laarhoven, "Lower Bounds on Lattice Sieving and Information Set Decoding", Advances in Cryptology - CRYPTO 2021, LNCS 12826, pp.791-820, 2021.

[92] Y. Kitaoka, *Arithmetic of Quadratic Forms*, Cambridge University Press, 1993.

[93] T. Kleinjung, "On Polynomial Selection for the General Number Field Sieve", Mathematics of Computation, Vol.75, No.256, pp.2037-2047, 2006.

[94] T. Kleinjung, K. Aoki, J. Franke, A. Lenstra, E. Thomé, J. Bos, P. Gaudry, A. Kruppa, P. Montgomery, D. Osvik, H. te Riele, A. Timofeev, and P. Zimmermann, "Factorization of a 768-Bit RSA Modulus", Advances in Cryptology - CRYPTO 2010, LNCS 6223, pp.333-350, 2010.

[95] N. Koblitz, "Elliptic Curve Cryptosystems", Mathematics of Computation, Vol.48, No.177, pp.203-209, 1987.

[96] N. Koblitz and A. Menezes, "Critical Perspectives on Provable Security: Fifteen Years of 'Another Look' Papers", Advances in Mathematics of Communications, Vol.13. No.4, pp.517-558, 2019.

[97] P. Kocher, "Timing Attacks on Implementations of Diffie-Hellman, RSA, DSS, and Other Systems", Advances in Cryptology - CRYPTO 1996, LNCS 1109, pp.104-113, 1996.

[98] P. Kocher, J. Jaffe, and B. Jun, "Differential Power Analysis", Advances in Cryptology - CRYPTO 1999, LNCS 1666, pp.388-397, 1999.

[99] K. Laine and K. Lauter, "Key Recovery for LWE in Polynomial Time", Cryptology ePrint Archive, Paper 2015/176, 2015.

[100] L. Lamport, "Constructing Digital Signatures from a One Way Function", SRI International Computer Science Laboratory, Technical Report SRI-CSL-98, 1979.

[101] H. Lenstra, "Factoring Integers with Elliptic Curves", Annals of Mathematicsm, Vol.126, No.3, pp.649-673, 1987.

[102] A. Lenstra and H. Lenstra (Eds.), *The Development of the Number Field Sieve*, Lecture Notes in Mathematics, Vol.1554, Springer, 1993.

[103] A. Lenstra, H. Lenstra, and L. Lovász, "Factoring Polynomials with Rational Coefficients", Mathematische Annalen, Vol.261, No.4, pp.515-534, 1982.

[104] C. Lim and P. Lee, "More Flexible Exponentiation with Precomputation", Advances in Cryptology - CRYPTO 1994, LNCS 839, pp.95-107, 1994.

[105] R. Lindner and C. Peikert, "Better Key Sizes (and Attacks) for LWE-based Encryption", Topics in Cryptology - CT-RSA 2011, LNCS 6558, pp.319-339, 2011.

[106] M. Liu and P. Nguyen, "Solving BDD by Enumeration: An Update", Topics in Cryptology - CT-RSA 2013, LNCS 7779, pp.293-309, 2013.

[107] V. Lyubashevsky and D. Micciancio, "On Bounded Distance Decoding, Unique Shortest Vectors, and the Minimum Distance Problem", Advances in Cryptology - CRYPTO 2009, LNCS 5677, pp.577-594, 2009.

[108] J. Martinet, *Perfect Lattices in Euclidean Spaces*, Springer, 2003.

[109] K. Matsuda, A. Takayasu, and T. Takagi, "Explicit Relation between Low-Dimensional LLL-Reduced Bases and Shortest Vectors", IEICE Transactions on Fundamentals of Electronics, Communications and Computer Sciences, Vo.102-A, No.9, pp.1091-1100, 2019.

[110] T. Matsumoto and H. Imai, "Public Quadratic Polynomial-Tuples for Efficient Signature-Verification and Message-Encryption", Advances in Cryptology - EUROCRYPT 1988, LNCS 330, pp.419-453, 1988.

[111] R. McEliece, "A Public-Key Cryptosystem based on Algebraic Coding Theory", Deep Space Network Progress Report, DSN PR 42-44, pp.114-116, 1978.

[112] A. Menezes, T. Okamoto, and S. Vanstone, "Reducing Elliptic Curve Logarithms to Logarithms in a Finite Field", IEEE Transactions on Information Theory, Vol.39, No.5, pp.1639-1646, 1993.

[113] R. Merkle, "A Certified Digital Signature", Advances in Cryptology - CRYPTO 1989,

LNCS 435, pp.218-238, 1989.

[114] D. Micciancio and S. Goldwasser, *Complexity of Lattice Problems: A Cryptographic Perspective*, Kluwer, 2002.

[115] D. Micciancio and O. Regev, "Lattice-based Cryptography", Post-quantum cryptography, pp.147-191, 2009.

[116] D. Micciancio and P. Voulgaris, "Faster Exponential Time Algorithms for the Shortest Vector Problem", ACM-SIAM Symposium on Discrete Algorithms, SODA 2010, pp.1468-1480, 2010.

[117] G. Miller, "Riemann's Hypothesis and Tests for Primality", Journal of Computer and System Sciences, Vol.13, No.3, pp.300-317, 1976.

[118] V. Miller, "Use of Elliptic Curves in Cryptography", Advances in Cryptology - CRYPTO 1985, LNCS 218, pp.417-426, 1986.

[119] V. Miller, "The Weil Pairing, and its Efficient Calculation", Journal of Cryptology, Vol.17, No.4, pp.235-261, 2004.

[120] A. Mittelbach and M. Fischlin, *The Theory of Hash Functions and Random Oracles*, Springer, 2021.

[121] P. Montgomery, "Modular Multiplication Without Trial Division", Mathematics of Computation, Vol.44, No.170, pp.519-521, 1985.

[122] P. Nguyen and D. Stehlé, "Floating-point LLL Revisited", Advances in Cryptology - EUROCRYPT 2005, LNCS 3494, pp.215-233, 2005.

[123] P. Nguyen and D. Stehlé, "LLL on the Average", International Algorithmic Number Theory Symposium, ANTS 2006, LNCS 4076, pp.238-256, 2006.

[124] P. Nguyen and D. Stehlé, "Low-dimensional Lattice Basis Reduction Revisited", ACM Transactions on Algorithms, Vol.5, No.4, pp.46:1-46:48, 2009.

[125] K. Okeya, K. Schmidt-Samoa, C. Spahn, and T. Takagi, "Signed Binary Representations Revisited", Advances in Cryptology - CRYPTO 2004, LNCS 3152, pp.123-139, 2004.

[126] K. Okeya and T. Takagi, "Security Analysis of CRT-based Cryptosystems", International Journal of Information Security, Vol.5, No.3, pp.177-185, 2006.

[127] P. Paillier, "Public-Key Cryptosystems Based on Composite Degree Residuosity Classes", Advances in Cryptology - EUROCRYPT 1999, LNCS 1592, pp.223-238, 1999.

[128] J. Patarin, "Hidden Field Equations (HFE) and Isomorphic Polynomial (IP)：Two New Families of Asymmetric Algorithm", Advances in Cryptology - EUROCRYPT 1996, LNCS 1070, pp.33-48, 1996.

[129] A. Pizer, "Ramanujan Graphs and Hecke Operators", Bulletin of the American Mathe-

matical Society, Vol.23, No.1, pp.127-137, 1990.

[130] T. Plantard and M. Schneider, "Creating a Challenge for Ideal Lattices", Cryptology ePrint Archive, Paper 2013/039, 2013.

[131] S. Pohlig and M. Hellman, "An Improved Algorithm for Computing Logarithms over GF (p) and its Cryptographic Significance", IEEE Transactions on Information Theory, Vol.24, No.1, pp.106-110, 1978.

[132] M. Pohst, "A Modification of the LLL Reduction Algorithm", Journal of Symbolic Computation, Vol.4, No.1, pp.123-127, 1987.

[133] J. Pollard, "Monte Carlo Methods for Index Computation $(\mod p)$", Mathematics of Computation, Vol.32, No.143, pp.918-924, 1978.

[134] E. Prange, "The Use of Information Sets in Decoding Cyclic Codes", IRE Transactions on Information Theory, Vol.8, No.5, pp.5-9, 1962.

[135] J. Quisquater and C. Couvreur, "Fast Decipherment Algorithm for RSA Public-Key Cryptosystem", Electronics Letters, Vol.18, No.21, pp.905-907, 1982.

[136] M. Rabin, "Probabilistic Algorithm for Testing Primality", Journal of Number Theory, Vol.12, No.1, pp.128-138, 1980.

[137] O. Regev, "On Lattices, Learning with Errors, Random Linear Codes, and Cryptography", Journal of the ACM, Vol.56, No.6, pp.1-40, 2009.

[138] G. Reitwiesner, "Binary Arithmetic", Advances in Computers, Vol.1, pp.231-308, 1960.

[139] R. Rivest, A. Shamir, and L. Adleman, "A Method for Obtaining Digital Signature and Public-Key Cryptosystems", Communications of the ACM, Vol.21, No.2, pp.120-126, 1978.

[140] R. Rivest and R. Silverman, "Are 'Strong' Primes Needed for RSA", Cryptology ePrint Archive, Paper 2001/007, 2001.

[141] R. Sakai, K. Ohgishi, and M. Kasahara, "Cryptosystems Based on Pairing", Symposium on Cryptography and Information Security, SCIS 2000, C20, 2000.

[142] T. Satoh and K. Araki, "Fermat Quotients and the Polynomial Time Discrete Log Algorithm for Anomalous Elliptic Curves", Commentarii Mathematici Universitatis Sancti Pauli, Vol.47, No.1, pp.81-92, 1998.

[143] W. Schindler, "A Timing Attack against RSA with the Chinese Remainder Theorem", International Workshop on Cryptographic Hardware and Embedded Systems, CHES 2000, LNCS 1965, pp.109-124, 2000.

[144] O. Schirokauer, "Discrete Logarithms and Local Units", Philosophical Transactions:

Physical Science and Engineering, Vol.345, No.1676, pp.409–423, 1993.

[145] O. Schirokauer, "The Number Field Sieve for Integers of Low Weight", Mathematics of Computation, Vol.79, No.269, pp.583–602, 2010.

[146] K. Schmidt-Samoa, O. Semay, and T. Takagi, "Analysis of Fractional Window Recoding Methods and Their Application to Elliptic Curve Cryptosystems", IEEE Transaction on Computers, Vol.55, No.1, pp.48–57, 2006.

[147] C. Schnorr, "A Hierarchy of Polynomial Time Lattice Basis Reduction Algorithms", Theoretical Computer Science, Vol.53, No.2, pp.201–224, 1987.

[148] C. Schnorr, "Lattice Reduction by Random Sampling and Birthday Methods", Theoretical Aspects of Computer Science, STACS 2003, LNCS 2607, pp.146–156, 2003.

[149] C. Schnorr and M. Euchner, "Lattice Basis Reduction: Improved Practical Algorithms and Solving Subset Sum Problems", Mathematical Programming, Vol.66, No.1, pp.181–199, 1994.

[150] R. Schoof, "Elliptic Curves over Finite Fields and the Computation of Square Roots mod p", Mathematics of Computation, Vol.44, No.170, pp.483–494, 1985.

[151] J. Schwenk and J. Eisfeld, "Public Key Encryption and Signature Schemes Based on Polynomials over $\mathbb{Z}_n$", Advances in Cryptology - EUROCRYPT 1996, LNCS 1070, pp.60–71, 1996.

[152] I. Semaev, "Evaluation of Discrete Logarithms in a Group of p-Torsion Points of an Elliptic Curve in Characteristic p", Mathematics of Computation, Vol.67, No.221, pp.353–356, 1998.

[153] I. Semaev, "A 3-dimensional Lattice Reduction Algorithm", International Cryptography and Lattices Conference, CaLC 2001, LNCS 2146, pp.181–193, 2001.

[154] I. Semaev, "Summation Polynomials and the Discrete Logarithm Problem on Elliptic Curves", Cryptology ePrint Archive, Paper 2004/31, 2004.

[155] A. Shamir, "How to Share a Secret", Communications of the ACM, Vol.22, No.11, pp.612–613, 1979.

[156] A. Shamir, "Identity-Based Cryptosystems and Signature Schemes", Advances in Cryptology - CRYPTO 1984, LNCS 196, pp.47–53, 1985.

[157] D. Shanks, "Class Number, a Theory of Factorization and Genera", Proceedings of Symposia in Pure Mathematics, Vol.20, pp.415–440, 1971.

[158] D. Shanks, "Five Number-Theoretic Algorithms", Manitoba Conference on Numerical Mathematics, Congressus Numerantium, No.VII, pp.51–70, 1973.

[159] P. Shor, "Polynomial-Time Algorithms for Prime Factorization and Discrete Log-

250 参考文献

arithms on a Quantum Computer", SIAM Journal on Computing, Vol.26, No.5, pp.1484–1509, 1997.

[160] V. Shoup, *A Computational Introduction to Number Theory and Algebra*, Cambridge University Press, 2008.

[161] V. Shoup, "Sequences of Games: a Tool for Taming Complexity in Security Proofs", Cryptology ePrint Archive, Paper 2004/332, 2004.

[162] J. Silverman, *The Arithmetic of Elliptic Curves*, Springer, 2009.

[163] N. Smart, "The Discrete Logarithm Problem on Elliptic Curves of Trace One", Journal of Cryptology, Vol.12, No.3, pp.193–196, 1999.

[164] N. Stephens-Davidowitz, "Discrete Gaussian Sampling Reduces to CVP and SVP", ACM-SIAM Symposium on Discrete Algorithms, SODA 2016, pp.1748–1764, 2016.

[165] T. Takagi, "Fast RSA-Type Cryptosystem Modulo $p^k q$", Advances in Cryptology - CRYPTO 1998, LNCS 1462, pp.318–326, 1998.

[166] T. Takagi (Ed.), International Workshop on Post-Quantum Cryptography, PQCrypto 2016, LNCS 9606, Springer-Verlag, 2016.

[167] T. Takagi, "Recent Developments in Post-Quantum Cryptography", IEICE Transactions on Fundamentals of Electronics, Communications and Computer Sciences, Vol.101-A, pp.3–11, 2018.

[168] 高木剛，暗号と量子コンピュータ，オーム社，2019.

[169] A. Takayasu, Y. Lu, and L. Peng, "Small CRT-Exponent RSA Revisited", Journal of Cryptology, Vol.32, No.4, pp.1337–1382, 2019.

[170] S. Tani, "Claw Finding Algorithms using Quantum Walk", Theoretical Computer Science, Vol.410, No.50, pp.5285–5297, 2009.

[171] J. Vélu, "Isogénies entre courbes elliptiques", Comptes-Rendus de l' Académie des Sciences, Vol.273, pp.238–241, 1971.

[172] E. Verheul, "Evidence that XTR is More Secure than Supersingular Elliptic Curve Cryptosystems", Journal of Cryptology, Vol.17, No.4, pp.277–296, 2004.

[173] Y. Wang, Y. Aono, and T. Takagi, "Hardness Evaluation for Search LWE Problem Using Progressive BKZ Simulator", IEICE Transactions on Fundamentals of Electronics, Communications and Computer Sciences, Vol.101-A, No.12, pp.2162–2170, 2018.

[174] M. Wiener, "Cryptanalysis of Short RSA Secret Exponents", IEEE Transactions on Information Theory, Vol.36, No.3, pp.553–558, 1990.

[175] T. Yasuda, X. Dahan, Y. Huang, T. Takagi, and K. Sakurai, "MQ Challenge: Hardness Evaluation of Solving Multivariate Quadratic Problems", NIST Workshop on Cybersecurity

in a Post-Quantum World, 2015.

[176] M. Zhandry, "A Note on the Quantum Collision and Set Equality Problems", Quantum Information & Computation, Vol.15, No.7-8, pp.557-567, 2015.

索　引

数字・欧字

2 進展開　39
anomalous 曲線　123
B-smooth　58
Babai 最近平面法　104, 193
BKZ（Block Korkine-Zolotarev）基底縮
　約アルゴリズム　205
BSGS（Baby-step-Giant-step）法　108
Carmichael 数　48
CVP（Closest Vector Problem）　176
DH 鍵共有方式　95
DSA（Digital Signature Algorithm）
　100
ECADD　119
ECC（Elliptic Curve Cryptography）
　118
ECDBL　119
ECDHP（Elliptic Curve Diffie-Hellman
　Problem）　120
ECDH 鍵共有方式　119
ECDLP（Elliptic Curve Discrete
　Logarithm Problem）　120
ECDSA　119
ElGamal 暗号　97
ElGamal 署名　99
Euclid 互除法　41
EUF-CMA（Existential Unforgeability
　against Chosen Message Attack）
　6
Euler 関数　26
Euler 定理　28
Fermat 小定理　25
Fermat 素数判定法　47

Gaussian heuristic　180
Gauss 基底縮約法　184
Gauss 縮約　182
Gauss 篩法　210
Gram-Schmidt 直交化　173
GRH（Generalized Riemann
　Hypothesis）　28, 52
GSA（Geometric Series Assumption）
　208
GSO（Gram-Schmidt
　orthogonalization）　173
GSO 係数　173
GSO ベクトル　173
Hadamard 比　175
Hasse 定理　57, 119
Hermite 定数　179
ID ベース暗号　132
IND-CCA（Indistinguishability against
　Chosen Ciphertext Attack）　5
IND-CPA（Indistinguishability against
　Chosen Plaintext Attack）　5
ISD（Information Set Decoding）　162
Jacobian 座標　123
Kannan 埋め込み法　222
LLL 基底縮約アルゴリズム　190
LLL 縮約　187
Lovász 条件　187
LWE（Learning with Errors）問題
　219
McEliece 暗号　141, 159
Merkle 署名　141, 165
Miller-Rabin 素数判定法　48
Miller アルゴリズム　137
Minkowski 第一定理　178

254　索　引

Minkowski 凸体定理　177
Montgomery 乗算　70
MQ Challenge　152
MQ (Multivariate Quadratic) 問題
　151
NAF (Non-Adjacent Form)　127
negligible　4
NIST PQC 標準化プロジェクト　142
NTRU 暗号　141, 144
Paillier 暗号　90
Pizer グラフ　155
Pohlig–Hellman 法　107
Pollard $p-1$ 法　56
Pollard ρ 法　53, 110
PQC (Post-Quantum Cryptography)
　139
Prange アルゴリズム　163
rHF (root-Hermite-Factor)　208
ring-LWE 鍵共有方式　229
ring-LWE 問題　232
RSA-CRT　76
RSA-OAEP　36
RSA 暗号　2, 30
RSA 署名　36
RSA チャレンジ問題　68
Shamir トリック　101
Shor アルゴリズム　139
Size 条件　187
Sliding Window 法　73
SVP (Shortest Vector Problem)　175
SVP 解読チャレンジ　215
UOV (Unbalanced Oil and Vinegar) 署
　名　148

ア　行

アフィン座標　123
暗号化　2
一方向性　7, 14
一般化された Riemann 予想　28, 52
イデアル格子　216

埋め込み因子　223
埋め込み法　222
円分多項式　216
落とし戸付き一方向性関数　6

カ　行

鍵生成　2
拡張 Euclid 互除法　43
擬素数　47
逆元　46
強擬素数　49
原始根　27
元の位数　24
公開鍵暗号　2
高機能暗号　138
格子　171
格子の基底　141, 172
格子の基本領域　173

サ　行

再暗号化攻撃　79
最近ベクトル問題　176
最大公約数　41
最短ベクトル問題　175
サイドチャネル攻撃　83
サンプル数　219
識別不可能性　5
指数計算法　111
射影座標　123
射影部分格子　207
巡回群　25
準指数時間　60
準同型暗号　90
衝突困難性　14
乗法群　24
剰余環　23
署名検証　2
署名生成　2
シンドローム復号問題　162

索引　255

数体篩法　62, 113
スカラー倍算　119
整数環　23
選択暗号文攻撃　5
選択文書攻撃　6
素イデアル分解　62
素因数分解　32
双線形 Diffie-Hellman 問題　134
双線形ペアリング写像　133
素数生成法　46
存在的偽造不可能性　6

タ 行

代数体　62
耐量子計算機暗号　139
楕円2倍算　119
楕円加算　119
楕円曲線暗号　2, 118
楕円曲線法　57
多変数多項式暗号　148
試し割り法　52
誕生日パラドックス　15
中国剰余定理　28, 76
超特異楕円曲線　122
直交射影　187
直交補空間　187
低暗号化冪攻撃　80
ディジタル署名　2
低秘密鍵冪攻撃　82
電子投票　92
同種写像暗号　153

ハ 行

バイナリ法　39

ハッシュ関数署名　165
非零最短ベクトル　176
ビット長　34
ビットの安全性　86
否認不可署名　104
秘密分散　19
非隣接形式（NAF）　127
フォールト攻撃　85
深さ優先探索　201
復号　2
符号暗号　159
符号付きバイナリ法　127
ブロックサイズ　205
分散署名　89
ペアリング暗号　138
冪乗算　38

マ 行

無限遠点　118

ヤ 行

ユニモジュラ行列　172

ラ 行

ランダム2乗法　57
離散 Gauss 分布　219
離散対数問題　96
リモートタイミング攻撃　84
列挙法　199

ワ 行

ワンタイム署名　16

高木　剛

1969 年生まれ.
1995 年名古屋大学大学院理学研究科数学専攻
修士課程修了.
Dr.rer.nat.（ダルムシュタット工科大学情報科学部）.
現在　東京大学大学院情報理工学系研究科教授.
専門　暗号理論.

岩波数学叢書
現代暗号理論

2024 年 10 月 17 日　第 1 刷発行

著　者　高木　剛

発行者　坂本政謙

発行所　株式会社 岩波書店
　　　　〒101-8002 東京都千代田区一ツ橋 2-5-5
　　　　電話案内 03-5210-4000
　　　　https://www.iwanami.co.jp/

印刷・法令印刷　カバー・半七印刷　製本・牧製本

© Tsuyoshi Takagi 2024
ISBN 978-4-00-029938-1　Printed in Japan

専門外の読者にも配慮した記述でたしかな理解へと導く

岩波数学叢書

A5判・上製
(★はオンデマンド版・並製)

特 異 積 分 ★	藪 田 公 三	382頁 定価9570円
放物型発展方程式とその応用 (上) ★ 可解性の理論	八 木 厚 志	388頁 定価9680円
放物型発展方程式とその応用 (下) ★ 解の挙動と自己組織化	八 木 厚 志	372頁 定価9350円
リ ジ ッ ド 幾 何 学 入 門 ★	加 藤 文 元	294頁 定価6600円
高 次 元 代 数 多 様 体 論 ★	川 又 雄 二 郎	314頁 定価6050円
岩 澤 理 論 と そ の 展 望 (上) ★	落 合 理	196頁 定価4950円
岩 澤 理 論 と そ の 展 望 (下) ★	落 合 理	394頁 定価9900円
数 値 解 析 の 原 理 ★ —現象の解明をめざして—	菊 地 文 雄 齊 藤 宣 一	352頁 定価8910円
確 率 偏 微 分 方 程 式 ★	舟 木 直 久 乙 部 厳 己 謝 賓	350頁 定価8140円
結 び 目 理 論 入 門 (上)	村 上 斉	342頁 定価8580円
原 始 形 式・ミ ラ ー 対 称 性 入 門	髙 橋 篤 史	262頁 定価6600円
モ チ ー フ 理 論	山 崎 隆 雄	334頁 定価8140円
楕 円 曲 面	桂 利 行	256頁 定価6600円
ラ フ パ ス 理 論 と 確 率 解 析	稲 濱 讓	238頁 定価6820円
流 体 数 学 の 基 礎 (上)	柴 田 良 弘	340頁 定価8140円
流 体 数 学 の 基 礎 (下)	柴 田 良 弘	346頁 定価8140円
変 数 変 換 型 数 値 計 算 法	田 中 健 一 郎 岡 山 友 昭	294頁 定価7920円
離 散 幾 何 解 析 入 門	小 谷 元 子	240頁 定価6600円

━━━━ 岩波書店刊 ━━━━

定価は消費税10%込です
2024年10月現在